普通高等学校经济数学规划教材

线性代数及其应用

主 编 吴建国 刘平兵

编 委 会

编委会主任　吴建国

编委会成员（按姓氏笔画排序）

丁 青　邓永辉　毛春华　方 涛　孙 群　朱 丹

朱依霞　刘 征　刘 薇　刘平兵　李兰平　李建伟

严建明　张 芃　陈丽萍　范国兵　罗太元　周 游

姚元端　莫晓云　黄丽琨　曹松波　谭 立

湖南大学出版社

内容简介

本书结合财经类高等学校本科专业线性代数课程的教学大纲及考研大纲，介绍了线性代数的基本概念、基本理论和基本方法，主要内容包括行列式、矩阵、线性方程组、矩阵的特征值与特征向量、二次型、应用问题——线性规划等知识。在编写中吸收了相关优秀教材的优点，概念讲述通俗易懂，突出数学方法的应用，对较烦琐的理论推导适当降低要求，并强调数学建模的思想和方法。各章配有例题和习题，书末附有习题参考答案，便于巩固知识，及时检测学习效果。

本书可作为高等学校经济、管理类本科专业的线性代数教材或教学参考书。

图书在版编目（CIP）数据

线性代数及其应用/吴建国，刘平兵主编．—长沙：湖南大学出版社，2018.6（2019.6 重印）

ISBN 978-7-5667-1572-2

Ⅰ.①线… Ⅱ.①吴… ②刘… Ⅲ.①线性代数—高等学校—教材 Ⅳ.①O151.2

中国版本图书馆 CIP 数据核字（2018）第 123122 号

线性代数及其应用

XIANXING DAISHU JIQI YINGYONG

主　　编：吴建国　刘平兵

责任编辑：郭　蔚　**责任校对**：尚楠欣

印　　装：长沙市昱华印务有限公司

开　　本：787×1092　16 开　**印张**：13.75　**字数**：327 千

版　　次：2018 年 6 月第 1 版　**印次**：2019 年 6 月第 2 次印刷

书　　号：ISBN 978-7-5667-1572-2

定　　价：38.00 元

出 版 人：雷　鸣

出版发行：湖南大学出版社

社　　址：湖南・长沙・岳麓山　　**邮　　编**：410082

电　　话：0731-88822559(发行部)，88821594(编辑室)，88821006(出版部)

传　　真：0731-88649312(发行部)，88822264(总编室)

网　　址：http://www.hnupress.com

电子邮箱：xuejier163@163.com

前　言

《线性代数及其应用》是根据教育部颁布的高等学校经管类数学课程教学基本要求编写的，适用于高等院校经济管理类、理科类、工程技术类等本科专业的学生使用。全书主要包括行列式、矩阵、线性方程组、矩阵的特征值与特征向量、二次型、应用问题——线性规划共六章，并附有数学实验及习题参考答案。教学时可根据专业需要、学生基础、课时实际，有针对性地选择，实行模块化教学，使学生能扎实地掌握所学知识，提高教学效果。

本书的主要特点有：

第一，内容紧凑，深入浅出。在编写的过程中做到由浅入深，语言简炼，通俗易懂，便于教师教学和学生自主学习。通过精选例题加深学生对基本概念的理解、重点方法的掌握，力求在循序渐进的过程中使学生逐步掌握线性代数的基本方法。

第二，突出重点，系统性强。合理整合了基本知识与内容体系，强调基础知识、基本思想、基本方法的掌握，删除了部分繁、难、偏、旧的内容，对学有余力的学生提供了可供选择学习的内容，用 * 标记。

第三，增加了应用方面的内容。增加的最优化问题求解的线性规划内容更好地体现了本书实用性、应用性的特点。

本书立项为湖南财政经济学院精品教材。全书由湖南财政经济学院吴建国、刘平兵担任主编，负责编写大纲的拟定和编写组织工作以及部分内容的修改和复核。各章编写人员依次是：第一章由周游编写，第二章、第六章由刘平兵编写，第三章由谭立编写，第四章和附录由吴建国编写，第五章由李建伟编写。全书由吴建国教授审定。

本书的出版得到了学院领导和同行们的热情关心和大力支持，编写过程中参阅了大量的书籍，恕不一一指明出处，在此一并致谢。

由于时间仓促，编写过程中疏漏与不当之处在所难免，恳求专家、同行和读者予以指正。

编　者

2018 年 5 月

目　次

第一章　行列式

在自然科学、工程技术及管理科学中，有许多问题的数学模型是线性方程组，线性方程组的理论和解法是线性代数研究的主要对象之一，而行列式是研究线性方程组的一种重要工具.

本章主要介绍：n 阶行列式的递归定义、基本性质、行列式的展开、计算方法以及用 n 阶行列式解 n 元线性方程组的克莱姆(Cramer)法则.

第一节　二阶、三阶行列式

一、二阶行列式

行列式的概念来源于线性方程组的求解问题.为此，我们回顾初等代数中二元线性方程组的求解过程，从中引出二阶行列式的概念.

$$\begin{cases} a_{11}x_1 + a_{12}x_2 = b_1 \\ a_{21}x_1 + a_{22}x_2 = b_2 \end{cases}, \qquad ①$$

其中 a_{ij} 表示第 i 个方程中第 j 个未知数的系数，b_i 表示第 i 个方程的常数项.

用消元法求解上述方程组，当 $a_{11}a_{22}-a_{21}a_{12}\neq 0$ 时，得方程组的唯一解为

$$\begin{cases} x_1 = \dfrac{a_{22}b_1 - a_{12}b_2}{a_{11}a_{22} - a_{12}a_{21}} \\ x_2 = \dfrac{a_{11}b_2 - a_{21}b_1}{a_{11}a_{22} - a_{12}a_{21}} \end{cases}. \qquad ②$$

从上面的公式可见，两个分母都是 $a_{11}a_{22}-a_{21}a_{12}$，而 $a_{11}, a_{22}, a_{21}, a_{12}$ 分别是该二元线性方程组未知数 x_1, x_2 的系数，为了便于讨论和记忆，我们引入如下记号

$$D = \begin{vmatrix} a_{11} & a_{12} \\ a_{21} & a_{22} \end{vmatrix} = a_{11}a_{22} - a_{12}a_{21}, \qquad ③$$

这就产生了二阶行列式.

定义 1　我们用符号 $\begin{vmatrix} a_{11} & a_{12} \\ a_{21} & a_{22} \end{vmatrix}$ 表示代数和 $a_{11}a_{22}-a_{12}a_{21}$，称为二阶行列式，即

$$\begin{vmatrix} a_{11} & a_{12} \\ a_{21} & a_{22} \end{vmatrix} = a_{11}a_{22} - a_{12}a_{21},$$

其中数 a_{ij} 表示这个行列式第 i 行第 j 列的元素，横排为行，竖排为列.

二阶行列式的计算方法可按图 1-1 所示的对角线法则来进行：

即实线(主对角线)连接的两个元素的乘积,减去虚线(次对角线)连接的两个元素的乘积.

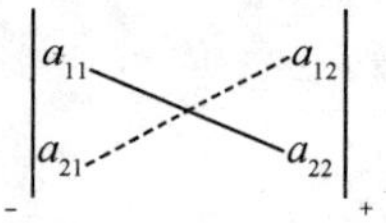

图 1-1　对角线法则

在式②中,分母是方程组①的系数按它们在方程组中的位置排成的行列式,称之为方程组的系数行列式,记为 D,分子则是用常数项 b_1,b_2 代替 D 中的第一、第二列所得到的二阶行列式,分别记为 D_1,D_2,即令

$$D=\begin{vmatrix} a_{11} & a_{12} \\ a_{21} & a_{22} \end{vmatrix},\ D_1=\begin{vmatrix} b_1 & a_{12} \\ b_2 & a_{22} \end{vmatrix},D_2=\begin{vmatrix} a_{11} & b_1 \\ a_{21} & b_2 \end{vmatrix},$$

则式②可以表示为

$$x_1=\frac{D_1}{D},\quad x_2=\frac{D_2}{D}. \qquad ④$$

例 1　解线性方程组

$$\begin{cases} 2x_1+7x_2=22 \\ 5x_1-3x_2=1 \end{cases}.$$

解

$$D=\begin{vmatrix} 2 & 7 \\ 5 & -3 \end{vmatrix}=-41,$$

$$D_1=\begin{vmatrix} 22 & 7 \\ 1 & -3 \end{vmatrix}=-73,$$

$$D_2=\begin{vmatrix} 2 & 22 \\ 5 & 1 \end{vmatrix}=-108,$$

故

$$x_1=\frac{D_1}{D}=\frac{73}{41},x_2=\frac{D_2}{D}=\frac{108}{41}.$$

二、三阶行列式

定义 2　我们称符号 $\begin{vmatrix} a_{11} & a_{12} & a_{13} \\ a_{21} & a_{22} & a_{23} \\ a_{31} & a_{32} & a_{33} \end{vmatrix}$ 为三阶行列式,它表示代数和

$$a_{11}a_{22}a_{33}+a_{12}a_{23}a_{31}+a_{13}a_{21}a_{32}-a_{11}a_{23}a_{32}-a_{12}a_{21}a_{33}-a_{13}a_{22}a_{31},$$

即

$$D=\begin{vmatrix} a_{11} & a_{12} & a_{13} \\ a_{21} & a_{22} & a_{23} \\ a_{31} & a_{32} & a_{33} \end{vmatrix}$$

$$=a_{11}a_{22}a_{33}+a_{12}a_{23}a_{31}+a_{13}a_{21}a_{32}-a_{11}a_{23}a_{32}-a_{12}a_{21}a_{33}-a_{13}a_{22}a_{31}. \qquad ⑤$$

三阶行列式有三行三列共九个元素.由定义可以看出,三阶行列式表示六项的代数和,每项为三个位于不同行、不同列的元素的乘积,其中三项为正号,三项为负.其运算规律可用"对角线法则"或"沙路法"来描述.

(1)对角线法则(如图 1-2 所示).

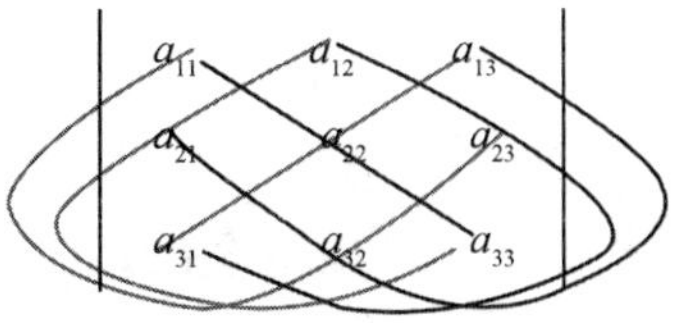

图 1-2　对角线法则

(2)沙路法则(如图 1-3 所示).

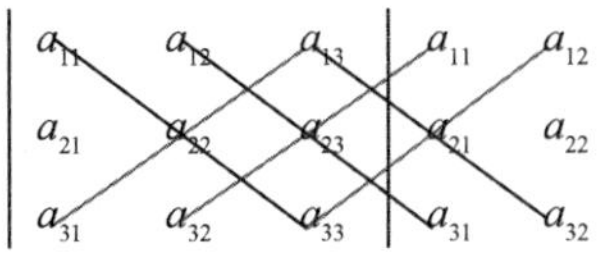

图 1-3　沙路法则

对角线法则只适用于二阶与三阶行列式.

类似的,对于三元线性方程组

$$\begin{cases} a_{11}x_1+a_{12}x_2+a_{13}x_3=b_1, \\ a_{21}x_1+a_{22}x_2+a_{23}x_3=b_2, \\ a_{31}x_1+a_{32}x_2+a_{33}x_3=b_3. \end{cases} \qquad ⑥$$

记

$$D=\begin{vmatrix} a_{11} & a_{12} & a_{13} \\ a_{21} & a_{22} & a_{23} \\ a_{31} & a_{32} & a_{33} \end{vmatrix}; \qquad D_1=\begin{vmatrix} b_1 & a_{12} & a_{13} \\ b_2 & a_{22} & a_{23} \\ b_3 & a_{32} & a_{33} \end{vmatrix};$$

$$D_2=\begin{vmatrix} a_{11} & b_1 & a_{13} \\ a_{21} & b_2 & a_{23} \\ a_{31} & b_3 & a_{33} \end{vmatrix}; \qquad D_3=\begin{vmatrix} a_{11} & a_{12} & b_1 \\ a_{21} & a_{22} & b_2 \\ a_{31} & a_{32} & b_3 \end{vmatrix}.$$

若系数行列式 $D\neq 0$,则方程组有唯一解,即

$$x_1=\frac{D_1}{D}, \quad x_2=\frac{D_2}{D}, \quad x_3=\frac{D_3}{D}.$$

例 2　解线性方程组

$$\begin{cases} x_1+2x_2+x_3=3 \\ -2x_1+x_2-x_3=-3. \\ x_1-4x_2+2x_3=-5 \end{cases}$$

解　用对角线法计算四个行列式,则

$$D=\begin{vmatrix} 1 & 2 & 1 \\ -2 & 1 & -1 \\ 1 & -4 & 2 \end{vmatrix}=1\times 1\times 2+2\times(-1)\times 1+1\times(-4)\times(-2)-$$

$$1\times 1\times 1-1\times(-1)\times(-4)-2\times(-2)\times 2=11,$$

$$D_1=\begin{vmatrix} 3 & 2 & 1 \\ -3 & 1 & -1 \\ -5 & -4 & 2 \end{vmatrix}=33, D_2=\begin{vmatrix} 1 & 3 & 1 \\ -2 & -3 & -1 \\ 1 & -5 & 2 \end{vmatrix}=11, D_3=\begin{vmatrix} 1 & 2 & 3 \\ -2 & 1 & -3 \\ 1 & -4 & -5 \end{vmatrix}=-22.$$

故 $x_1=\frac{D_1}{D}=3,\ x_2=\frac{D_2}{D}=1,\ x_3=\frac{D_3}{D}=-2.$

第二节　n 阶行列式的概念

我们的目的，是要把二阶和三阶的行列式推广到 n 阶行列式，然后利用 n 阶行列式解 n 元线性方程组，为此，我们必须弄清二阶、三阶行列式的结构规律，才能推广到 n 阶行列式.

考察三阶行列式

$$\begin{vmatrix} a_{11} & a_{12} & a_{13} \\ a_{21} & a_{22} & a_{23} \\ a_{31} & a_{32} & a_{33} \end{vmatrix}=a_{11}a_{22}a_{33}+a_{12}a_{23}a_{31}+a_{13}a_{21}a_{32}-a_{11}a_{23}a_{32}-a_{12}a_{21}a_{33}-a_{13}a_{22}a_{31}.$$

容易看出三阶行列式具有如下特征：

(1)三阶行列式表示位于不同行不同列的 3 个元素乘积的代数和.三个元素的乘积称为行列式的项，可以表示为 $a_{1j_1}a_{2j_2}a_{3j_3}$，其中 j_1,j_2,j_3 为取遍所有 1,2,3 这三个数字的排列，故三阶行列式共有 3！＝6 项.

(2)行列式的每一项都带有符号，当行标成自然排列时，符号与列标 $j_1j_2j_3$ 的排列顺序有关.

那么，每一项前面的符号按什么规则来确定呢？为了精确地叙述这一规则，必须引入排列和逆序等定义.

一、排列、逆序与对换

定义 1　由自然数 $1,2,3,\cdots,n$ 组成的有序数组称为一个 n 级排列(简称排列).

例如，1234，2431 都是 4 级排列，而 415362 是一个 6 级排列.

定义 2　在一个 n 级排列 $i_1i_2\cdots i_n$ 中，如果有较大的数 i_t 排在较小的数 i_s 前面($i_t>i_s$)，则称 i_t 与 i_s 构成一个逆序.一个 n 级排列中逆序的总数，称为它的逆序数，记为$N(i_1i_2\cdots i_n)$.

定义 3　如果排列 $i_1i_2\cdots i_n$ 的逆序数是奇数则称为奇排列，是偶数则称为偶排列.

一般地，我们可以根据如下方法计算排列的逆序数：

设在一个 n 级排列 $i_1i_2\cdots i_n$ 当中，比 i_k 大的且排在 i_k 前面的数共有 t_k 个，则 i_k 的逆序的个数为 t_k，而该排列中所有自然数的逆序之和就是该排列的逆序数，即

$$N(i_1i_2\cdots i_n)=t_1+t_2+\cdots+t_n=\sum_{k=1}^{n}t_k.$$

例 1　求排列 23154 的逆序数.

解　方法一　直接用逆序数的定义，因为 2 在 1 前面，3 在 1 前面，5 在 4 前面，共有 3 个逆序，故

$$N(23154)=3.$$

方法二　对于 5 级排列 23154，可以这样来计算逆序数：

$$\begin{array}{cccccc} \text{排列} & 2 & 3 & 1 & 5 & 4 \\ & \downarrow & \downarrow & \downarrow & \downarrow & \downarrow \\ t_k & 0 & 0 & 2 & 0 & 1 \end{array}$$

所以所求排列的逆序数为 $N(23154)=0+0+2+0+1=3$，可以看出该排列是奇排列.

例 2　求排列 $n(n-1)\cdots321$ 的逆序数，并讨论其奇偶性.

解　类似于上例方法二的讨论，可以排出下表：

$$\begin{array}{cccccccc} \text{排列} & n & n-1 & n-2 & \cdots & 3 & 2 & 1 \\ & \downarrow & \downarrow & \downarrow & \downarrow & \downarrow & \downarrow & \downarrow \\ t_k & 0 & 1 & 2 & \cdots & n-3 & n-2 & n-1 \end{array}$$

则所求逆序数为

$$N(n(n-1)\cdots321)=0+1+2+\cdots+(n-1)=\frac{n(n-1)}{2}.$$

所以当 $n=4k,4k+1$ 时，该排列是偶排列；当 $n=4k+2,4k+3$ 时，该排列是奇排列.

定义 4　在一个排列 $i_1\cdots i_s\cdots i_t\cdots i_n$ 中，如果仅将它的两个数码 i_s 与 i_t 对调，其他数码不变，得到另外一个排列 $i_1\cdots i_t\cdots i_s\cdots i_n$，这样的变换，称为一个对换，记为对换 (i_s,i_t). 将相邻两个元素对换，称为相邻对换.

定理 1　一个对换改变排列的奇偶性.

证　(1)首先讨论对换相邻两个数码的特殊情形，设排列为 $AijB$，其中 A,B 表示除 i,j 两个数外的其余数字，经过对换 (i,j)，变为排列 $AjiB$，比较上面两个排列中的逆序，显然，A,B 中的数字的逆序数没有改变，并且 i,j 与 A,B 中数字的次序也没有改变，仅仅改变了 i 与 j 的次序，因此，新排列仅比原排列增加了一个逆序(当 $i<j$ 时)，或减少了一个逆序(当 $i>j$ 时)，所以它们的奇偶性相反.

(2)在一般情形，设原排列为

$$Aik_1k_2\cdots k_sjB,$$

经过对换 (i,j)，变成新排列

$$Ajk_1k_2\cdots k_siB,$$

由原排列中将数码 i 依次与 $k_1,k_2,\cdots,k_s,j$ 作 $s+1$ 次相邻对换，变为

$$Ak_1k_2\cdots k_sjiB.$$

再将 j 依次与 $k_s,\cdots,k_2,k_1$ 作 s 次相邻对换得到新排列，即新排列可以由原来的排列经过 $2s+1$ 次相邻对换得到. 由(1)的结论可知它改变了奇数次奇偶性，所以它与原排列的奇偶性相反.

定理 2　n 个自然数 $(n>1)$ 共有 $n!$ 个 n 级排列，其中奇偶排列各占一半.

证　设在 $n!$ 个 n 阶排列中，有 p 个不同的奇排列，q 个不同的偶排列，这样有 $p+q=n!$，我们来证明 $p=q$.

对每一个奇排列都施以同一的对换，例如都对换(1,2)，由定理 1 知 p 个奇排列全部变为偶排列，于是有 $p\leqslant q$；同理将全部偶排列也都施以同一对换，则 q 个偶排列全部变为奇排列，于是又有 $q\leqslant p$，所以有 $p=q$，即奇偶排列的个数一样，所以分别为$\frac{n!}{2}$个.

二、n 阶行列式的定义

观察三阶行列式

$$\begin{vmatrix} a_{11} & a_{12} & a_{13} \\ a_{21} & a_{22} & a_{23} \\ a_{31} & a_{32} & a_{33} \end{vmatrix} = a_{11}a_{22}a_{33} + a_{12}a_{23}a_{31} + a_{13}a_{21}a_{32} - a_{11}a_{23}a_{32} - a_{12}a_{21}a_{33} - a_{13}a_{22}a_{31},$$

由此可以看出三阶行列式的一些规律：

(1)三阶行列式中表示所有位于不同行不同列的三个元素乘积的代数和，且每一项中元素的行标按自然顺序排列，我们称这样的项 $a_{1j_1}a_{2j_2}a_{3j_3}$ 为标准形式.

(2)三阶行列式共有 3!＝6 项，它恰好是列标排列 $j_1j_2j_3$ 的可能个数，即 123 的全排列个数.

(3)当这一项写成标准形式后，每一项的符号由列标构成的排列来决定，如果是偶排列取正号，奇排列则取负号，因而项 $a_{1j_1}a_{2j_2}a_{3j_3}$ 前面的符号为 $(-1)^{N(j_1j_2j_3)}$.

所以三阶行列式可记为

$$\begin{vmatrix} a_{11} & a_{12} & a_{13} \\ a_{21} & a_{22} & a_{23} \\ a_{31} & a_{32} & a_{33} \end{vmatrix} = \sum_{j_1j_2j_3} (-1)^{N(j_1j_2j_3)} a_{1j_1}a_{2j_2}a_{3j_3},$$

其中 $\sum\limits_{j_1j_2j_3}$ 表示遍取所有 3 级排列 $j_1j_2j_3$ 时，对一般项 $(-1)^{N(j_1j_2j_3)}a_{1j_1}a_{2j_2}a_{3j_3}$ 求和.

显然，二阶行列式也符合这些特征，并可记为

$$\begin{vmatrix} a_{11} & a_{12} \\ a_{21} & a_{22} \end{vmatrix} = \sum_{j_1j_2} (-1)^{N(j_1j_2)} a_{1j_1}a_{2j_2}.$$

根据二、三阶行列式的特征，我们给出 n 阶行列式的定义.

定义 5 由 n^2 个元素 a_{ij} 组成的记号

$$D = \begin{vmatrix} a_{11} & a_{12} & \cdots & a_{1n} \\ a_{21} & a_{22} & \cdots & a_{2n} \\ \vdots & \vdots & & \vdots \\ a_{n1} & a_{n2} & \cdots & a_{nn} \end{vmatrix},$$

称为 n 阶行列式(其中横排为行，竖排为列.元素 a_{ij} 位于行列式的第 i 行和第 j 列)，它表示所有取自不同行、不同列的 n 个元素乘积 $a_{1j_1}a_{2j_2}\cdots a_{nj_n}$ 的代数和，各项的符号是：当该项元素的行标按自然数顺序排列后，若列标构成的排列是偶排列取正号，是奇排列则取负号，即

$$D = \begin{vmatrix} a_{11} & a_{12} & \cdots & a_{1n} \\ a_{21} & a_{22} & \cdots & a_{2n} \\ \vdots & \vdots & & \vdots \\ a_{n1} & a_{n2} & \cdots & a_{nn} \end{vmatrix} = \sum_{j_1j_2\cdots j_n} (-1)^{N(j_1j_2\cdots j_n)} a_{1j_1}a_{2j_2}\cdots a_{nj_n}.$$

其中 $\sum\limits_{j_1j_2\cdots j_n}$ 表示对所有的 n 级排列求和，共有 $n!$ 项.称 $(-1)^{N(j_1j_2\cdots j_n)}a_{1j_1}a_{2j_2}\cdots a_{nj_n}$ 为行

列式的一般项.行列式有时候简记为 $\det(a_{ij})$ 或 $|a_{ij}|$.

显然,n 阶行列式是 $n!$ 项的代数和,且冠以正号和负号的项各占一半,因此,行列式实质是一种特殊定义的数.特别的,一阶行列式 $|a_{11}|=a_{11}$,不要与绝对值记号相混淆.

例 3　计算行列式

$$D=\begin{vmatrix}0&0&0&1\\0&0&2&0\\0&3&0&0\\4&0&0&0\end{vmatrix}.$$

解　这是一个 4 阶行列式.在其展开式中应有 $4!=24$ 项,每一项都是取自不同行、不同列的 4 个数的乘积.若这 4 个数之一为 0,则这乘积为零.所以不等于零的项只有 $a_{14}a_{23}a_{32}a_{41}$ 这一项.而

$$N(4\ 3\ 2\ 1)=6,$$

所以
$$D=(-1)^{N(4\ 3\ 2\ 1)}1\times2\times3\times4=24.$$

例 4　计算 n 阶行列式

$$D=\begin{vmatrix}a_{11}&a_{12}&\cdots&a_{1n}\\0&a_{22}&\cdots&a_{2n}\\\vdots&\vdots&&\vdots\\0&0&\cdots&a_{nn}\end{vmatrix},\quad a_{ii}\neq0,i=1,2,\cdots,n.$$

解　根据 n 阶行列式的定义 5,得 $D=\sum\limits_{j_1j_2\cdots j_n}(-1)^{N(j_1j_2\cdots j_n)}a_{1j_1}a_{2j_2}\cdots a_{nj_n}$.

在 D 的一般项中,只有当 $j_n=n,j_{n-1}=n-1,\cdots,j_2=2,j_1=1$ 时,乘积 $a_{1j_1}a_{2j_2}\cdots a_{nj_n}$ 才不等于零,所以 $D=(-1)^{N(12\cdots n)}a_{11}a_{22}\cdots a_{nn}=a_{11}a_{22}\cdots a_{nn}$.

上述行列式称为上三角行列式,其特征为主对角线以下的元素全为零,主对角线以上的元素不全为零.

类似可以求解下三角行列式:

$$D=\begin{vmatrix}a_{11}&0&0&\cdots&0\\a_{21}&a_{22}&0&\cdots&0\\\vdots&\vdots&\vdots&&\vdots\\a_{n1}&a_{n2}&a_{n3}&\cdots&a_{nn}\end{vmatrix}=a_{11}a_{22}\cdots a_{nn}.$$

对角行列式:

$$D=\begin{vmatrix}a_{11}&0&\cdots&0\\0&a_{22}&\cdots&0\\\vdots&\vdots&&\vdots\\0&0&\cdots&a_{nn}\end{vmatrix}=a_{11}a_{22}\cdots a_{nn},$$

$$D=\begin{vmatrix}0&\cdots&0&a_{1n}\\0&\cdots&a_{2,n-1}&0\\\vdots&\vdots&&\vdots\\a_{n1}&0&\cdots&a_{nn}\end{vmatrix}=(-1)^{\frac{n(n-1)}{2}}a_{1n}a_{2(n-1)}\cdots a_{n1}.$$

下面我们不加证明地给出 n 阶行列式的等价表达形式：

定理 3 n 阶行列式 $D=\begin{vmatrix} a_{11} & a_{12} & \cdots & a_{1n} \\ a_{21} & a_{22} & \cdots & a_{2n} \\ \vdots & \vdots & & \vdots \\ a_{n1} & a_{n2} & \cdots & a_{nn} \end{vmatrix}$中的一般项可以表示为

$$(-1)^{N(i_1 i_2 \cdots i_n)} a_{i_1 1} a_{i_2 2} \cdots a_{i_n n} \qquad ①$$

或

$$(-1)^{N(i_1 i_2 \cdots i_n)+N(j_1 j_2 \cdots j_n)} a_{i_1 j_1} a_{i_2 j_2} \cdots a_{i_n j_n}, \qquad ②$$

①式为列标是自然数列，行标是 n 级排列 $i_1 i_2 \cdots i_n$ 时的一般项，而②式为行标 $i_1 i_2 \cdots i_n$ 和列标 $j_1 j_2 \cdots j_n$ 均为 n 级排列的一般项.

式子的价值在于丰富了用定义计算行列式的方法，即不一定只用行标是自然排列、列标是 n 级排列来计算 n 阶行列式.也可用列标是自然排列、行标是 n 级排列，或行标、列标都是 n 级排列来计算 n 阶行列式.

例如，计算行列式 $D=\begin{vmatrix} a & 0 & 0 & 0 \\ 0 & 0 & 0 & b \\ 0 & c & 0 & 0 \\ 0 & 0 & d & 0 \end{vmatrix}$.

既可按定义 5 计算：$D=(-1)^{N(1423)}abcd=abcd$；又可按①计算得

$$D=(-1)^{N(1342)}acdb=abcd;$$

还可按②式计算，这种解法留给读者自己完成.

例 5 判断下列两项是不是六阶行列式的项.

(1) $a_{32}a_{44}a_{51}a_{15}a_{22}a_{66}$；　　(2) $a_{21}a_{53}a_{16}a_{42}a_{64}a_{35}$.

解 (1)行标 345126 是六级排列，而列标 241526 不是六级排列(有重复数字 2)，所以该项不是六阶行列式的项.

(2)行标排列 251463 的逆序数为 $N=0+0+2+1+0+3=6$，

列标排列 136245 的逆序数为 $N=0+0+0+2+1+1=4$，

所以 $a_{21}a_{53}a_{16}a_{42}a_{64}a_{35}$ 前面应带正号，该项是六阶行列式中的项.

第三节　行列式的性质

用行列式的定义直接计算高阶行列式通常是很困难的.因为当 n 阶行列式的阶数较高时，计算量非常大.例如一个六阶行列式，仅加减乘除运算就多达几千次.因此本节主要研究 n 阶行列式的性质，揭示 n 阶行列式的运算规律，从而丰富 n 阶行列式的运算方法.

一、行列式的性质

将 n 阶行列式 D 的行与列依次互换以后得到的行列式，称为 n 阶行列式 D 的转置行列式，记为 D^{T}(或 D').

$$若\ D=\begin{vmatrix} a_{11} & a_{12} & \cdots & a_{1n} \\ a_{21} & a_{22} & \cdots & a_{2n} \\ \vdots & \vdots & & \vdots \\ a_{n1} & a_{n2} & \cdots & a_{nn} \end{vmatrix},\ 则\ D^{\mathrm{T}}=\begin{vmatrix} a_{11} & a_{21} & \cdots & a_{n1} \\ a_{12} & a_{22} & \cdots & a_{n2} \\ \vdots & \vdots & & \vdots \\ a_{1n} & a_{2n} & \cdots & a_{nn} \end{vmatrix}.$$

转置行列式具有如下性质:

性质 1　行列式 D 与其转置行列式 D^{T} 相等.即 $D=D^{\mathrm{T}}$.

$$\begin{vmatrix} a_{11} & a_{12} & \cdots & a_{1n} \\ a_{21} & a_{22} & \cdots & a_{2n} \\ \vdots & \vdots & & \vdots \\ a_{n1} & a_{n2} & \cdots & a_{nn} \end{vmatrix}=\begin{vmatrix} a_{11} & a_{21} & \cdots & a_{n1} \\ a_{12} & a_{22} & \cdots & a_{n2} \\ \vdots & \vdots & & \vdots \\ a_{1n} & a_{2n} & \cdots & a_{nn} \end{vmatrix}.$$

该性质说明,在行列式中,行与列的地位是对称的、平等的.对行成立的性质对于列也同样成立,下面行列式的其他性质都具有这个特点,因此一般仅对行给出证明.

性质 2　交换行列式的两行(列),行列式变号.

推论 1　若行列式有两行(列)的元素对应相等,则该行列式为零.

证　互换相同的两行(列),有 $D=-D$,故 $D=0$.

性质 3　行列式的某一行(列)的所有元素都有公因子 k,则 k 可以提到行列式符号之外,即

$$\begin{vmatrix} a_{11} & a_{12} & \cdots & a_{1n} \\ \vdots & \vdots & & \vdots \\ ka_{i1} & ka_{i2} & \cdots & ka_{in} \\ \vdots & \vdots & & \vdots \\ a_{n1} & a_{n2} & \cdots & a_{nn} \end{vmatrix}=k\begin{vmatrix} a_{11} & a_{12} & \cdots & a_{1n} \\ \vdots & \vdots & & \vdots \\ a_{i1} & a_{i2} & \cdots & a_{in} \\ \vdots & \vdots & & \vdots \\ a_{n1} & a_{n2} & \cdots & a_{nn} \end{vmatrix}.$$

证　由行列式的性质,有

$$\begin{aligned} 左端 &= \sum_{j_1 j_2 \cdots j_n} (-1)^{N(j_1 j_2 \cdots j_n)} a_{1j_1} a_{2j_2} \cdots k a_{ij_i} \cdots a_{nj_n} \\ &= k \sum_{j_1 j_2 \cdots j_n} (-1)^{N(j_1 j_2 \cdots j_n)} a_{1j_1} a_{2j_2} \cdots a_{ij_i} \cdots a_{nj_n} = 右端. \end{aligned}$$

推论 2　行列式有两行(列)的对应元素成比例,则此行列式的值为零.

证　设行列式 D 有两行对应元素成比例,不妨设第 i 行是第 j 行($j\neq i$)的 k 倍($k\neq 0$),把 D 中第 i 行的公因数 k 提到行列式外面,就得到一个第 i 行与第 j 行的对应元素相同的行列式 D_1,由推论 1 知 $D_1=0$,于是 $D=kD_1=0$.

性质 4　若行列式的某一行(列)的元素都是两数之和,即

$$D=\begin{vmatrix} a_{11} & a_{12} & \cdots & a_{1n} \\ \vdots & \vdots & & \vdots \\ b_{i1}+c_{i1} & b_{i2}+c_{i2} & \cdots & b_{in}+c_{in} \\ \vdots & \vdots & & \vdots \\ a_{n1} & a_{n2} & \cdots & a_{nn} \end{vmatrix},$$

则

$$D=\begin{vmatrix} a_{11} & a_{12} & \cdots & a_{1n} \\ \vdots & \vdots & & \vdots \\ b_{i1} & b_{i2} & \cdots & b_{in} \\ \vdots & \vdots & & \vdots \\ a_{n1} & a_{n2} & \cdots & a_{nn} \end{vmatrix}+\begin{vmatrix} a_{11} & a_{12} & \cdots & a_{1n} \\ \vdots & \vdots & & \vdots \\ c_{i1} & c_{i2} & \cdots & c_{in} \\ \vdots & \vdots & & \vdots \\ a_{n1} & a_{n2} & \cdots & a_{nn} \end{vmatrix}=D_1+D_2.$$

证 $D=\sum\limits_{j_1\cdots j_i\cdots j_n}(-1)^{N(j_1\cdots j_i\cdots j_n)}a_{1j_1}\cdots(b_{ij_i}+c_{ij_i})\cdots a_{nj_n}$

$=\sum\limits_{j_1\cdots j_i\cdots j_n}(-1)^{N(j_1\cdots j_i\cdots j_n)}a_{1j_1}\cdots b_{ij_i}\cdots a_{nj_n}$

$+\sum\limits_{j_1\cdots j_i\cdots j_n}(-1)^{N(j_1\cdots j_i\cdots j_n)}a_{1j_1}\cdots c_{ij_i}\cdots a_{nj_n}$

$=D_1+D_2.$

推论 3 如果将行列式某一行(列)的每个元素都写成 m 个数(m 为大于 1 的整数)的和,则此行列式可以写成 m 个行列式的和.

性质 5 将行列式的某一行(列)的所有元素都乘以数 k 后加到另一行(列)对应位置的元素上,行列式的值不变.即

$$\begin{vmatrix} a_{11} & a_{12} & \cdots & a_{1n} \\ \vdots & \vdots & & \vdots \\ a_{i1} & a_{i2} & \cdots & a_{in} \\ \vdots & \vdots & & \vdots \\ a_{j1} & a_{j2} & \cdots & a_{jn} \\ \vdots & \vdots & & \vdots \\ a_{n1} & a_{n2} & \cdots & a_{nn} \end{vmatrix}=\begin{vmatrix} a_{11} & a_{12} & \cdots & a_{1n} \\ \vdots & \vdots & & \vdots \\ a_{i1}+ka_{j1} & a_{i2}+ka_{j2} & \cdots & a_{in}+ka_{jn} \\ \vdots & \vdots & & \vdots \\ a_{j1} & a_{j2} & \cdots & a_{jn} \\ \vdots & \vdots & & \vdots \\ a_{n1} & a_{n2} & \cdots & a_{nn} \end{vmatrix}.$$

证 利用性质 4 和推论 2 有

$$\text{右端}=\begin{vmatrix} a_{11} & a_{12} & \cdots & a_{1n} \\ \vdots & \vdots & & \vdots \\ a_{i1} & a_{i2} & \cdots & a_{in} \\ \vdots & \vdots & & \vdots \\ a_{j1} & a_{j2} & \cdots & a_{jn} \\ \vdots & \vdots & & \vdots \\ a_{n1} & a_{n2} & \cdots & a_{nn} \end{vmatrix}+\begin{vmatrix} a_{11} & a_{12} & \cdots & a_{1n} \\ \vdots & \vdots & & \vdots \\ ka_{j1} & ka_{j2} & \cdots & ka_{jn} \\ \vdots & \vdots & & \vdots \\ a_{j1} & a_{j2} & \cdots & a_{jn} \\ \vdots & \vdots & & \vdots \\ a_{n1} & a_{n2} & \cdots & a_{nn} \end{vmatrix}$$

$$=\begin{vmatrix} a_{11} & a_{12} & \cdots & a_{1n} \\ \vdots & \vdots & & \vdots \\ a_{i1} & a_{i2} & \cdots & a_{in} \\ \vdots & \vdots & & \vdots \\ a_{j1} & a_{j2} & \cdots & a_{jn} \\ \vdots & \vdots & & \vdots \\ a_{n1} & a_{n2} & \cdots & a_{nn} \end{vmatrix}+0=\text{左端}.$$

二、利用“三角行列式法”计算行列式

计算行列式时，常用行列式的性质，把已知行列式化为三角形行列式来计算.例如将行列式化为上三角行列式，可按照下面的步骤：(1)如果第一行第一个元素为 0，先将第一行(列)与其他行(列)交换，使第一行第一个元素(即 a_{11})不为 0；(2)把第一行分别乘以适当的数加到其他各行，使第一列除了第一个元素(即 a_{11})外其余元素全为 0；(3)用同样的方法处理除去第一行和第一列后余下的低一阶行列式；(4)依次做下去，直至使它成为上三角行列式；(5)将上三角行列式主对角线上所有元素相乘，就得到了行列式的值.为了简要说明在计算行列式时用到哪些性质，我们规定：

(1)交换 i,j 两行(列)记为 $r_i \leftrightarrow r_j (c_i \leftrightarrow c_j)$ 或 $r(i,j)(c(i,j))$.

(2)第 i 行(列)乘以数 k，记作 kr_i，(kc_i)，$r(i(k))(c(i(k)))$.

(3)第 i 行(列)的 k 倍加到第 j 行(列)上记作 $r_j+kr_i(c_j+kc_i)$.

例 1　计算行列式

$$\begin{vmatrix} -2 & 5 & -1 & 3 \\ 1 & -9 & 13 & 7 \\ 3 & -1 & 5 & -5 \\ 2 & 8 & -7 & -10 \end{vmatrix}.$$

解　$D \xlongequal{r_1 \leftrightarrow r_2} -\begin{vmatrix} 1 & -9 & 13 & 7 \\ -2 & 5 & -1 & 3 \\ 3 & -1 & 5 & -5 \\ 2 & 8 & -7 & -10 \end{vmatrix} \xlongequal[r_4-2r_1]{\substack{r_2+2r_1 \\ r_3-3r_1}} -\begin{vmatrix} 1 & -9 & 13 & 7 \\ 0 & -13 & 25 & 17 \\ 0 & 26 & -34 & -26 \\ 0 & 26 & -33 & -24 \end{vmatrix}$

$$\xlongequal[r_4+2r_2]{r_3+2r_2} -\begin{vmatrix} 1 & -9 & 13 & 7 \\ 0 & -13 & 25 & 17 \\ 0 & 0 & 16 & 8 \\ 0 & 0 & 17 & 10 \end{vmatrix} \xlongequal{r_4-\frac{17}{16}r_3} -\begin{vmatrix} 1 & -9 & 13 & 7 \\ 0 & -13 & 25 & 17 \\ 0 & 0 & 16 & 8 \\ 0 & 0 & 0 & \frac{3}{2} \end{vmatrix}$$

$$=-1\times(-13)\times16\times\frac{3}{2}=312.$$

例 2　计算行列式

$$D=\begin{vmatrix} \frac{1}{2} & \frac{1}{2} & \frac{1}{2} & \frac{1}{2} \\ \frac{1}{3} & -\frac{1}{3} & \frac{1}{3} & \frac{1}{3} \\ 6 & 6 & -6 & 6 \\ 3 & 3 & 3 & -3 \end{vmatrix}.$$

解　利用行列式性质把行列式化成上(或下)三角行列式，再加以计算.

$$D=\frac{1}{2}\times\frac{1}{3}\times 6\times 3\times\begin{vmatrix}1&1&1&1\\1&-1&1&1\\1&1&-1&1\\1&1&1&-1\end{vmatrix}\xlongequal[r_4-r_1]{\substack{r_2-r_1\\r_3-r_1}}3\times\begin{vmatrix}1&1&1&1\\0&-2&0&0\\0&0&-2&0\\0&0&0&-2\end{vmatrix}$$

$$=3\times 1\times(-2)\times(-2)\times(-2)=-24.$$

例 3 计算行列式

$$D=\begin{vmatrix}a&b&c&d\\a&a+b&a+b+c&a+b+c+d\\a&2a+b&3a+2b+c&4a+3b+2c+d\\a&3a+b&6a+3b+c&10a+6b+3c+d\end{vmatrix}.$$

解 从第 4 行开始，后一行减去前一行，有

$$D=\begin{vmatrix}a&b&c&d\\0&a&a+b&a+b+c\\0&a&2a+b&3a+2b+c\\0&a&3a+b&6a+3b+c\end{vmatrix}=\begin{vmatrix}a&b&c&d\\0&a&a+b&a+b+c\\0&0&a&2a+b\\0&0&a&3a+b\end{vmatrix}$$

$$=\begin{vmatrix}a&b&c&d\\0&a&a+b&a+b+c\\0&0&a&2a+b\\0&0&0&a\end{vmatrix}=a^4.$$

例 4 计算行列式

$$D_n=\begin{vmatrix}a&b&b&\cdots&b\\b&a&b&\cdots&b\\b&b&a&\cdots&b\\\vdots&\vdots&\vdots&&\vdots\\b&b&b&\cdots&a\end{vmatrix}.$$

解 这个行列式的特点:各行中诸元素的和相等，都是 $a+(n-1)b$，于是从第二列开始，把所有的列加到第一列上.

$$D_n\xlongequal[i=2,3,\cdots,n]{c_1+c_i}\begin{vmatrix}a+(n-1)b&b&b&\cdots&b\\a+(n-1)b&a&b&\cdots&b\\a+(n-1)b&b&a&\cdots&b\\\vdots&\vdots&\vdots&&\vdots\\a+(n-1)b&b&b&\cdots&a\end{vmatrix}$$

$$=[a+(n-1)b]\cdot\begin{vmatrix}1&b&b&\cdots&b\\1&a&b&\cdots&b\\1&b&a&\cdots&b\\\vdots&\vdots&\vdots&&\vdots\\1&b&b&\cdots&a\end{vmatrix}$$

$$\xlongequal[i=2,3,\cdots,n]{r_i-r_1}[a+(n-1)b]\cdot\begin{vmatrix}1 & b & b & \cdots & b\\0 & a-b & 0 & \cdots & 0\\0 & 0 & a-b & \cdots & 0\\\vdots & \vdots & \vdots & & \vdots\\0 & 0 & 0 & \cdots & a-b\end{vmatrix}$$

$$=[a+(n-1)b](a-b)^{n-1}.$$

像这样，元素满足关系 $a_{ij}=a_{ji}$ 的行列式称为对称行列式；反之，元素满足 $a_{ij}=-a_{ji}$ 的行列式称为反对称行列式.读者可以自己证明：奇数阶的反对称行列式等于0.

例 5　解方程

$$\begin{vmatrix}2 & 2 & 2 & \cdots & n-x\\1 & 1-x & 1 & \cdots & 1\\1 & 1 & 2-x & \cdots & 1\\\vdots & \vdots & \vdots & & \vdots\\1 & 1 & 1 & \cdots & (n-1)-x\end{vmatrix}=0.$$

解　把等式最后一行乘以－1加到第1行，再将第1行乘以－1分别加到其余各行，就化为上三角行列式，即

$$\begin{vmatrix}2 & 2 & 2 & \cdots & n-x\\1 & 1-x & 1 & \cdots & 1\\1 & 1 & 2-x & \cdots & 1\\\vdots & \vdots & \vdots & & \vdots\\1 & 1 & 1 & \cdots & (n-1)-x\end{vmatrix}\xlongequal{r_1-r_n}\begin{vmatrix}1 & 1 & 1 & \cdots & 1\\1 & 1-x & 1 & \cdots & 1\\1 & 1 & 2-x & \cdots & 1\\\vdots & \vdots & \vdots & & \vdots\\1 & 1 & 1 & \cdots & (n-1)-x\end{vmatrix}$$

$$\xlongequal[i=2,3,\cdots,n]{r_i-r_1}\begin{vmatrix}1 & 1 & 1 & \cdots & 1\\0 & -x & 0 & \cdots & 0\\0 & 0 & 1-x & \cdots & 0\\\vdots & \vdots & \vdots & & \vdots\\0 & 0 & 0 & \cdots & (n-2)-x\end{vmatrix}$$

$$=-x(1-x)(2-x)\cdots[(n-2)-x]$$

$$=0.$$

故方程的解为　　$x_1=0,x_2=1,\cdots,x_{n-1}=n-2.$

第四节　行列式按行(列)展开

简化行列式计算的另一种主要方法是降阶，即将较高阶的行列式的计算转化为较低阶行列式的计算.降阶所用的基本方法是把行列式按行(列)展开.

先考察三阶行列式：

$$D=\begin{vmatrix}a_{11} & a_{12} & a_{13}\\a_{21} & a_{22} & a_{23}\\a_{31} & a_{32} & a_{33}\end{vmatrix}$$

$$
\begin{aligned}
&=a_{11}a_{22}a_{33}+a_{12}a_{23}a_{31}+a_{13}a_{21}a_{32}-a_{11}a_{23}a_{32}-a_{12}a_{21}a_{33}-a_{13}a_{22}a_{31}\\
&=a_{11}(a_{22}a_{33}-a_{23}a_{32})+a_{12}(a_{23}a_{31}-a_{21}a_{33})+a_{13}(a_{21}a_{32}-a_{22}a_{31})\\
&=a_{11}\begin{vmatrix} a_{22} & a_{23} \\ a_{32} & a_{33} \end{vmatrix}-a_{12}\begin{vmatrix} a_{21} & a_{23} \\ a_{31} & a_{33} \end{vmatrix}+a_{13}\begin{vmatrix} a_{21} & a_{22} \\ a_{31} & a_{32} \end{vmatrix}.
\end{aligned}
$$

由上式可见，三阶行列式可以由第一行元素“展开”，从而将三阶行列式的计算转化为二阶行列式的计算.同时，该行列式也可写成如下形式：

$$
D=-a_{12}\begin{vmatrix} a_{21} & a_{23} \\ a_{31} & a_{33} \end{vmatrix}+a_{22}\begin{vmatrix} a_{11} & a_{13} \\ a_{31} & a_{33} \end{vmatrix}-a_{32}\begin{vmatrix} a_{11} & a_{13} \\ a_{21} & a_{23} \end{vmatrix}.
$$

显然这是行列式按第二列元素“展开”，同样还可以对该三阶行列式的结果进行其他适当的组合，易见该行列式可以按任一行或任一列“展开”.

一、行列式按一行(列)展开

为从更一般的角度考虑用低阶行列式表示高阶行列式的问题，首先引入余子式和代数余子式等相关概念.

定义 1 在 n 阶行列式 D 中，去掉元素 a_{ij} 所在的第 i 行和第 j 列后，余下的 $n-1$ 阶行列式，称为 D 中元素 a_{ij} 的余子式，记为 M_{ij}，即

$$
M_{ij}=\begin{vmatrix}
a_{11} & \cdots & a_{1,j-1} & a_{1,j+1} & \cdots & a_{1n} \\
\vdots & & \vdots & \vdots & & \vdots \\
a_{i-1,1} & \cdots & a_{i-1,j-1} & a_{i-1,j+1} & \cdots & a_{i-1,n} \\
a_{i+1,1} & \cdots & a_{i+1,j-1} & a_{i+1,j+1} & \cdots & a_{i+1,n} \\
\vdots & & \vdots & \vdots & & \vdots \\
a_{n1} & \cdots & a_{n,j-1} & a_{n,j+1} & \cdots & a_{nn}
\end{vmatrix}
$$

同时，称 $A_{ij}=(-1)^{i+j}M_{ij}$ 为元素 a_{ij} 的代数余子式.

例如，四阶行列式 $D=\begin{vmatrix} a_{11} & a_{12} & a_{13} & a_{14} \\ a_{21} & a_{22} & a_{23} & a_{24} \\ a_{31} & a_{32} & a_{33} & a_{34} \\ a_{41} & a_{42} & a_{43} & a_{44} \end{vmatrix}$ 中，

a_{23} 的代数余子式为 $\quad A_{23}=(-1)^{2+3}M_{23}=-\begin{vmatrix} a_{11} & a_{12} & a_{14} \\ a_{31} & a_{32} & a_{34} \\ a_{41} & a_{42} & a_{44} \end{vmatrix}$，

a_{42} 的代数余子式为 $\quad A_{42}=(-1)^{4+2}M_{42}=\begin{vmatrix} a_{11} & a_{13} & a_{14} \\ a_{21} & a_{23} & a_{24} \\ a_{31} & a_{33} & a_{34} \end{vmatrix}$.

为获得行列式的按行(列)展开定理，需要证明下面的引理：

引理 1 若在 n 阶行列式 D 的第 i 行中有一个元素 $a_{ij}\neq 0$，其余元素全为零，则 $D=a_{ij}A_{ij}$.

证 先证 $i=1,j=1$ 的情形.此时

$$D=\begin{vmatrix} a_{11} & 0 & \cdots & 0 \\ a_{21} & a_{22} & \cdots & a_{2n} \\ \vdots & \vdots & & \vdots \\ a_{n1} & a_{n2} & \cdots & a_{nn} \end{vmatrix}.$$

因为在 D 的第 1 行元素中，除 a_{11} 外其余都为零，所以在 D 中含有 $a_{1j_1}(j_1\neq 1)$ 的项都为零，于是由行列式的定义，得

$$D=\sum_{j_1j_2\cdots j_n}(-1)^{N(j_1j_2\cdots j_n)}a_{1j_1}a_{2j_2}\cdots a_{nj_n}=\sum_{1j_2\cdots j_n}(-1)^{N(1j_2\cdots j_n)}a_{11}a_{2j_2}\cdots a_{nj_n}$$
$$=a_{11}\sum_{j_2\cdots j_n}(-1)^{N(j_2\cdots j_n)}a_{2j_2}\cdots a_{nj_n}=a_{11}M_{11}=a_{11}A_{11}.$$

再证一般情形，此时

$$D=\begin{vmatrix} a_{11} & \cdots & a_{1j} & \cdots & a_{1n} \\ \vdots & & \vdots & & \vdots \\ 0 & \cdots & a_{ij} & \cdots & 0 \\ \vdots & & \vdots & & \vdots \\ a_{n1} & \cdots & a_{nj} & \cdots & a_{nn} \end{vmatrix}.$$

先将第 i 行依次与第 $i-1,i-2,\cdots,2,1$ 行互换后，再将第 j 列依次与第 $j-1,j-2,\cdots,2,1$ 列互换，计算行列式，由行列式的性质 2，得

$$D=(-1)^{(i-1)+(j-1)}\begin{vmatrix} a_{ij} & 0 & \cdots & 0 & 0 & \cdots & 0 \\ a_{1j} & a_{11} & \cdots & a_{i,j-1} & a_{i,j+1} & \cdots & a_{1n} \\ \vdots & \vdots & & \vdots & \vdots & & \vdots \\ a_{i-1,j} & a_{i-1,1} & \cdots & a_{i-1,j-1} & a_{i-1,j+1} & \cdots & a_{i-1,n} \\ a_{i+1,j} & a_{i+1,1} & \cdots & a_{i+1,j-1} & a_{i+1,j+1} & \cdots & a_{i+1,n} \\ \vdots & \vdots & & \vdots & \vdots & & \vdots \\ a_{nj} & a_{n1} & \cdots & a_{n,j-1} & a_{n,j+1} & \cdots & a_{nn} \end{vmatrix}$$

再利用前面的结果，则有

$$D=(-1)^{i+j}a_{ij}M_{ij}=a_{ij}A_{ij}.$$

定理 1　n 阶行列式 D 等于它的任一行(列)的各元素与其自身代数余子式的乘积之和.即

$$D=a_{i1}A_{i1}+a_{i2}A_{i2}+\cdots+a_{in}A_{in}\quad(i=1,2,\cdots,n), \qquad ①$$

或

$$D=a_{1j}A_{1j}+a_{2j}A_{2j}+\cdots+a_{nj}A_{nj}\quad(j=1,2,\cdots,n). \qquad ②$$

证　仅证①式.由

$$D=\begin{vmatrix} a_{11} & a_{12} & \cdots & a_{1n} \\ \vdots & \vdots & & \vdots \\ a_{i1} & a_{i2} & \cdots & a_{in} \\ \vdots & \vdots & & \vdots \\ a_{n1} & a_{n2} & \cdots & a_{nn} \end{vmatrix}$$

$$
=\begin{vmatrix} a_{11} & a_{12} & \cdots & a_{1n} \\ \vdots & \vdots & & \vdots \\ a_{i1}+0+\cdots+0 & 0+a_{i2}+\cdots+0 & \cdots & 0+0+\cdots a_{in} \\ \vdots & \vdots & & \vdots \\ a_{n1} & a_{n2} & \cdots & a_{nn} \end{vmatrix}
$$

$$
=\begin{vmatrix} a_{11} & a_{12} & \cdots & a_{1n} \\ \vdots & \vdots & & \vdots \\ a_{i1} & 0 & \cdots & 0 \\ \vdots & \vdots & & \vdots \\ a_{n1} & a_{n2} & \cdots & a_{nn} \end{vmatrix}+\begin{vmatrix} a_{11} & a_{12} & \cdots & a_{1n} \\ \vdots & \vdots & & \vdots \\ 0 & a_{i2} & \cdots & 0 \\ \vdots & \vdots & & \vdots \\ a_{n1} & a_{n2} & \cdots & a_{nn} \end{vmatrix}+\cdots+\begin{vmatrix} a_{11} & a_{12} & \cdots & a_{1n} \\ \vdots & \vdots & & \vdots \\ 0 & 0 & \cdots & a_{in} \\ \vdots & \vdots & & \vdots \\ a_{n1} & a_{n2} & \cdots & a_{nn} \end{vmatrix}
$$

$$
=a_{i1}A_{i1}+a_{i2}A_{i2}+\cdots a_{in}A_{in} \quad (i=1,2,\cdots,n).
$$

类似地可证②成立.

推论 1 n 阶行列式 D 的任意一行(列)的元素与另一行(列)对应元素的代数余子式乘积之和等于零,即

$$
a_{i1}A_{s1}+a_{i2}A_{s2}+\cdots+a_{in}A_{sn}=0, \quad i\neq s,
$$
$$
a_{1j}A_{1t}+a_{2j}A_{2t}+\cdots+a_{nj}A_{nt}=0, \quad j\neq t.
$$

证 把行列式 D 的第 s 行元素换为第 i 行($i\neq s$)的对应元素,得到新的行列式 D_1. D_1 中两行元素完全相同,因此 $D_1=0$.把 D_1 按第 s 行展开,得

$$
D_1=a_{i1}A_{s1}+a_{i2}A_{s2}+\cdots+a_{in}A_{sn}=0, i\neq s.
$$

用类似的方法可证:

$$
a_{1j}A_{1t}+a_{2j}A_{2t}+\cdots+a_{nj}A_{nt}=0, j\neq t.
$$

综合定理 1 及其推论可得如下重要公式:

$$
a_{i1}A_{s1}+a_{i2}A_{s2}+\cdots+a_{in}A_{sn}=\sum_{j=1}^{n}a_{ij}A_{sj}=\begin{cases} D, & i=s, \\ 0, & i\neq s. \end{cases}
$$

$$
a_{1j}A_{1t}+a_{2j}A_{2t}+\cdots+a_{nj}A_{nt}=\sum_{k=1}^{n}a_{ij}A_{it}=\begin{cases} D, & j=t, \\ 0, & j\neq t. \end{cases}
$$

定理 1 表明,n 阶行列式的计算可以降为若干个 $n-1$ 阶的行列式计算,实际上这是一种将高阶行列式化为低阶行列式的计算方法,称为降阶法.它也是求解行列式的一种基本计算方法.实际计算时,常选含零最多的行(列)展开.

例 1 计算行列式

$$
D=\begin{vmatrix} 4 & -1 & 1 & 2 \\ 3 & 1 & -2 & 5 \\ -2 & 0 & 4 & 1 \\ 1 & 2 & 1 & 1 \end{vmatrix}.
$$

解 方法一 将 D 按第二列展开,有

$$
D=a_{12}A_{12}+a_{22}A_{22}+a_{32}A_{32}+a_{42}A_{42}=-A_{12}+A_{22}+2A_{42}.
$$

其中

$$A_{12}=(-1)^{1+2}\begin{vmatrix}3&-2&5\\-2&4&1\\1&1&1\end{vmatrix}=27;A_{22}=(-1)^{2+2}\begin{vmatrix}4&1&2\\-2&4&1\\1&1&1\end{vmatrix}=3;$$

$$A_{42}=(-1)^{4+2}\begin{vmatrix}4&1&2\\3&-2&5\\-2&4&1\end{vmatrix}=-85.$$

故 $$D=-A_{12}+A_{22}+2A_{42}=-27+3+2\times(-85)=-194.$$

方法二

$$D=\begin{vmatrix}4&-1&1&2\\3&1&-2&5\\-2&0&4&1\\1&2&1&1\end{vmatrix}\xlongequal[r_4+2r_1]{r_2+r_1}\begin{vmatrix}4&-1&1&2\\7&0&-1&7\\-2&0&4&1\\9&0&3&5\end{vmatrix}$$

$$=(-1)^{1+2}(-1)\begin{vmatrix}7&-1&7\\-2&4&1\\9&3&5\end{vmatrix}\xlongequal[c_3+7c_2]{c_1+7c_2}\begin{vmatrix}0&-1&0\\26&4&29\\30&3&26\end{vmatrix}$$

$$=(-1)^{1+2}(-1)\begin{vmatrix}26&29\\30&26\end{vmatrix}=-194.$$

显然用第二种方法比第一种方法简单.所以我们用降阶法计算行列式的一般做法是：采用行列式的性质 5，把行列式的一行(列)化成仅含有一个非零元素的形式，再按此行(列)展开，变为低一阶的行列式；如此继续下去，直至化为三阶或二阶行列式.

例 2　计算 n 阶行列式

$$D=\begin{vmatrix}a&b&0&\cdots&0&0\\0&a&b&\cdots&0&0\\\vdots&\vdots&\vdots&&\vdots&\vdots\\0&0&0&\cdots&a&b\\b&0&0&\cdots&0&a\end{vmatrix}.$$

解　先将行列式 D 按第 1 列降阶展开，再按三角行列式计算，即

$$D=a\begin{vmatrix}a&b&\cdots&0&0\\0&a&\cdots&0&0\\\vdots&\vdots&&\vdots&\vdots\\0&0&\cdots&a&b\\0&0&\cdots&0&a\end{vmatrix}+(-1)^{n+1}b\begin{vmatrix}b&0&\cdots&0&0\\a&b&\cdots&0&0\\\vdots&\vdots&&\vdots&\vdots\\0&0&\cdots&b&0\\0&0&\cdots&a&b\end{vmatrix}$$

$$=a^n+(-1)^{n+1}b^n.$$

例 3　设 $D=\begin{vmatrix}3&-5&2&1\\1&1&0&-5\\-1&3&1&3\\2&-4&-1&-3\end{vmatrix}$，$D$ 中元素 a_{ij} 的余子式和代数余子式依次记作 M_{ij} 和 A_{ij}，求 $A_{11}+A_{12}+A_{13}+A_{14}$ 及 $M_{11}+5M_{21}+3M_{31}+3M_{41}$.

解 注意到 $A_{11}+A_{12}+A_{13}+A_{14}$ 等于用 1,1,1,1 代替 D 的第 1 行元素所得的行列式,即

$$A_{11}+A_{12}+A_{13}+A_{14}=\begin{vmatrix}1&1&1&1\\1&1&0&-5\\-1&3&1&3\\2&-4&-1&-3\end{vmatrix}\xlongequal[r_3-r_1]{r_4+r_3}\begin{vmatrix}1&1&1&1\\1&1&0&-5\\-2&2&0&2\\1&-1&0&0\end{vmatrix}$$

$$=\begin{vmatrix}1&1&-5\\-2&2&2\\1&-1&0\end{vmatrix}\xlongequal{c_2+c_1}\begin{vmatrix}1&2&-5\\-2&0&2\\1&0&0\end{vmatrix}=\begin{vmatrix}2&-5\\0&2\end{vmatrix}=4.$$

又按定义知

$$M_{11}+5M_{21}+3M_{31}+3M_{41}=A_{11}-5A_{21}+3A_{31}-3A_{41}$$

$$=\begin{vmatrix}1&1&1&1\\-5&1&0&-5\\3&3&1&3\\-3&-4&-1&-3\end{vmatrix}=0.$$

*二、行列式按 k 行(列)展开(拉普拉斯定理)

定义 2 在 n 阶行列式 D 中,任取 k 行 k 列,位于这些行和列交叉点上的 k^2 个元素,按原来的顺序构成 k 阶行列式 M,称 M 为行列式 D 的一个 k 阶子式.在 D 中划去这 k 行 k 列,余下的元素按原来的顺序构成 $n-k$ 阶行列式 M',称为子式 M 的余子式,在其前面冠以符号 $(-1)^{i_1+\cdots+i_k+j_1+\cdots+j_k}$,称为 M 的代数余子式,其中 $i_1,\cdots,i_k$ 为 k 阶子式 M 在 D 中的行标,$j_1,\cdots,j_k$ 为 M 在 D 中的列标.

从定义可以看出,M 也是 M' 的余子式,所以 M 和 M' 称为互余子式.

定理 2(拉普拉斯定理) 设在 n 阶行列式中,任意取定 $k(1\leqslant k\leqslant n)$ 行(列),则行列式 D 等于由这 k 行(列)元素组成的所有 k 阶子式 $M_1,M_2,\cdots,M_t$ 与其对应的代数余子式 $A_1,A_2,\cdots,A_t$ 的乘积之和,即

$$D=M_1A_1+M_2A_2+\cdots+M_tA_t,\text{其中 } t=\mathrm{C}_n^k=\frac{n!}{k!\ (n-k)!}.$$

显然,定理 1 是定理 2 取一阶子式的特殊情形.定理 2 主要应用于高阶行列式的某些行和列中零元素较多的行列式计算.

例 4 用拉普拉斯定理求行列式 $\begin{vmatrix}2&3&0&0\\1&2&3&0\\0&1&2&3\\0&0&1&2\end{vmatrix}$.

解 按第一、二行展开,得

$$\begin{vmatrix} 2 & 3 & 0 & 0 \\ 1 & 2 & 3 & 0 \\ 0 & 1 & 2 & 3 \\ 0 & 0 & 1 & 2 \end{vmatrix} = \begin{vmatrix} 2 & 3 \\ 1 & 2 \end{vmatrix} \times (-1)^{1+2+1+2} \begin{vmatrix} 2 & 3 \\ 1 & 2 \end{vmatrix} + \begin{vmatrix} 2 & 0 \\ 1 & 3 \end{vmatrix} \times (-1)^{1+2+1+3} \begin{vmatrix} 1 & 3 \\ 0 & 2 \end{vmatrix}$$

$$+ \begin{vmatrix} 3 & 0 \\ 2 & 3 \end{vmatrix} \times (-1)^{1+2+2+3} \begin{vmatrix} 0 & 3 \\ 0 & 2 \end{vmatrix}$$

$$= 1 - 12 + 0 = -11.$$

例 5　证明

$$\begin{vmatrix} a_{11} & \cdots & a_{1k} & 0 & \cdots & 0 \\ \vdots & & \vdots & \vdots & & \vdots \\ a_{k1} & \cdots & a_{kk} & 0 & \cdots & 0 \\ c_{11} & \cdots & c_{1k} & b_{11} & \cdots & b_{1r} \\ \vdots & & \vdots & \vdots & & \vdots \\ c_{r1} & \cdots & c_{rk} & b_{r1} & \cdots & b_{1r} \end{vmatrix} = \begin{vmatrix} a_{11} & \cdots & a_{1k} \\ \vdots & & \vdots \\ a_{k1} & \cdots & a_{kk} \end{vmatrix} \cdot \begin{vmatrix} b_{11} & \cdots & b_{1r} \\ \vdots & & \vdots \\ b_{r1} & \cdots & b_{rr} \end{vmatrix}.$$

证　对左边的行列式按前面的 k 行展开，这 k 行上的所有 k 阶子式除左上角组成的 k 阶子式

$$M = \begin{vmatrix} a_{11} & \cdots & a_{1k} \\ \vdots & & \vdots \\ a_{k1} & \cdots & a_{kk} \end{vmatrix}$$

外，其余的 k 阶子式全为零(因为它们都至少有一列元素全为零)，而子式 M 的代数余子式

$$A = (-1)^{(1+2+\cdots+k)+(1+2+\cdots+k)} \begin{vmatrix} b_{11} & \cdots & b_{1r} \\ \vdots & & \vdots \\ b_{r1} & \cdots & b_{rr} \end{vmatrix} = \begin{vmatrix} b_{11} & \cdots & b_{1r} \\ \vdots & & \vdots \\ b_{r1} & \cdots & b_{rr} \end{vmatrix}.$$

于是，由拉普拉斯定理得

$$\text{原式左边} = MA = \begin{vmatrix} a_{11} & \cdots & a_{1k} \\ \vdots & & \vdots \\ a_{k1} & \cdots & a_{kk} \end{vmatrix} \cdot \begin{vmatrix} b_{11} & \cdots & b_{1r} \\ \vdots & & \vdots \\ b_{r1} & \cdots & b_{rr} \end{vmatrix}.$$

*第五节　n 阶行列式的计算

在行列式的计算中，除了采用行列式的定义，我们还可以利用行列式的性质，将行列式化成三角行列式或者对行列式逐次降阶进行计算，要简化行列式的计算应注意各种方法、技巧的综合运用.除此之外，行列式的计算还可以用其他方法，如升阶法、递推法、数学归纳法等.这一节我们通过例题来说明计算行列式的常用方法.

一、定义法

应用行列式的定义计算行列式适用于含零元素较多的行列式.注意在应用定义法求非零乘积项时,不一定从第一行开始,应选择非零元素最少的行开始.

例 1 求 $D=\begin{vmatrix} 0 & 0 & \cdots & 0 & 1 & 0 \\ 0 & 0 & \cdots & 2 & 0 & 0 \\ \cdots & \cdots & \cdots & \cdots & \cdots & \cdots \\ 0 & n-2 & \cdots & 0 & 0 & 0 \\ n-1 & 0 & \cdots & 0 & 0 & 0 \\ 0 & 0 & \cdots & 0 & 0 & n \end{vmatrix}$

解 根据行列式的定义,其项的一般形式为 $a_{1j_1}a_{2j_2}\cdots a_{nj_n}$,显然,仅当 $j_1=n-1, j_2=n-2,\cdots,j_n=n$ 时,对应的项才不为零,故有

$$D=(-1)^{N((n-1),(n-2),\cdots,1,n)}a_{1(n-1)}a_{2(n-2)}\cdots a_{nn}$$

$$=(-1)^{(n-2)+(n-3)\cdots+1+0}\cdot 1\cdot 2\cdots(n-1)\cdot n$$

$$=(-1)^{(n-2)+(n-3)\cdots+1+0}\cdot 1\cdot 2\cdots(n-1)\cdot n=(-1)^{\frac{(n-1)(n-2)}{2}}n!$$

除了极少量的行列式用定义可以比较容易算出以外,大多数行列式的计算十分繁琐,要结合行列式的性质,根据行列式的不同特点采用不同的方法.

二、化三角法

将行列式化为上(下)三角行列式或对角形行列式来计算.

例 2 求 $D=\begin{vmatrix} 1+a_1 & 1 & \cdots & 1 \\ 1 & 1+a_2 & \cdots & 1 \\ \cdots & \cdots & \cdots & \cdots \\ 1 & 1 & \cdots & 1+a_n \end{vmatrix}$,其中 $a_i\neq 0$

解 $$D=\begin{vmatrix} 1+a_1 & 1 & \cdots & 1 \\ 1 & 1+a_2 & \cdots & 1 \\ \cdots & \cdots & \cdots & \cdots \\ 1 & 1 & \cdots & 1+a_n \end{vmatrix} \xlongequal[i=2,3,\cdots n]{r_i-r_1} \begin{vmatrix} 1+a_1 & 1 & 1 & \cdots & 1 \\ -a_1 & a_2 & 0 & \cdots & 0 \\ -a_1 & 0 & a_3 & \cdots & 0 \\ \cdots & \cdots & \cdots & \cdots & \cdots \\ -a_1 & 0 & 0 & \cdots & a_n \end{vmatrix}$$

$$=a_1a_2\cdots a_n\begin{vmatrix} 1+\frac{1}{a_1} & \frac{1}{a_2} & \frac{1}{a_3} & \cdots & \frac{1}{a_n} \\ -1 & 1 & 0 & \cdots & 0 \\ -1 & 0 & 1 & \cdots & 0 \\ \cdots & \cdots & \cdots & \cdots & \cdots \\ -1 & 0 & 0 & \cdots & 1 \end{vmatrix} \xlongequal[i=2,3,\cdots n]{c_1+c_i} (\prod_{i=1}^{n}a_i)\begin{vmatrix} 1+\sum\limits_{i=1}^{n}\frac{1}{a_i} & \frac{1}{a_2} & \frac{1}{a_3} & \cdots & \frac{1}{a_n} \\ 0 & 1 & 0 & \cdots & 0 \\ 0 & 0 & 1 & \cdots & 0 \\ \cdots & \cdots & \cdots & \cdots & \cdots \\ 0 & 0 & 0 & \cdots & 1 \end{vmatrix}$$

$$=(\prod_{i=1}^{n}a_i)(1+\sum_{i=1}^{n}\frac{1}{a_i})$$

例 3　求 $D=\begin{vmatrix} 1+a_1 & a_2 & \cdots & a_n \\ a_1 & 1+a_2 & \cdots & a_n \\ \vdots & \vdots & & \vdots \\ a_1 & a_2 & \cdots & 1+a_n \end{vmatrix}$，其中 $a_i\neq 0$.

解　注意到行列式的每一行之和均相等，故首先将 D 的第 $2,3,\cdots,n$ 列分别加到第 1 列，即

$$D=\begin{vmatrix} 1+a_1 & a_2 & \cdots & a_n \\ a_1 & 1+a_2 & \cdots & a_n \\ \vdots & \vdots & & \vdots \\ a_1 & a_2 & \cdots & 1+a_n \end{vmatrix} \xlongequal[i=2,3,\cdots n]{c_1+c_i} \begin{vmatrix} 1+\sum\limits_{i=1}^{n}a_i & a_2 & \cdots & a_n \\ 1+\sum\limits_{i=1}^{n}a_i & 1+a_2 & \cdots & a_n \\ \vdots & \vdots & & \vdots \\ 1+\sum\limits_{i=1}^{n}a_i & a_2 & \cdots & 1+a_n \end{vmatrix}$$

$$=(1+\sum_{i=1}^{n}a_i)\begin{vmatrix} 1 & a_2 & \cdots & a_n \\ 1 & 1+a_2 & \cdots & a_n \\ \vdots & \vdots & & \vdots \\ 1 & a_2 & \cdots & 1+a_n \end{vmatrix} \xlongequal[i=2,3,\cdots n]{r_i-r_1} (1+\sum_{i=1}^{n}a_i)\begin{vmatrix} 1 & a_2 & \cdots & a_n \\ 0 & 1 & \cdots & 0 \\ \vdots & \vdots & & \vdots \\ 0 & 0 & \cdots & 1 \end{vmatrix}$$

$$=1+\sum_{i=1}^{n}a_i.$$

三、降阶法（按行（列）展开法）

行列式按一行（列）展开，将阶数较高的行列式转化为阶数较低的行列式来求值.此法仅当行列式中某一行或列含有较多的零时，才能发挥真正的作用.

例 4　求证 $\begin{vmatrix} 1 & 2 & 3 & 4 & \cdots & n \\ 1 & 1 & 2 & 3 & \cdots & n-1 \\ 1 & x & 1 & 2 & \cdots & n-2 \\ 1 & x & x & 1 & \cdots & n-3 \\ \vdots & \vdots & \vdots & \vdots & & \vdots \\ 1 & x & x & x & \cdots & 2 \\ 1 & x & x & x & \cdots & 1 \end{vmatrix}=(-1)^{n+1}x^{n-2}.$

证　$$\begin{vmatrix} 1 & 2 & 3 & 4 & \cdots & n \\ 1 & 1 & 2 & 3 & \cdots & n-1 \\ 1 & x & 1 & 2 & \cdots & n-2 \\ 1 & x & x & 1 & \cdots & n-3 \\ \vdots & \vdots & \vdots & \vdots & & \vdots \\ 1 & x & x & x & \cdots & 2 \\ 1 & x & x & x & \cdots & 1 \end{vmatrix} \xlongequal[i=2,3,\cdots,n]{r_{i-1}-r_i} \begin{vmatrix} 0 & 1 & 1 & 1 & \cdots & 1 & 1 \\ 0 & 1-x & 1 & 1 & \cdots & 1 & 1 \\ 0 & 0 & 1-x & 1 & \cdots & 1 & 1 \\ 0 & 0 & 0 & 1-x & \cdots & 1 & 1 \\ \vdots & \vdots & \vdots & \vdots & \vdots & & \vdots \\ 0 & 0 & 0 & 0 & \cdots & 1-x & 1 \\ 1 & x & x & x & \cdots & x & 1 \end{vmatrix}$$

$$=(-1)^{n+1}\begin{vmatrix} 1 & 1 & 1 & \cdots & 1 & 1 \\ 1-x & 1 & 1 & \cdots & 1 & 1 \\ 0 & 1-x & 1 & \cdots & 1 & 1 \\ 0 & 0 & 1-x & \cdots & 1 & 1 \\ \vdots & \vdots & \vdots & \vdots & & \vdots \\ 0 & 0 & 0 & \cdots & 1-x & 1 \end{vmatrix} \xlongequal[i=2,\cdots,n-1]{r_{i-1}-r_i} (-1)^{n+1}\begin{vmatrix} x & 0 & 0 & \cdots & 0 & 0 \\ 1-x & x & 0 & \cdots & 0 & 0 \\ 0 & 1-x & x & \cdots & 0 & 0 \\ 0 & 0 & 1-x & \cdots & 0 & 0 \\ \vdots & \vdots & \vdots & \vdots & & \vdots \\ 0 & 0 & 0 & \cdots & 1-x & 1 \end{vmatrix}$$

$$=(-1)^{n+1}x^{n-2}.$$

例 5 计算 n 阶行列式

$$D_n=\begin{vmatrix} x & -1 & 0 & \cdots & 0 & 0 \\ 0 & x & -1 & \cdots & 0 & 0 \\ \vdots & \vdots & \vdots & & \vdots & \vdots \\ 0 & 0 & 0 & \cdots & x & -1 \\ a_n & a_{n-1} & a_{n-2} & \cdots & a_2 & a_1 \end{vmatrix}.$$

解 当 $x=0$ 时，显然 $D_n=0$，现假设 $x\neq0$.先将行列式 D_n 的第 $2,3,\cdots,n$ 列分别乘以 $x,x^2,\cdots,x^{n-1}$ 加到第 1 列，然后再按第 1 列降阶展开，即

$$D_n=\begin{vmatrix} x & -1 & 0 & \cdots & 0 & 0 \\ 0 & x & -1 & \cdots & 0 & 0 \\ \vdots & \vdots & \vdots & & \vdots & \vdots \\ 0 & 0 & 0 & \cdots & x & -1 \\ a_n & a_{n-1} & a_{n-2} & \cdots & a_2 & a_1 \end{vmatrix} \xlongequal[i=2,3,\cdots,n]{c_1+x^{i-1}c_i} \begin{vmatrix} 0 & -1 & 0 & \cdots & 0 & 0 \\ 0 & x & -1 & \cdots & 0 & 0 \\ \vdots & \vdots & \vdots & & \vdots & \vdots \\ 0 & 0 & 0 & \cdots & x & -1 \\ \sum_{i=1}^{n}a_ix^{n-i} & a_{n-1} & a_{n-2} & \cdots & a_2 & a_1 \end{vmatrix}$$

$$=(-1)^{n+1}\left(\sum_{i=1}^{n}a_ix^{n-i}\right)\begin{vmatrix} -1 & 0 & \cdots & 0 & 0 \\ x & -1 & \cdots & 0 & 0 \\ \vdots & \vdots & & \vdots & \vdots \\ 0 & 0 & \cdots & x & -1 \end{vmatrix}=(-1)^{n+1}(-1)^{n-1}\left(\sum_{i=1}^{n}a_ix^{n-i}\right)$$

$$=\sum_{i=1}^{n}a_ix^{n-i}.$$

四、升阶法(加边法)

将原行列式中增加一行一列再求其值，这种计算行列式的方法称为升阶法.这种方法既要保证原行列式的值不变，又要使得新行列式容易计算.此法一般适用于除对角元素(或次对角元素)外，其余元素相同或成比例的行列式.

例 6 对于上述例 3，用升阶法求 $D=\begin{vmatrix} 1+a_1 & a_2 & \cdots & a_n \\ a_1 & 1+a_2 & \cdots & a_n \\ \vdots & \vdots & & \vdots \\ a_1 & a_2 & \cdots & 1+a_n \end{vmatrix}$.

解 将 D 升阶成以下 $n+1$ 阶行列式：

$$D=\begin{vmatrix}1+a_1 & a_2 & \cdots & a_n\\ a_1 & 1+a_2 & \cdots & a_n\\ \vdots & \vdots & & \vdots\\ a_1 & a_2 & \cdots & 1+a_n\end{vmatrix}=\begin{vmatrix}1 & a_1 & a_2 & \cdots & a_n\\ 0 & 1+a_1 & a_2 & \cdots & a_n\\ 0 & a_1 & 1+a_2 & \cdots & a_n\\ \vdots & \vdots & \vdots & & \vdots\\ 0 & a_1 & a_2 & \cdots & 1+a_n\end{vmatrix}$$

$$\xlongequal[i=2,3,\cdots,n+1]{r_i-r_1}\begin{vmatrix}1 & a_1 & a_2 & \cdots & a_n\\ -1 & 1 & 0 & \cdots & 0\\ -1 & 0 & 1 & \cdots & 0\\ \vdots & \vdots & \vdots & & \vdots\\ -1 & 0 & 0 & \cdots & 1\end{vmatrix}\xrightarrow[j=2,3,\cdots,n+1]{c_1+c_i}\begin{vmatrix}1+\sum\limits_{i=1}^{n}a_i & a_1 & a_2 & \cdots & a_n\\ 0 & 1 & 0 & \cdots & 0\\ 0 & 0 & 1 & \cdots & 0\\ \vdots & \vdots & \vdots & & \vdots\\ 0 & 0 & 0 & \cdots & 1\end{vmatrix}$$

$$=1+\sum_{i=1}^{n}a_i.$$

五、递推法

将 n 阶行列式变成具有相同结构的 $n-1$ 阶（或更低阶）的行列式，从中找出递推关系，然后由递推关系求得所给 n 阶行列式的值，这种方法称为递推法.

例 7　用递推法求解上述例 5

$$D_n=\begin{vmatrix}x & -1 & 0 & \cdots & 0 & 0\\ 0 & x & -1 & \cdots & 0 & 0\\ \vdots & \vdots & \vdots & & \vdots & \vdots\\ 0 & 0 & 0 & \cdots & x & -1\\ a_n & a_{n-1} & a_{n-2} & \cdots & a_2 & a_1\end{vmatrix}$$

解　将 D_n 按第一列展开，得

$$D_n=x\begin{vmatrix}x & -1 & \cdots & 0 & 0\\ 0 & x & \cdots & 0 & 0\\ \vdots & \vdots & & \vdots & \vdots\\ 0 & 0 & \cdots & x & -1\\ a_{n-1} & a_{n-2} & \cdots & a_2 & a_1\end{vmatrix}+(-1)^{n+1}a_n\begin{vmatrix}-1 & 0 & \cdots & 0 & 0\\ x & -1 & \cdots & 0 & 0\\ \vdots & \vdots & & \vdots & \vdots\\ 0 & 0 & \cdots & x & -1\end{vmatrix}$$

$\therefore D_n=xD_{n-1}+a_n$.

我们得到递推式：

$$D_n-xD_{n-1}=a_n$$
$$D_{n-1}-xD_{n-2}=a_{n-1}$$
$$D_{n-2}-xD_{n-3}=a_{n-2}$$
$$\vdots$$
$$D_2-xD_1=a_2$$

把这些等式两端分别用 $1,x,x^2,\cdots,x^{n-2}$ 相乘，然后再将它们相加，得到

$$D_n-x^{n-1}D_1=a_n+xa_{n-1}+\cdots+x^{n-2}a_2$$

而显然 $D_1=a_1$，有

$$D_n=a_n+xa_{n-1}+\cdots+x^{n-2}a_2+x^{n-1}a_1=\sum_{i=1}^{n}a_ix^{n-i}.$$

例 8 计算 n 阶三对角行列式

$$D_n=\begin{vmatrix}\alpha+\beta & \alpha\beta & & & & \\ 1 & \alpha+\beta & \alpha\beta & & & \\ & 1 & \alpha+\beta & \alpha\beta & & \\ & & \ddots & \ddots & \ddots & \\ & & & \ddots & \ddots & \alpha\beta \\ & & & & 1 & \alpha+\beta\end{vmatrix}$$

解 将 D_n 按第一行展开，得

$$D_n=(\alpha+\beta)D_{n-1}-\alpha\beta\begin{vmatrix}1 & \alpha\beta & & & & \\ 0 & \alpha+\beta & \alpha\beta & & & \\ & 1 & \alpha+\beta & \alpha\beta & & \\ & & \ddots & \ddots & \ddots & \\ & & & \ddots & \ddots & \alpha\beta \\ & & & & 1 & \alpha+\beta\end{vmatrix}_{n-1}=(\alpha+\beta)D_{n-1}-\alpha\beta D_{n-2}$$

把这个递推公式改写成 $D_n-\alpha D_{n-1}=\beta(D_{n-1}-\alpha D_{n-2})$

继续用上述递推公式递推下去，即得

$D_n-\alpha D_{n-1}=\beta^2(D_{n-2}-\alpha D_{n-3})=\cdots=\beta^{n-2}(D_2-\alpha D_1)$

而 $\quad D_2=(\alpha+\beta)^2-\alpha\beta,\quad D_1=\alpha+\beta.$

故 $\quad D_n-\alpha D_{n-1}=\beta^n.$

分别用 $n,n-1,n-2,\cdots,2$ 代入上式得到

$$\begin{aligned}&D_n-\alpha D_{n-1}=\beta^n,\\&D_{n-1}-\alpha D_{n-2}=\beta^{n-1},\\&D_{n-2}-\alpha D_{n-3}=\beta^{n-2},\\&\cdots\cdots\cdots\cdots\\&D_2-\alpha D_1=\beta^2.\end{aligned}$$

把这些等式两端分别用 $1,\alpha,\alpha^2,\cdots,\alpha^{n-2}$ 相乘，然后再将它们相加，得到

$$D_n-\alpha^{n-1}D_1=\beta^n+\alpha\beta^{n-1}+\alpha^2\beta^{n-2}\cdots+\alpha^{n-2}\beta^2$$

把 $D_1=\alpha+\beta$ 代入并移项，得

$$D_n=\beta^n+\alpha\beta^{n-1}+\alpha^2\beta^{n-2}\cdots+\alpha^{n-2}\beta^2+\alpha^{n-1}\beta+\alpha^n$$

$$=\begin{cases}(n+1)\alpha^n, & \alpha=\beta\\ \dfrac{\beta^{n+1}-\alpha^{n+1}}{\beta-\alpha}, & \alpha\neq\beta\end{cases}.$$

六、数学归纳法

例 9 证明范德蒙(Vandermonde)行列式

$$V_n=\begin{vmatrix}1&1&1&\cdots&1\\x_1&x_2&x_3&\cdots&x_n\\x_1^2&x_2^2&x_3^2&\cdots&x_n^2\\\vdots&\vdots&\vdots&&\vdots\\x_1^{n-1}&x_2^{n-1}&x_3^{n-1}&\cdots&x_n^{n-1}\end{vmatrix}=\prod_{1\leqslant j<i\leqslant n}(x_i-x_j),$$

其中连乘积

$\prod\limits_{1\leqslant j<i\leqslant n}(x_i-x_j)=(x_2-x_1)(x_3-x_1)\cdots(x_n-x_1)(x_3-x_2)\cdots(x_n-x_2)\cdots(x_{n-1}-x_{n-2})(x_n-x_{n-2})(x_n-x_{n-1})$是满足条件 $1\leqslant j<i\leqslant n$ 的所有因子(x_i-x_j)的乘积.

证　用数学归纳法证明.当 $n=2$ 时,有

$$V_2=\begin{vmatrix}1&1\\x_1&x_2\end{vmatrix}=x_2-x_1=\prod_{1\leqslant j<i\leqslant 2}(x_i-x_j),$$

结论成立.

假设结论对 $n-1$ 阶范德蒙行列式成立,下面证明对 n 阶范德蒙行列式结论也成立.为此,在 V_n 中,从第 n 行起,依次将前一行乘 $-x_1$ 加到后一行,得

$$V_n=\begin{vmatrix}1&1&1&\cdots&1\\x_1&x_2&x_3&\cdots&x_n\\x_1^2&x_2^2&x_3^2&\cdots&x_n^2\\\vdots&\vdots&\vdots&&\vdots\\x_1^{n-1}&x_2^{n-1}&x_3^{n-1}&\cdots&x_n^{n-1}\end{vmatrix}.$$

$$V_n=\begin{vmatrix}1&1&1&\cdots&1\\0&x_2-x_1&x_3-x_1&\cdots&x_n-x_1\\0&x_2(x_2-x_1)&x_3(x_3-x_1)&\cdots&x_n(x_n-x_1)\\\vdots&\vdots&\vdots&&\vdots\\0&x_2^{n-2}(x_2-x_1)&x_3^{n-2}(x_3-x_1)&\cdots&x_n^{n-2}(x_n-x_1)\end{vmatrix}.$$

按第 1 列展开,并分别对每列提取公因子,得

$$V_n=(x_2-x_1)(x_3-x_1)\cdots(x_n-1)\begin{vmatrix}1&1&\cdots&1\\x_2&x_3&\cdots&x_n\\x_2^2&x_3^2&\cdots&x_n^2\\\vdots&\vdots&&\vdots\\x_2^{n-2}&x_3^{n-2}&\cdots&x_n^{n-2}\end{vmatrix}.$$

上式右端的行列式是 $n-1$ 阶范德蒙行列式,根据归纳假设得

$$V_n=(x_2-x_1)(x_3-x_1)\cdots(x_n-1)\prod_{2\leqslant j<i\leqslant n}(x_i-x_j),$$

所以

$$V_n=\prod_{1\leqslant j<i\leqslant n}(x_i-x_j).$$

第六节 克莱姆(Cramer)法则

在第一节中介绍了利用行列式求解二、三元线性方程组的公式，如对于三元线性方程组

$$\begin{cases}a_{11}x_1+a_{12}x_2+a_{13}x_3=b_1\\a_{21}x_1+a_{22}x_2+a_{23}x_3=b_2,\\a_{31}x_1+a_{32}x_2+a_{33}x_3=b_3\end{cases}$$

其中

$$D=\begin{vmatrix}a_{11}&a_{12}&a_{13}\\a_{21}&a_{22}&a_{23}\\a_{31}&a_{32}&a_{33}\end{vmatrix};\qquad D_1=\begin{vmatrix}b_1&a_{12}&a_{13}\\b_2&a_{22}&a_{23}\\b_3&a_{32}&a_{33}\end{vmatrix};$$

$$D_2=\begin{vmatrix}a_{11}&b_1&a_{13}\\a_{21}&b_2&a_{23}\\a_{31}&b_3&a_{33}\end{vmatrix};\qquad D_3=\begin{vmatrix}a_{11}&a_{12}&b_1\\a_{21}&a_{22}&b_2\\a_{31}&a_{32}&b_3\end{vmatrix}.$$

若系数行列式 $D\neq 0$，则方程组有唯一解：

$$x_1=\frac{D_1}{D},\quad x_2=\frac{D_2}{D},\quad x_3=\frac{D_3}{D}.$$

本节将结合行列式的理论，介绍一类 n 元线性方程组的求解法则——克莱姆法则.

含有 n 个未知量 n 个方程的线性方程组的一般形式为

$$\begin{cases}a_{11}x_1+a_{12}x_2+\cdots+a_{1n}x_n=b_1,\\a_{21}x_1+a_{22}x_2+\cdots+a_{2n}x_n=b_2,\\\qquad\cdots\\a_{n1}x_1+a_{n2}x_2+\cdots+a_{nn}x_n=b_n.\end{cases}\qquad ①$$

则 n 个未知量的系数 $a_{ij}(i,j=1,2,\cdots,n)$ 构成的行列式

$$D=\begin{vmatrix}a_{11}&a_{12}&\cdots&a_{1n}\\a_{21}&a_{22}&\cdots&a_{2n}\\\vdots&\vdots&&\vdots\\a_{n1}&a_{n2}&\cdots&a_{nn}\end{vmatrix}$$

称为方程组①的系数行列式.

定理 1(克莱姆 Cramer 法则) 若线性方程组①的系数行列式不等于零，即

$$D=\begin{vmatrix}a_{11}&a_{12}&\cdots&a_{1n}\\a_{21}&a_{22}&\cdots&a_{2n}\\\vdots&\vdots&&\vdots\\a_{n1}&a_{n2}&\cdots&a_{nn}\end{vmatrix}\neq 0,$$

则方程组①有唯一解

$$x_j=\frac{D_j}{D}\quad(j=1,2,\cdots,n),\qquad ②$$

其中 D_j 是将行列式 D 中第 j 列的元素换成方程组右端的常数项 $b_1,b_2,\cdots,b_n$，其余元素不变所得到的 n 阶行列式，即

$$D_j=\begin{vmatrix} a_{11} & \cdots & a_{1j-1} & b_1 & a_{1j+1} & \cdots & a_{1n} \\ a_{21} & \cdots & a_{2j-1} & b_2 & a_{2j+1} & \cdots & a_{2n} \\ \vdots & & \vdots & \vdots & \vdots & & \vdots \\ a_{n1} & \cdots & a_{nj-1} & b_n & a_{nj+1} & \cdots & a_{nn} \end{vmatrix}.$$

证　先用 D 中第 j 列元素的代数余子式 $A_{1j},A_{2j},\cdots,A_{nj}$ 依次乘方程组①的 n 个方程，再把它们相加，得

$$\left(\sum_{k=1}^{n}a_{k1}A_{kj}\right)x_1+\cdots+\left(\sum_{k=1}^{n}a_{kj}A_{kj}\right)x_j+\cdots+\left(\sum_{k=1}^{n}a_{kn}A_{kj}\right)x_n=\sum_{k=1}^{n}b_kA_{kj}.$$

根据代数余子式的重要性质可知，上式中 x_j 的系数等于 D，而其余 $x_i(i\neq j)$ 的系数均为 0，且等式右端是 D_j，于是

$$Dx_j=D_j,j=1,2,\cdots,n. \qquad ③$$

由于方程组①有解，则其解必满足方程组③，而当 $D\neq0$ 时，方程组③只有形式为②的解.

另一方面，将②代入方程组①，容易验证它满足方程组①，所以②是方程组①的解.

综上所述，当 $D\neq0$ 时，方程组①有且仅有唯一解

$$x_j=\frac{D_j}{D},j=1,2,\cdots,n.$$

注　当系数行列式等于零时，方程组的解的情况怎样？这个问题比较复杂，我们将在第三章讨论.

例 1　解线性方程组

$$\begin{cases} 2x_1+x_2-5x_3+x_4=8 \\ x_1-3x_2-6x_4=9 \\ 2x_2-x_3+2x_4=-5 \\ x_1+4x_2-7x_3+6x_4=0 \end{cases}.$$

解　由于该方程组的系数行列式

$$D=\begin{vmatrix} 2 & 1 & -5 & 1 \\ 1 & -3 & 0 & -6 \\ 0 & 2 & -1 & 2 \\ 1 & 4 & -7 & 6 \end{vmatrix}=\begin{vmatrix} 0 & 7 & -5 & 13 \\ 1 & -3 & 0 & -6 \\ 0 & 2 & -1 & 2 \\ 0 & 7 & -7 & 12 \end{vmatrix}=-\begin{vmatrix} 7 & -5 & 13 \\ 2 & -1 & 2 \\ 7 & -7 & 12 \end{vmatrix}$$

$$=-\begin{vmatrix} -3 & -5 & 3 \\ 0 & -1 & 0 \\ -7 & -7 & -2 \end{vmatrix}=\begin{vmatrix} -3 & 3 \\ -7 & -2 \end{vmatrix}=27\neq0.$$

于是该方程组有唯一解.又由于

$$D_1=\begin{vmatrix} 8 & 1 & -5 & 1 \\ 9 & -3 & 0 & -6 \\ -5 & 2 & -1 & 2 \\ 0 & 4 & -7 & 6 \end{vmatrix}=81;D_2=\begin{vmatrix} 2 & 8 & -5 & 1 \\ 1 & 9 & 0 & -6 \\ 0 & -5 & -1 & 2 \\ 1 & 0 & -7 & 6 \end{vmatrix}=-108;$$

$$D_3=\begin{vmatrix}2&1&8&1\\1&-3&9&-6\\0&2&-5&2\\1&4&0&6\end{vmatrix}=-27;D_4=\begin{vmatrix}2&1&-5&8\\1&-3&0&9\\0&2&-1&-5\\1&4&-7&0\end{vmatrix}=27.$$

从而由克莱姆法则可知该方程组的唯一解为

$$x_1=\frac{81}{27}=3,x_2=\frac{-108}{27}=-4,x_3=\frac{-27}{27}=-1,x_4=\frac{27}{27}=1.$$

克莱姆法则具有重大的理论价值，撇开求解公式②，克莱姆法则可以叙述为下面的重要定理.

定理 2 如果线性方程组①的系数行列式 $D\neq0$，则方程组①一定有解，且解是唯一的.

在解题或证明中常用到定理 2 的逆否命题：

定理 2′ 如果线性方程组①无解或有两个不同的解，则它的系数行列式必为零.

当线性方程组①右端的常数项 $b_1,b_2,\cdots,b_n$ 不全为零时，称线性方程组①为非齐次线性方程组；当 $b_1=b_2=\cdots=b_n=0$ 时，称线性方程组①为齐次线性方程组.

对于齐次线性方程组

$$\begin{cases}a_{11}x_1+a_{12}x_2+\cdots+a_{1n}x_n=0\\a_{21}x_1+a_{22}x_2+\cdots+a_{2n}x_n=0\\\quad\cdots\\a_{n1}x_1+a_{n2}x_2+\cdots+a_{nn}x_n=0\end{cases},\qquad ④$$

$x_1=x_2=\cdots=x_n=0$ 一定是它的解，这个解叫做齐次线性方程组④的零解，如果一组不全为零的数是④的解，则称为齐次线性方程式组的非零解.齐次线性方程组④一定有零解，但不一定有非零解.

将定理 2 应用于齐次线性方程组④，可得下述定理.

定理 3 如果齐次线性方程组④的系数行列式 $D\neq0$，则该齐次线性方程组没有非零解.

定理 3′ 如果齐次线性方程组④有非零解，则它的系数行列式必为零.

定理 3(或定理 3′)说明系数行列式 $D=0$ 是齐次线性方程组有非零解的必要条件.在第三章中我们还将证明这个条件也是充分的.

例 2 问 λ 取何值时，齐次线性方程组

$$\begin{cases}(5-\lambda)x_1+2x_2+2x_3=0\\2x_1+(6-\lambda)x_2=0\\2x_1+(4-\lambda)x_3=0\end{cases}$$

有非零解？

解 由定理 3′可知，如果该方程组有非零解，则它的系数行列式 $D=0$，而

$$D=\begin{vmatrix}5-\lambda&2&2\\2&6-\lambda&0\\2&0&4-\lambda\end{vmatrix}$$

$$=(5-\lambda)(6-\lambda)(4-\lambda)-4(4-\lambda)-4(6-\lambda)$$
$$=(5-\lambda)(2-\lambda)(8-\lambda).$$

由于 $D=0$，解得 $\lambda=2,\lambda=5$ 或 $\lambda=8$.

不难验证，当 $\lambda=2,5,8$ 时，该齐次线性方程组确有非零解.

习题一

(A)

1. 计算下列二阶行列式的值：

(1) $\begin{vmatrix} \sqrt{a} & -1 \\ 2 & \sqrt{a} \end{vmatrix}$；　　(2) $\begin{vmatrix} \cos a & \sin a \\ -\sin a & \cos a \end{vmatrix}$.

2. 计算下列三阶行列式：

(1) $\begin{vmatrix} 2 & 0 & 1 \\ 1 & -4 & -1 \\ -1 & 8 & 3 \end{vmatrix}$；　　(2) $\begin{vmatrix} a & b & c \\ b & c & a \\ c & a & b \end{vmatrix}$；

(3) $\begin{vmatrix} 1 & 1 & 1 \\ a & b & c \\ a^2 & b^2 & c^2 \end{vmatrix}$；　　(4) $\begin{vmatrix} x & y & x+y \\ y & x+y & x \\ x+y & x & y \end{vmatrix}$.

3. 用行列式的定义计算下述五阶行列式的值：

$$\begin{vmatrix} a_{11} & a_{12} & a_{13} & a_{14} & a_{15} \\ a_{21} & a_{22} & a_{23} & a_{24} & a_{25} \\ 0 & 0 & 0 & a_{34} & a_{35} \\ 0 & 0 & 0 & a_{44} & a_{45} \\ 0 & 0 & 0 & a_{54} & a_{55} \end{vmatrix}, \text{其中 } a_{ij} \neq 0.$$

4. 计算下列各行列式：

(1) $\begin{vmatrix} 1 & 2 & 3 & 0 \\ 0 & 0 & 2 & 0 \\ 3 & 0 & 4 & 5 \\ 0 & 0 & 0 & 1 \end{vmatrix}$；　　(2) $\begin{vmatrix} -2 & 2 & -4 & 0 \\ 4 & -1 & 3 & 5 \\ 3 & 1 & -2 & -3 \\ 2 & 0 & 5 & 1 \end{vmatrix}$；

(3) $\begin{vmatrix} a & -1 & 0 & 0 \\ 1 & b & -1 & 0 \\ 0 & 1 & c & -1 \\ 0 & 0 & 1 & d \end{vmatrix}$；　　(4) $\begin{vmatrix} 1 & 2 & 3 & 4 \\ 2 & 3 & 4 & 1 \\ 3 & 4 & 1 & 2 \\ 4 & 1 & 2 & 3 \end{vmatrix}$；

(5) $\begin{vmatrix} 2 & 3 & 4 & 5 \\ 7 & 8 & 9 & 10 \\ 1 & 1 & 1 & 1 \\ 11 & 7 & 5 & 9 \end{vmatrix}$；　　(6) $\begin{vmatrix} 0 & 1 & 3 & 0 & 0 \\ 1 & 0 & 1 & 5 & 2 \\ 4 & 3 & 2 & 0 & 0 \\ 5 & 3 & 3 & 5 & 2 \\ 0 & -1 & 4 & 0 & 0 \end{vmatrix}$.

5. 计算下列 n 阶行列式：

(1) $\begin{vmatrix} 1 & 2 & 2 & \cdots & 2 \\ 2 & 2 & 2 & \cdots & 2 \\ 2 & 2 & 3 & \cdots & 2 \\ \vdots & \vdots & \vdots & & \vdots \\ 2 & 2 & 2 & \cdots & n \end{vmatrix}$；　(2) $\begin{vmatrix} 1 & 2 & 3 & \cdots & n-1 & n \\ 2 & 3 & 4 & \cdots & n & 1 \\ 3 & 4 & 5 & \cdots & 1 & 2 \\ \cdots & \cdots & \cdots & \cdots & \cdots & \cdots \\ n & 1 & 2 & \cdots & n-2 & n-1 \end{vmatrix}$；

(3) $\begin{vmatrix} x & 1 & \cdots & 1 \\ 1 & x & \cdots & 1 \\ \vdots & \vdots & & \vdots \\ 1 & 1 & \cdots & x \end{vmatrix}$；　(4) $\begin{vmatrix} 1 & a_1 & a_2 & \cdots & a_n \\ 1 & a_1+b_1 & a_2 & \cdots & a_n \\ 1 & a_1 & a_2+b_2 & \cdots & a_n \\ \vdots & \vdots & \vdots & & \vdots \\ 1 & a_1 & a_2 & \cdots & a_n+b_n \end{vmatrix}$；

(5) $\begin{vmatrix} a_0 & 1 & 1 & \cdots & 1 \\ 1 & a_1 & 0 & \cdots & 0 \\ 1 & 0 & a_2 & \cdots & 0 \\ \vdots & \vdots & \vdots & & \vdots \\ 1 & 0 & 0 & \cdots & a_n \end{vmatrix}$，其中 $a_i \neq 0, i=0,1,\cdots,n$；

(6) $\begin{vmatrix} x & y & 0 & \cdots & 0 & 0 \\ 0 & x & y & \cdots & 0 & 0 \\ \vdots & \vdots & \vdots & & \vdots & \vdots \\ 0 & 0 & 0 & \cdots & x & y \\ y & 0 & 0 & \cdots & 0 & x \end{vmatrix}$；　(7) $\begin{vmatrix} x & a_1 & a_2 & \cdots & a_{n-1} & 1 \\ a_1 & x & a_2 & \cdots & a_{n-1} & 1 \\ a_1 & a_2 & x & \cdots & a_{n-1} & 1 \\ \cdots & \cdots & \cdots & \cdots & \cdots & \cdots \\ a_1 & a_2 & a_3 & \cdots & x & 1 \\ a_1 & a_2 & a_3 & \cdots & a_n & 1 \end{vmatrix}$；

(8) $\begin{vmatrix} -a_1 & a_1 & 0 & \cdots & 0 & 0 \\ 0 & -a_2 & a_2 & \cdots & 0 & 0 \\ \vdots & \vdots & \vdots & & \vdots & \vdots \\ 0 & 0 & 0 & \cdots & -a_n & a_n \\ 1 & 1 & 1 & \cdots & 1 & 1 \end{vmatrix}$；

6. 已知 4 阶行列式

$$D_4 = \begin{vmatrix} 1 & 2 & 3 & 4 \\ 3 & 3 & 4 & 4 \\ 1 & 5 & 6 & 7 \\ 1 & 1 & 2 & 2 \end{vmatrix},$$

试求 $A_{41}+A_{42}$ 与 $2A_{32}+A_{34}$，其中 A_{ij} 为行列式 D_4 的第 i 行第 j 个元素的代数余子式.

7. 用克莱姆法则解方程组：

(1) $\begin{cases} x_1-2x_2+x_3=-2 \\ 2x_1+x_2-3x_3=1 \\ -x_1+x_2-x_3=0 \end{cases}$；　(2) $\begin{cases} x_1+x_2+x_3=5 \\ 2x_1+x_2-x_3+x_4=1 \\ x_1+2x_2-x_3+x_4=2 \\ x_2+2x_3+3x_4=3 \end{cases}$；

(3) $\begin{cases}2x_1+x_2+5x_3+x_4=8\\x_1-3x_2-6x_4=9\\2x_2-x_3+2x_4=-5\\x_1+4x_2+7x_3-6x_4=0\end{cases}$；　(4) $\begin{cases}x_1+x_2+x_3+x_4=0\\x_2+x_3+x_4+x_5=0\\x_1+2x_2+3x_3=2\\x_2+2x_3+3x_4=-2\\x_3+2x_4+3x_5=2\end{cases}$.

8. 当 λ 和 μ 为何值时，齐次线性方程组

$$\begin{cases}\lambda x_1+x_2+x_3=0\\x_1+\mu x_2+x_3=0\\x_1+2\mu x_2+x_3=0\end{cases}$$

有非零解？

9. 若齐次线性方程组

$$\begin{cases}x_1+x_2+x_3+ax_4=0\\x_1+2x_2+x_3+x_4=0\\x_1+x_2-3x_3+x_4=0\\x_1+x_2+ax_3+bx_4=0\end{cases}$$

只有零解，a,b 必须满足什么条件？

10. 求三次多项式 $f(x)=a_0+a_1x+a_2x^2+a_3x^3$，使得

$$f(-1)=0,f(1)=4,f(2)=3,f(3)=16.$$

(B)

1. 若 $(-1)^{N(1k4l5)+N(24351)}a_{12}a_{k4}a_{43}a_{l5}a_{51}$ 是五阶行列式 $|a_{ij}|$ 的一项，则 k,l 的值及该项符号为（　　）.

A. $k=2,l=3$，符号为正　　B. $k=2,l=3$，符号为负

C. $k=3,l=2$，符号为正　　D. $k=3,l=2$，符号为负

2. 下列 n 阶行列式的值必为零的有（　　）.

A. 行列式主对角线上的元素全为零

B. 三角行列式主对角线上有一个元素为零

C. 行列式零元素的个数多于 n 个

D. 行列式非零元素的个数小于 n 个

3. $D=\begin{vmatrix}a_{11}&a_{12}&a_{13}\\a_{21}&a_{22}&a_{23}\\a_{31}&a_{32}&a_{33}\end{vmatrix}=M\neq0,D_1=\begin{vmatrix}-3a_{11}&-3a_{12}&-3a_{13}\\-3a_{21}&-3a_{22}&-3a_{23}\\-3a_{31}&-3a_{32}&-3a_{33}\end{vmatrix}$，那么 $D_1=$（　　）.

A. 3M　　B. −3M　　C. 27M　　D. −27M

4. 若 k 满足 $\begin{vmatrix}k&2&3\\2&k&0\\1&-1&1\end{vmatrix}=0$，则 $k=$（　　）.

A. 0　　B. 5　　C. −5　　D. −2

5. 如果$\begin{vmatrix} a_{11} & a_{12} \\ a_{21} & a_{22} \end{vmatrix}=1$,则下列(　　)是方程组$\begin{cases} a_{11}x_1-a_{12}x_2+b_1=0 \\ a_{21}x_1-a_{22}x_2+b_2=0 \end{cases}$的解.

A. $x_1=\begin{vmatrix} b_1 & a_{12} \\ b_2 & a_{22} \end{vmatrix},x_2=\begin{vmatrix} a_{11} & b_1 \\ a_{21} & b_2 \end{vmatrix}$

B. $x_1=-\begin{vmatrix} b_1 & a_{12} \\ b_2 & a_{22} \end{vmatrix},x_2=\begin{vmatrix} a_{11} & b_1 \\ a_{21} & b_2 \end{vmatrix}$

C. $x_1=\begin{vmatrix} -b_1 & -a_{12} \\ -b_2 & -a_{22} \end{vmatrix},x_2=\begin{vmatrix} -a_{11} & -b_1 \\ -a_{21} & -b_2 \end{vmatrix}$

D. $x_1=-\begin{vmatrix} -b_1 & -a_{12} \\ -b_2 & -a_{22} \end{vmatrix},x_2=-\begin{vmatrix} a_{11} & -b_1 \\ a_{21} & -b_2 \end{vmatrix}$

6. $D=\begin{vmatrix} a_{11} & a_{12} & a_{13} \\ a_{21} & a_{22} & a_{23} \\ a_{31} & a_{32} & a_{33} \end{vmatrix}=1$, $D_1=\begin{vmatrix} 4a_{11} & 2a_{11}-3a_{12} & a_{13} \\ 4a_{21} & 2a_{21}-3a_{22} & a_{23} \\ 4a_{31} & 2a_{31}-3a_{32} & a_{33} \end{vmatrix}$, 那么 D_1 =____________.

7. $D=\begin{vmatrix} 6 & 4 & 3 \\ -2 & 2 & -5 \\ 9 & 1 & 3 \end{vmatrix}$,则 $2A_{31}-2A_{32}+5A_{33}=$__________________.

8. 行列式 $D=\begin{vmatrix} 1 & 2 & 4 \\ 1 & 4 & 16 \\ 1 & 6 & 36 \end{vmatrix}=$__________________.

9. 已知 $D=\begin{vmatrix} -1 & 0 & x & 1 \\ 1 & 1 & -1 & -1 \\ 1 & -1 & 1 & -1 \\ 1 & -1 & -1 & 1 \end{vmatrix}$,则 D 中 x 的系数是__________________.

10. 如果$\begin{cases} 3x+ky-z=0 \\ 4y+z=0 \\ kx-5y-z=0 \end{cases}$有非零解,则 $k=$__________________.

第二章　矩　阵

矩阵是线性代数的一个重要的基本概念，是研究和求解线性方程组的一个十分有效的工具.矩阵的实质是一个矩形的数字表格，在日常生活中和科学研究中的诸多表格都可以用矩阵来表示.矩阵的重要作用首先在于它不仅能把事物按一定的规则清晰地展现出来；其次在于它能恰当地刻画事物之间的内在联系；最后在于它还是我们求解数学问题的一种特殊的“数形结合”的途径.

在本门课程中，矩阵是研究线性变换、向量的线性相关性及线性方程组的解法等的不可替代的工具.本章主要讨论矩阵的运算、矩阵的初等变换、矩阵的分块和矩阵的秩等问题.

第一节　矩阵的概念

在经济模型、工程计算等问题中，我们经常利用矩阵这一有力工具.下面借助几个例子展示如何将某个数学问题或实际问题与一张数表——矩阵联系起来，从而引入矩阵的概念.这实际上是对一个数学问题或实际应用问题进行数学建模的第一步.

请看下面例子.

引例 1　某企业生产 3 种产品，各种产品的季度产值(单位:万元)如表 2-1 所示：

表 2-1　季度产值表　　(单位:万元)

季度＼产值＼产品	1	2	3
1	80	58	75
2	98	70	85
3	90	75	90
4	88	70	82

可简单的表示为一个 4 行 3 列的矩形产值数表

$$\begin{pmatrix} 80 & 58 & 75 \\ 98 & 70 & 85 \\ 90 & 75 & 90 \\ 88 & 70 & 82 \end{pmatrix},$$

称为一个 4×3 的矩阵.

该数表具体描述了这家企业各种产品在各季度的产值,同时也揭示了产值随季度变化的规律、季增值率和年产量等情况.

引例 2 设有 4 个城市 A_1,A_2,A_3,A_4,其开通航线情况如图 2-1 所示.

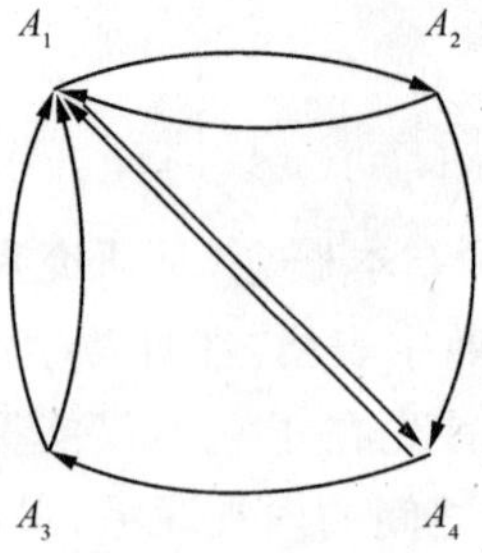

图 2-1 航线情况图

以 a_{ij} 表示第 i 个城市 A_i 至第 j 个城市 A_j 的始发航线条数，则由图 2-1 提供的信息，用表格表示如下：

表 2-2 航线情况表

到站 发站	A_1	A_2	A_3	A_4
A_1	0	1	0	1
A_2	1	0	0	1
A_3	2	0	0	0
A_4	1	0	1	0

可简单的表示为一个 4 行 4 列的矩形数表

$$\begin{pmatrix} 0 & 1 & 0 & 1 \\ 1 & 0 & 0 & 1 \\ 2 & 0 & 0 & 0 \\ 1 & 0 & 1 & 0 \end{pmatrix}$$

称为一个 4×4 的矩阵.

如工厂中设备之间的连接,或产品在各工序之间的流向,均可以用上述简单的方法表示.

引例 3 设有线性方程组

$$\begin{cases} x_1+5x_2-x_3-x_4=-1 \\ x_1-2x_2+x_3+3x_4=3 \\ 3x_1+8x_2-x_3+x_4=1 \\ x_1-9x_2+3x_3+7x_4=7 \end{cases},$$

其系数 $a_{ij}(i,j=1,2,3,4)$ 及常数项 $b_i(i=1,2,3,4)$ 按顺序可排成一个 4 行 5 列的矩形

数表

$$\begin{pmatrix} 1 & 5 & -1 & -1 & -1 \\ 1 & -2 & 1 & 3 & 3 \\ 3 & 8 & -1 & 1 & 1 \\ 1 & -9 & 3 & 7 & 7 \end{pmatrix}$$

称为一个 4×5 的矩阵.

根据克莱姆法则,该数表决定着上述方程组是否有解,如果有解,解是多少等问题.因而对上述线性方程组的研究就转化为对这张数表——矩阵的研究.

一、矩阵的概念

我们用粗黑体字 $\boldsymbol{A}$ 等表示矩阵,位于矩阵 $\boldsymbol{A}$ 的第 i 行、第 j 列处的数字叫做矩阵 $\boldsymbol{A}$ 的元素,用 a_{ij} 表示. 一般情况下,定义矩阵如下:

定义 1　给出 $m\times n$ 个数 a_{ij},按一定顺序排成的 m 行 n 列的矩形数表

$$\begin{matrix} a_{11} & a_{12} & \cdots & a_{1n} \\ a_{21} & a_{22} & \cdots & a_{2n} \\ \vdots & \vdots & \ddots & \vdots \\ a_{m1} & a_{m2} & \cdots & a_{mn} \end{matrix}$$

称为 m 行 n 列矩阵,简称 $m\times n$ 矩阵.为表示这是一张数表、一个整体,总是加上一个括弧,并用大写字母 $\boldsymbol{A},\boldsymbol{B},\boldsymbol{C},\cdots$表示,记为

$$\boldsymbol{A}=\begin{pmatrix} a_{11} & a_{12} & \cdots & a_{1n} \\ a_{21} & a_{22} & \cdots & a_{2n} \\ \vdots & \vdots & \ddots & \vdots \\ a_{m1} & a_{m2} & \cdots & a_{mn} \end{pmatrix}.$$

有时亦记为 $\boldsymbol{A}=(a_{ij})_{m\times n}$,或 $\boldsymbol{A}=(a_{ij})$或 $\boldsymbol{A}_{m\times n}$.

如果矩阵 $\boldsymbol{A}$ 的元素 $a_{ij}(i=1,2,\cdots,m;j=1,2,\cdots,n)$全为实(复)数,就称 $\boldsymbol{A}$ 为实(复)矩阵,本书中矩阵都指实矩阵(除非有特殊说明).

所有元素均为非负数的矩阵称为非负矩阵.

在 $m\times n$ 矩阵 $\boldsymbol{A}$ 中,若矩阵的行数与列数都等于 n,则称 $\boldsymbol{A}$ 为 n 阶方阵, 记为 $\boldsymbol{A}_n$.

当两个矩阵的行数相等、列数也相等时,就称它们是同型矩阵.

元素都是零的矩阵称为零矩阵,记作 $\boldsymbol{O}$,注意不同型的零矩阵是不同的.

定义 2　如果矩阵 $\boldsymbol{A},\boldsymbol{B}$ 为同型矩阵, 且对应元素均相等, 则称矩阵 $\boldsymbol{A}$ 与矩阵 $\boldsymbol{B}$ 相等,记为 $\boldsymbol{A}=\boldsymbol{B}$.

例 1　设 $\boldsymbol{A}=\begin{pmatrix} 1 & 2-x & 3 \\ 2 & 6 & 5z \end{pmatrix}$,$\boldsymbol{B}=\begin{pmatrix} 1 & x & 3 \\ y & 6 & z-8 \end{pmatrix}$,已知 $\boldsymbol{A}=\boldsymbol{B}$,求 x,y,z.

解　因为 $2-x=x,2=y,5z=z-8$,所以

$$x=1,y=2,z=-2.$$

二、矩阵概念的应用

在讨论企业管理的数学问题中常常用到矩阵,同时,矩阵的概念在解决逻辑判断问题时

能理顺错综复杂的诸多条件，并在此基础上再进行合理地推理，就能达到解决问题的目的.

例 2 假设在某一地区，某一物资，比如说钢铁，有 s 个产地 $A_1, A_2, \cdots, A_s$ 和 n 个销地 $B_1, B_2, \cdots, B_n$，那么一个调运方案就可用一个矩阵

$$\begin{pmatrix} a_{11} & a_{12} & \cdots & a_{1n} \\ a_{21} & a_{22} & \cdots & a_{2n} \\ \vdots & \vdots & & \vdots \\ a_{s1} & a_{s2} & \cdots & a_{sn} \end{pmatrix}$$

表示，其中 a_{ij} 表示由产地 A_i 运到销地 B_j 的数量.

例 3 甲、乙、丙、丁、戊五人各从图书馆借来一本书，他们约定读完后互相交换，（假设这五本书的厚度及各人阅读的速度大致相同且同时交换），经四次交换后，他们五人读完了这五本书，现已知：

(1)甲最后读的书是乙读的第二本书；

(2)丙最后读的书是乙读的第四本书；

(3)丙读的第二本书甲在一开始就读了；

(4)丁最后读的书是丙读的第三本；

(5)乙读的第四本书是戊读的第三本书；

(6)丁第三次读的书是丙一开始读的那本书.

试根据以上情况说出丁第二次读的书是谁最先读的书？

解 设甲、乙、丙、丁、戊最后读的书的代号依次为 A, B, C, D, E，则根据题设条件可以列出下列初始矩阵为

$$\begin{array}{c} \\ 1 \\ 2 \\ 3 \\ 4 \\ 5 \end{array}\begin{array}{c} \begin{array}{ccccc} \text{甲} & \text{乙} & \text{丙} & \text{丁} & \text{戊} \end{array} \\ \begin{pmatrix} x & & y & & \\ & A & x & & \\ & & D & y & C \\ & C & & & \\ A & B & C & D & E \end{pmatrix} \end{array}.$$

上述矩阵中的 x, y 表示尚未确定的书名代号. 两个 x 代表同一本书，两个 y 代表另外的同一本书.

由题意知，经 5 次阅读后乙将五本书全都阅读了，则从上述矩阵可以看出，乙第 3 次读的书不可能是 A, B 或 C. 另外由于丙在第 3 次阅读的是 D，所以乙第 3 次读的书也不可能是 D，因此，乙第 3 次读的书是 E，从而乙第 1 次读的书是 D.同理可推出甲第 3 次读的书是 B.因此上述矩阵中的 y 为 A，x 为 E. 由此可得到各个人的阅读顺序，如下述矩阵所示：

$$\begin{array}{c} \\ 1 \\ 2 \\ 3 \\ 4 \\ 5 \end{array}\begin{array}{c} \begin{array}{ccccc} \text{甲} & \text{乙} & \text{丙} & \text{丁} & \text{戊} \end{array} \\ \begin{pmatrix} E & D & A & C & B \\ C & A & E & B & D \\ B & E & D & A & C \\ D & C & B & E & A \\ A & B & C & D & E \end{pmatrix} \end{array}.$$

由此矩阵知，丁第 2 次读的书是戊一开始读的那一本书.

三、几种特殊的矩阵

1. 行(列)矩阵

(1)只有一行的矩阵 $\boldsymbol{A}=(a_1\ \ a_2\ \ \cdots\ \ a_n)$，称为行矩阵或行向量. 为避免元素间的混淆行矩阵也记作 $\boldsymbol{A}=(a_1,a_2,\cdots,a_n)$.

(2)只有一列的矩阵 $\boldsymbol{B}=\begin{pmatrix} b_1 \\ b_2 \\ \vdots \\ b_n \end{pmatrix}$，称为列矩阵或列向量.

注 行列矩阵作为行，列向量时，也可用小写字母表示.

如，列向量 $\boldsymbol{b}=\begin{pmatrix} b_1 \\ b_2 \\ \vdots \\ b_n \end{pmatrix}$，$\boldsymbol{x}=\begin{pmatrix} x_1 \\ x_2 \\ \vdots \\ x_n \end{pmatrix}$ 等.

2. 上(下)三角形矩阵

(1)称形如 $\begin{pmatrix} a_{11} & a_{12} & \cdots & a_{1n} \\ 0 & a_{22} & \cdots & a_{2n} \\ \vdots & \vdots & & \vdots \\ 0 & 0 & \cdots & a_{nn} \end{pmatrix}$ 的方阵为 n 阶上三角形矩阵；类似有 n 阶下三角形矩阵 $\begin{pmatrix} a_{11} & 0 & \cdots & 0 \\ a_{21} & a_{22} & \cdots & 0 \\ \vdots & \vdots & & \vdots \\ a_{n1} & a_{n2} & \cdots & a_{nn} \end{pmatrix}$.

(2)若在三角形矩阵中有 $a_{ij}=0,(i\neq j)$，则称 n 阶方阵 $\begin{pmatrix} a_{11} & 0 & \cdots & 0 \\ 0 & a_{22} & \cdots & 0 \\ \vdots & \vdots & & \vdots \\ 0 & 0 & \cdots & a_{nn} \end{pmatrix}$ 为 n 阶对角矩阵，记为 $\boldsymbol{A}=\mathrm{diag}(a_{11},a_{22},\cdots,a_{nn})$.

特别地当 $a_{ii}=a(i=1,2,\cdots,n)$ 时，称 $\boldsymbol{A}=\begin{pmatrix} a & 0 & \cdots & 0 \\ 0 & a & \cdots & 0 \\ \vdots & \vdots & & \vdots \\ 0 & 0 & \cdots & a \end{pmatrix}$ 为 n 阶数量矩阵.

(3)n 阶方阵 $\begin{pmatrix} 1 & 0 & \cdots & 0 \\ 0 & 1 & \cdots & 0 \\ \vdots & \vdots & & \vdots \\ 0 & 0 & \cdots & 1 \end{pmatrix}$ 称为 n 阶单位矩阵，简记为 $\boldsymbol{E}_n$ 或 $\boldsymbol{I}_n$.

例如，$\boldsymbol{E}_2=\begin{pmatrix}1&0\\0&1\end{pmatrix}$，$\boldsymbol{E}_3=\begin{pmatrix}1&0&0\\0&1&0\\0&0&1\end{pmatrix}$.

第二节 矩阵的运算

一、矩阵的加法

定义 1 设有两个 $m\times n$ 矩阵 $\boldsymbol{A}=(a_{ij})$，$\boldsymbol{B}=(b_{ij})$，那么 $\boldsymbol{A}$ 与 $\boldsymbol{B}$ 的和记为 $\boldsymbol{A}+\boldsymbol{B}$，规定为

$$\boldsymbol{A}+\boldsymbol{B}=\begin{pmatrix}a_{11}+b_{11}&a_{12}+b_{12}&\cdots&a_{1n}+b_{1n}\\a_{21}+b_{21}&a_{22}+b_{22}&\cdots&a_{2n}+b_{2n}\\\vdots&\vdots&&\vdots\\a_{m1}+b_{m1}&a_{m2}+b_{m2}&\cdots&a_{mn}+b_{mn}\end{pmatrix}.$$

显然，只有当两个矩阵同型时，才能进行加法运算.

由于矩阵的加法归结为他们的对应位置元素的加法，也就是数的加法，所以，不难验证加法满足运算规律：

(1)$\boldsymbol{A}+\boldsymbol{B}=\boldsymbol{B}+\boldsymbol{A}$；

(2)$(\boldsymbol{A}+\boldsymbol{B})+\boldsymbol{C}=\boldsymbol{A}+(\boldsymbol{B}+\boldsymbol{C})$.

二、数与矩阵相乘

定义 2 数 λ 与 $m\times n$ 矩阵 $\boldsymbol{A}$ 的乘积记作 $\lambda\boldsymbol{A}$，称 $\lambda\boldsymbol{A}$ 为数乘矩阵，规定为

$$\lambda\boldsymbol{A}=(\lambda a_{ij})=\begin{pmatrix}\lambda a_{11}&\lambda a_{12}&\cdots&\lambda a_{1n}\\\lambda a_{21}&\lambda a_{22}&\cdots&\lambda a_{2n}\\\vdots&\vdots&&\vdots\\\lambda a_{m1}&\lambda a_{m2}&\cdots&\lambda a_{mn}\end{pmatrix}.$$

数乘矩阵满足下列运算规律：

(1)$(\lambda\mu)\boldsymbol{A}=\lambda(\mu\boldsymbol{A})$；

(2)$(\lambda+\mu)\boldsymbol{A}=\lambda\boldsymbol{A}+\mu\boldsymbol{A}$；

(3)$\lambda(\boldsymbol{A}+\boldsymbol{B})=\lambda\boldsymbol{A}+\lambda\boldsymbol{B}$.

其中 $\boldsymbol{A}$，$\boldsymbol{B}$ 为同型矩阵，λ，μ 为常数.

设矩阵 $\boldsymbol{A}=(a_{ij})$，则 $-\boldsymbol{A}=(-a_{ij})$，$-\boldsymbol{A}$ 称为 $\boldsymbol{A}$ 的负矩阵，显然有

$$\boldsymbol{A}+(-\boldsymbol{A})=\boldsymbol{O}.$$

其中 $\boldsymbol{O}$ 为各元素均为 0 的同型矩阵.由此可以定义

$$\boldsymbol{A}-\boldsymbol{B}=\boldsymbol{A}+(-\boldsymbol{B}).$$

例 1 已知 $\boldsymbol{A}=\begin{pmatrix}3&-1&2&0\\1&5&7&9\\2&4&6&8\end{pmatrix}$，$\boldsymbol{B}=\begin{pmatrix}7&5&-2&4\\5&1&9&7\\3&2&-1&6\end{pmatrix}$，计算：

(1) $3\boldsymbol{A}-2\boldsymbol{B}$；(2) 若矩阵 $\boldsymbol{X}$ 满足 $\boldsymbol{A}-2\boldsymbol{X}+\boldsymbol{B}=\boldsymbol{O}$，求 $\boldsymbol{X}$.

解　(1) $$3\boldsymbol{A}-2\boldsymbol{B}=3\begin{pmatrix}3&-1&2&0\\1&5&7&9\\2&4&6&8\end{pmatrix}-2\begin{pmatrix}7&5&-2&4\\5&1&9&7\\3&2&-1&6\end{pmatrix}$$
$$=\begin{pmatrix}9-14&-3-10&6+4&0-8\\3-10&15-2&21-18&27-14\\6-6&12-4&18+2&24-12\end{pmatrix}$$
$$=\begin{pmatrix}-5&-13&10&-8\\-7&13&3&13\\0&8&20&12\end{pmatrix}.$$

(2) $$\boldsymbol{X}=\frac{1}{2}(\boldsymbol{A}+\boldsymbol{B})=\frac{1}{2}\begin{pmatrix}10&4&0&4\\6&6&16&16\\5&6&5&14\end{pmatrix}=\begin{pmatrix}5&2&0&2\\3&3&8&8\\\frac{5}{2}&3&\frac{5}{2}&7\end{pmatrix}.$$

三、矩阵的乘法

引例 4　某地区有四个工厂Ⅰ,Ⅱ,Ⅲ,Ⅳ,生产甲、乙、丙三种产品，矩阵 $\boldsymbol{A}$ 表示一年中各工厂生产各种产品的数量，矩阵 $\boldsymbol{B}$ 表示各种产品的单位价格(元)及单位利润(元)，矩阵 $\boldsymbol{C}$ 表示各工厂的总收入及总利润.

$$\boldsymbol{A}=\begin{pmatrix}a_{11}&a_{12}&a_{13}\\a_{21}&a_{22}&a_{23}\\a_{31}&a_{32}&a_{33}\\a_{41}&a_{42}&a_{43}\end{pmatrix}\begin{matrix}\text{Ⅰ}\\\text{Ⅱ}\\\text{Ⅲ}\\\text{Ⅳ}\end{matrix},\quad \boldsymbol{B}=\begin{pmatrix}b_{11}&b_{12}\\b_{21}&b_{22}\\b_{31}&b_{32}\end{pmatrix}\begin{matrix}\text{甲}\\\text{乙}\\\text{丙}\end{matrix},\quad \boldsymbol{C}=\begin{pmatrix}c_{11}&c_{12}\\c_{21}&c_{22}\\c_{31}&c_{32}\\c_{41}&c_{42}\end{pmatrix}\begin{matrix}\text{Ⅰ}\\\text{Ⅱ}\\\text{Ⅲ}\\\text{Ⅳ}\end{matrix}$$

甲　乙　丙　　　单位价格　单位利润　　　总收入　总利润

其中 $a_{ik}(i=1,2,3,4;k=1,2,3)$ 是第 i 个工厂生产第 k 种产品的数量，b_{k1} 及 $b_{k2}(k=1,2,3)$ 分别是第 k 种产品的单位价格及单位利润，c_{i1} 及 $c_{i2}(i=1,2,3,4)$ 分别是第 i 个工厂生产三种产品的总收入及总利润，则矩阵 $\boldsymbol{A},\boldsymbol{B},\boldsymbol{C}$ 的元素之间有下列关系：

$$\begin{pmatrix}a_{11}b_{11}+a_{12}b_{21}+a_{13}b_{31}&a_{11}b_{12}+a_{12}b_{22}+a_{13}b_{32}\\a_{21}b_{11}+a_{22}b_{21}+a_{23}b_{31}&a_{21}b_{12}+a_{22}b_{22}+a_{23}b_{32}\\a_{31}b_{11}+a_{32}b_{21}+a_{33}b_{31}&a_{31}b_{12}+a_{32}b_{22}+a_{33}b_{32}\\a_{41}b_{11}+a_{42}b_{21}+a_{43}b_{31}&a_{41}b_{12}+a_{42}b_{22}+a_{43}b_{32}\end{pmatrix}=\begin{pmatrix}c_{11}&c_{12}\\c_{21}&c_{22}\\c_{31}&c_{32}\\c_{41}&c_{42}\end{pmatrix}.$$

总收入 总利润

其中 $c_{ij}=a_{i1}b_{1j}+a_{i2}b_{2j}+a_{i3}b_{3j}(i=1,2,3,4;j=1,2)$，记作 $\boldsymbol{C}=\boldsymbol{AB}$.

由此可以定义矩阵的乘法.

定义 3 设 $\boldsymbol{A}=(a_{ij})_{m\times s}=\begin{pmatrix} a_{11} & a_{12} & \cdots & a_{1s} \\ a_{21} & a_{22} & \cdots & a_{2s} \\ \vdots & \vdots & & \vdots \\ a_{m1} & a_{m2} & \cdots & a_{ms} \end{pmatrix}$，$\boldsymbol{B}=(b_{ij})_{s\times n}=$ $\begin{pmatrix} b_{11} & b_{12} & \cdots & b_{1n} \\ b_{21} & b_{22} & \cdots & b_{2n} \\ \vdots & \vdots & & \vdots \\ b_{s1} & b_{s2} & \cdots & b_{sn} \end{pmatrix}$，那么规定矩阵 $\boldsymbol{A}$ 与 $\boldsymbol{B}$ 的乘积

$$\boldsymbol{AB}=(c_{ij})_{m\times n}=\begin{pmatrix} c_{11} & c_{12} & \cdots & c_{1n} \\ c_{21} & c_{22} & \cdots & c_{2n} \\ \vdots & \vdots & & \vdots \\ c_{m1} & c_{m2} & \cdots & c_{mn} \end{pmatrix},$$

其中 $c_{ij}=a_{i1}b_{1j}+a_{i2}b_{2j}+\cdots+a_{is}b_{sj}=\sum\limits_{k=1}^{s}a_{ik}b_{kj}$，$(i=1,2,\cdots,m;j=1,2,\cdots,n)$，读作 $\boldsymbol{A}$ 左乘 $\boldsymbol{B}$ 或 $\boldsymbol{B}$ 右乘 $\boldsymbol{A}$.

若 $\boldsymbol{C}=\boldsymbol{AB}$，则矩阵 $\boldsymbol{C}$ 的元素 c_{ij} 为矩阵 $\boldsymbol{A}$ 的第 i 行与矩阵 $\boldsymbol{B}$ 的第 j 列对应元素乘积之和，即

$$c_{ij}=(a_{i1} \quad a_{i2} \quad \cdots \quad a_{is})\begin{pmatrix} b_{1j} \\ b_{2j} \\ \vdots \\ b_{sj} \end{pmatrix}=a_{i1}b_{1j}+a_{i2}b_{2j}+\cdots+a_{is}b_{sj}.$$

显然，只有当左矩阵的列数与右矩阵的行数相等时，两个矩阵才能相乘.

例 2 设 $\boldsymbol{A}=\begin{pmatrix} 1 \\ 2 \\ \vdots \\ n \end{pmatrix}$，$\boldsymbol{B}=(b_1 \quad b_2 \quad \cdots \quad b_n)$，计算 $\boldsymbol{AB}$ 和 $\boldsymbol{BA}$.

解 $\boldsymbol{AB}=\begin{pmatrix} 1 \\ 2 \\ \vdots \\ n \end{pmatrix}(b_1 \quad b_2 \quad \cdots \quad b_n)=\begin{pmatrix} b_1 & b_2 & \cdots & b_n \\ 2b_1 & 2b_2 & \cdots & 2b_n \\ \vdots & \vdots & & \vdots \\ nb_1 & nb_2 & \cdots & nb_n \end{pmatrix}$.

$$\boldsymbol{BA}=(b_1 \quad b_2 \quad \cdots \quad b_n)\begin{pmatrix} 1 \\ 2 \\ \vdots \\ n \end{pmatrix}=b_1+2b_2+\cdots+nb_n.$$

$\boldsymbol{AB}$ 是 n 阶矩阵，$\boldsymbol{BA}$ 是 1 阶矩阵(运算的最后结果为 1 阶矩阵时，可以把它与数等同看待，不必加矩阵符号，但是在运算过程中，一般不能把 1 阶矩阵看成数).

例 3 若 $\boldsymbol{A}=\begin{pmatrix} 2 & 4 \\ -3 & -6 \end{pmatrix}$，$\boldsymbol{B}=\begin{pmatrix} -2 & 4 \\ 1 & -2 \end{pmatrix}$，$\boldsymbol{C}=\begin{pmatrix} -2 & 0 \\ -5 & -8 \end{pmatrix}$，计算 $\boldsymbol{AB}$，$\boldsymbol{BA}$，$\boldsymbol{BC}$.

解 $AB=\begin{pmatrix}2 & 4\\-3 & -6\end{pmatrix}\begin{pmatrix}-2 & 4\\1 & -2\end{pmatrix}=\begin{pmatrix}0 & 0\\0 & 0\end{pmatrix}$.

$BA=\begin{pmatrix}-2 & 4\\1 & -2\end{pmatrix}\begin{pmatrix}2 & 4\\-3 & -6\end{pmatrix}=\begin{pmatrix}-16 & -32\\8 & 16\end{pmatrix}$.

$BC=\begin{pmatrix}-2 & 4\\1 & -2\end{pmatrix}\begin{pmatrix}-2 & 0\\-5 & -8\end{pmatrix}=\begin{pmatrix}-16 & -32\\8 & 16\end{pmatrix}$.

从上例可以看出：矩阵的乘法一般不满足交换律，即 $\boldsymbol{AB}\neq\boldsymbol{BA}$；此外矩阵的乘法也不满足消去律，即不能从 $\boldsymbol{BA}=\boldsymbol{BC}$，推出 $\boldsymbol{A}=\boldsymbol{C}$ 或 $\boldsymbol{B}=\boldsymbol{O}$；同时，两个非零矩阵相乘，可能是零矩阵，即不能从 $\boldsymbol{AB}=\boldsymbol{O}$ 推出 $\boldsymbol{A}=\boldsymbol{O}$ 或 $\boldsymbol{B}=\boldsymbol{O}$.

由例 3 可知，矩阵乘法一般不满足交换律和消去律，但在假设运算都可行的情况下，矩阵的乘法仍满足运算律：

(1) $(\boldsymbol{AB})\boldsymbol{C}=\boldsymbol{A}(\boldsymbol{BC})$；

(2) $\boldsymbol{A}(\boldsymbol{B}+\boldsymbol{C})=\boldsymbol{AB}+\boldsymbol{AC}$；$(\boldsymbol{B}+\boldsymbol{C})\boldsymbol{A}=\boldsymbol{BA}+\boldsymbol{CA}$；

(3) $\lambda(\boldsymbol{AB})=(\lambda\boldsymbol{A})\boldsymbol{B}=\boldsymbol{A}(\lambda\boldsymbol{B})$（其中 λ 为数）.

定义 4 如果两矩阵相乘，有 $\boldsymbol{AB}=\boldsymbol{BA}$，则称矩阵 $\boldsymbol{A}$ 与矩阵 $\boldsymbol{B}$ 可交换. 简称矩阵 $\boldsymbol{A}$ 与 $\boldsymbol{B}$ 可换.

对于单位矩阵 $\boldsymbol{E}$，容易验证 $\boldsymbol{E}_m\boldsymbol{A}_{m\times n}=\boldsymbol{A}_{m\times n}$，$\boldsymbol{A}_{m\times n}\boldsymbol{E}_n=\boldsymbol{A}_{m\times n}$. 可见单位矩阵 $\boldsymbol{E}_n$ 与任一同阶方阵 $\boldsymbol{A}_n$ 可换.

例 4 求与 $\boldsymbol{A}=\begin{pmatrix}1 & 1\\0 & 1\end{pmatrix}$ 可交换的全体二阶矩阵.

解 设与 $\boldsymbol{A}$ 可交换的矩阵为 $\boldsymbol{B}=\begin{pmatrix}a & b\\c & d\end{pmatrix}$，则

$$\boldsymbol{AB}=\begin{pmatrix}1 & 1\\0 & 1\end{pmatrix}\begin{pmatrix}a & b\\c & d\end{pmatrix}=\begin{pmatrix}a+c & b+d\\c & d\end{pmatrix},$$

$$\boldsymbol{BA}=\begin{pmatrix}a & b\\c & d\end{pmatrix}\begin{pmatrix}1 & 1\\0 & 1\end{pmatrix}=\begin{pmatrix}a & a+b\\c & c+d\end{pmatrix}.$$

由 $\boldsymbol{AB}=\boldsymbol{BA}$，得 $\begin{cases}a+c=a\\b+d=a+b\\c=c\\c+d=d\end{cases}$，于是 $\begin{cases}a=a\\b=b\\c=0\\d=a\end{cases}$，从而 $B=\begin{pmatrix}a & b\\0 & a\end{pmatrix}$，其中 $a,b\in\mathbf{R}$.

例 5 证明：如果 $\boldsymbol{CA}=\boldsymbol{AC}$，$\boldsymbol{CB}=\boldsymbol{BC}$，则有

$$(\boldsymbol{A}+\boldsymbol{B})\boldsymbol{C}=\boldsymbol{C}(\boldsymbol{A}+\boldsymbol{B});\quad (\boldsymbol{AB})\boldsymbol{C}=\boldsymbol{C}(\boldsymbol{AB}).$$

证 因为 $\boldsymbol{CA}=\boldsymbol{AC}$，$\boldsymbol{CB}=\boldsymbol{BC}$，

所以 $(\boldsymbol{A}+\boldsymbol{B})\boldsymbol{C}=\boldsymbol{AC}+\boldsymbol{BC}=\boldsymbol{CA}+\boldsymbol{CB}=\boldsymbol{C}(\boldsymbol{A}+\boldsymbol{B})$；

$(\boldsymbol{AB})\boldsymbol{C}=\boldsymbol{A}(\boldsymbol{BC})=\boldsymbol{A}(\boldsymbol{CB})=(\boldsymbol{AC})\boldsymbol{B}=(\boldsymbol{CA})\boldsymbol{B}=\boldsymbol{C}(\boldsymbol{AB})$.

四、线性方程组的矩阵表示

设有线性方程组

$$\begin{cases} a_{11}x_1 + a_{12}x_2 + \cdots + a_{1n}x_n = b_1 \\ a_{21}x_1 + a_{22}x_2 + \cdots + a_{2n}x_n = b_2 \\ \cdots \\ a_{m1}x_1 + a_{m2}x_2 + \cdots + a_{mn}x_n = b_m \end{cases}, \qquad ①$$

若记

$$\boldsymbol{A} = \begin{pmatrix} a_{11} & a_{12} & \cdots & a_{1n} \\ a_{21} & a_{22} & \cdots & a_{2n} \\ \vdots & \vdots & & \vdots \\ a_{m1} & a_{m2} & \cdots & a_{mn} \end{pmatrix}, \quad \boldsymbol{x} = \begin{pmatrix} x_1 \\ x_2 \\ \vdots \\ x_n \end{pmatrix}, \quad \boldsymbol{b} = \begin{pmatrix} b_1 \\ b_2 \\ \vdots \\ b_m \end{pmatrix},$$

则利用矩阵的乘法，线性方程组①可表示为矩阵形式：

$$\boldsymbol{Ax} = \boldsymbol{b}. \qquad ②$$

其中矩阵 $\boldsymbol{A}$ 称为线性方程组①的系数矩阵，方程②又称为矩阵方程. 对方程组①的讨论等价于对矩阵方程②的讨论.特别地，齐次线性方程组可以表示为 $\boldsymbol{Ax}=\boldsymbol{0}$.

将线性方程组写成矩阵方程的形式，不仅书写方便，而且可以把线性方程组的理论与矩阵理论联系起来，这给线性方程组解的讨论带来很大的便利.

例 6 解矩阵方程 $\begin{pmatrix} 2 & 1 \\ 1 & 2 \end{pmatrix}\boldsymbol{X} = \begin{pmatrix} 1 & 2 \\ -1 & 4 \end{pmatrix}$，$\boldsymbol{X}$ 为二阶矩阵.

解 设 $\boldsymbol{X} = \begin{pmatrix} x_{11} & x_{12} \\ x_{21} & x_{22} \end{pmatrix}$，由题设有

$$\begin{pmatrix} 2 & 1 \\ 1 & 2 \end{pmatrix}\begin{pmatrix} x_{11} & x_{12} \\ x_{21} & x_{22} \end{pmatrix} = \begin{pmatrix} 1 & 2 \\ -1 & 4 \end{pmatrix},$$

$$\begin{pmatrix} 2x_{11} + x_{21} & 2x_{12} + x_{22} \\ x_{11} + 2x_{21} & x_{12} + 2x_{22} \end{pmatrix} = \begin{pmatrix} 1 & 2 \\ -1 & 4 \end{pmatrix}.$$

即

$$\begin{cases} 2x_{11} + x_{21} = 1 \\ x_{11} + 2x_{21} = -1 \end{cases}, \begin{cases} 2x_{12} + x_{22} = 2 \\ x_{12} + 2x_{22} = 4 \end{cases}.$$

分别解以上两个方程组得

$$x_{11} = 1, x_{21} = -1, x_{12} = 0, x_{22} = 2$$

则

$$\boldsymbol{X} = \begin{pmatrix} 1 & 0 \\ -1 & 2 \end{pmatrix}.$$

五、方阵的幂

定义 5 设方阵 $\boldsymbol{A} = (a_{ij})_{n\times n}$，规定

$$\boldsymbol{A}^0 = \boldsymbol{E}, \quad \boldsymbol{A}^k = \underbrace{\boldsymbol{A} \cdot \boldsymbol{A} \cdot \cdots \cdot \boldsymbol{A}}_{k个}, k \text{ 为自然数}, \boldsymbol{E} \text{ 为单位矩阵}.$$

称 $\boldsymbol{A}^n$ 为方阵 $\boldsymbol{A}$ 的 k 次幂.

方阵的幂满足以下运算律(m,n 为非负整数)：

(1)$\boldsymbol{A}^m\boldsymbol{A}^n = \boldsymbol{A}^{m+n}$，

(2)$(\boldsymbol{A}^m)^n = \boldsymbol{A}^{mn}$.

当且仅当 $\boldsymbol{A},\boldsymbol{B}$ 可交换时 $(\boldsymbol{AB})^m=\boldsymbol{A}^m\boldsymbol{B}^m$，其中 m 为自然数.

例 7　已知矩阵

$$\boldsymbol{A}=\begin{pmatrix}1 & 0\\ \lambda & 1\end{pmatrix},$$

计算 $\boldsymbol{A}^3,\boldsymbol{A}^n$.

解　因为

$$\boldsymbol{A}^2=\begin{pmatrix}1 & 0\\ \lambda & 1\end{pmatrix}\begin{pmatrix}1 & 0\\ \lambda & 1\end{pmatrix}=\begin{pmatrix}1 & 0\\ 2\lambda & 1\end{pmatrix};$$

$$\boldsymbol{A}^3=\begin{pmatrix}1 & 0\\ 2\lambda & 1\end{pmatrix}\begin{pmatrix}1 & 0\\ \lambda & 1\end{pmatrix}=\begin{pmatrix}1 & 0\\ 3\lambda & 1\end{pmatrix};$$

由数学归纳法得

$$\boldsymbol{A}^n=\begin{pmatrix}1 & 0\\ n\lambda & 1\end{pmatrix}.$$

六、矩阵的转置

定义 6　把矩阵 $\boldsymbol{A}$ 的行换成同序数的列得到的新矩阵，称为 $\boldsymbol{A}$ 的转置矩阵，记作 $\boldsymbol{A}^{\mathrm{T}}$（或 $\boldsymbol{A}'$）. 即

若

$$\boldsymbol{A}=\begin{pmatrix}a_{11} & a_{12} & \cdots & a_{1n}\\ a_{21} & a_{22} & \cdots & a_{2n}\\ \vdots & \vdots & & \vdots\\ a_{m1} & a_{m2} & \cdots & a_{mn}\end{pmatrix},$$

则

$$\boldsymbol{A}^{\mathrm{T}}=\begin{pmatrix}a_{11} & a_{21} & \cdots & a_{m1}\\ a_{12} & a_{22} & \cdots & a_{m2}\\ \vdots & \vdots & & \vdots\\ a_{1n} & a_{2n} & \cdots & a_{mn}\end{pmatrix}.$$

例如，矩阵 $\boldsymbol{A}=\begin{pmatrix}0 & 1 & 2\\ a & b & c\end{pmatrix}$ 的转置矩阵 $\boldsymbol{A}^{\mathrm{T}}=\begin{pmatrix}0 & a\\ 1 & b\\ 2 & c\end{pmatrix}$.

由矩阵的定义，易得如下运算律（假设运算可行）：

(1) $(\boldsymbol{A}^{\mathrm{T}})^{\mathrm{T}}=\boldsymbol{A}$；

(2) $(\boldsymbol{A}+\boldsymbol{B})^{\mathrm{T}}=\boldsymbol{A}^{\mathrm{T}}+\boldsymbol{B}^{\mathrm{T}}$；

(3) $(\lambda\boldsymbol{A})^{\mathrm{T}}=\lambda\boldsymbol{A}^{\mathrm{T}}$（其中 λ 为实数）；

(4) $(\boldsymbol{AB})^{\mathrm{T}}=\boldsymbol{B}^{\mathrm{T}}\boldsymbol{A}^{\mathrm{T}}$.

只证明(4). 设 $\boldsymbol{A}=(a_{ij})_{m\times s}$，$\boldsymbol{B}=(b_{ij})_{s\times n}$，易得 $(\boldsymbol{AB})^{\mathrm{T}}$ 与 $\boldsymbol{B}^{\mathrm{T}}\boldsymbol{A}^{\mathrm{T}}$ 均为 $n\times m$ 矩阵.

矩阵 $(\boldsymbol{AB})^{\mathrm{T}}$ 第 j 行第 i 列的元素是 $\boldsymbol{AB}$ 第 i 行第 j 列的元素，即

$$\sum_{k=1}^{s}a_{ik}b_{kj}=a_{i1}b_{1j}+a_{i2}b_{2j}+\cdots+a_{is}b_{sj},$$

而矩阵 $\boldsymbol{B}^{\mathrm{T}}\boldsymbol{A}^{\mathrm{T}}$ 第 j 行第 i 列的元素，应为矩阵 $\boldsymbol{B}^{\mathrm{T}}$ 第 j 行元素与 $\boldsymbol{A}^{\mathrm{T}}$ 第 i 列对应元素乘积的和，即矩阵 $\boldsymbol{B}$ 第 j 列元素与矩阵 $\boldsymbol{A}$ 第 i 行对应元素乘积的和，即

$$\sum_{k=1}^{s} b_{kj}a_{ik} = b_{1j}a_{i1} + b_{2j}a_{i2} + \cdots + b_{sj}a_{is},$$

所以 $$(\boldsymbol{AB})^{\mathrm{T}} = \boldsymbol{B}^{\mathrm{T}}\boldsymbol{A}^{\mathrm{T}}.$$

例 8 设 $\boldsymbol{A} = \begin{pmatrix} 1 & -1 & 2 \\ 1 & 0 & 3 \\ -1 & 2 & -1 \end{pmatrix}$，$\boldsymbol{B} = \begin{pmatrix} 1 & 1 \\ 2 & -1 \\ 3 & 2 \end{pmatrix}$，试验证 $(\boldsymbol{AB})^{\mathrm{T}} = \boldsymbol{B}^{\mathrm{T}}\boldsymbol{A}^{\mathrm{T}}$.

证 因为 $\boldsymbol{AB} = \begin{pmatrix} 1 & -1 & 2 \\ 1 & 0 & 3 \\ -1 & 2 & -1 \end{pmatrix}\begin{pmatrix} 1 & 1 \\ 2 & -1 \\ 3 & 2 \end{pmatrix} = \begin{pmatrix} 5 & 6 \\ 10 & 7 \\ 0 & -5 \end{pmatrix}$，

所以 $$(\boldsymbol{AB})^{\mathrm{T}} = \begin{pmatrix} 5 & 10 & 0 \\ 6 & 7 & -5 \end{pmatrix}.$$

又 $$\boldsymbol{A}^{\mathrm{T}} = \begin{pmatrix} 1 & 1 & -1 \\ -1 & 0 & 2 \\ 2 & 3 & -1 \end{pmatrix}, \boldsymbol{B}^{\mathrm{T}} = \begin{pmatrix} 1 & 2 & 3 \\ 1 & -1 & 2 \end{pmatrix},$$

所以 $$\boldsymbol{B}^{\mathrm{T}}\boldsymbol{A}^{\mathrm{T}} = \begin{pmatrix} 1 & 1 & -1 \\ -1 & 0 & 2 \\ 2 & 3 & -1 \end{pmatrix}\begin{pmatrix} 1 & 2 & 3 \\ 1 & -1 & 2 \end{pmatrix} = \begin{pmatrix} 5 & 10 & 0 \\ 6 & 7 & -5 \end{pmatrix} = (\boldsymbol{AB})^{\mathrm{T}}.$$

特别地，若矩阵 $\boldsymbol{A}$ 满足 $\boldsymbol{A}^{\mathrm{T}} = \boldsymbol{A}$，即 $a_{ij} = a_{ji}(i, j = 1, 2, \cdots, n)$，则称 $\boldsymbol{A}$ 为对称矩阵；若矩阵 $\boldsymbol{A}$ 满足 $\boldsymbol{A}^{\mathrm{T}} = -\boldsymbol{A}$，即 $a_{ij} = -a_{ji}(i, j = 1, 2, \cdots, n)$，则称 $\boldsymbol{A}$ 为反对称矩阵. 显然对称矩阵的元素关于主对角线对称，而反对称矩阵以主对角线为对称轴的对应元素绝对值相等，符号相反，且主对角线上各元素均为 0.

例如 $\begin{pmatrix} 0 & 1 \\ 1 & 2 \end{pmatrix}$，$\begin{pmatrix} 2 & 1 & -1 \\ 1 & 3 & 2 \\ -1 & 2 & -1 \end{pmatrix}$ 为对称矩阵，$\begin{pmatrix} 0 & -1 \\ 1 & 0 \end{pmatrix}$，$\begin{pmatrix} 0 & 1 & -1 \\ -1 & 0 & -2 \\ 1 & 2 & 0 \end{pmatrix}$ 为反对称矩阵.

例 9 设 $\boldsymbol{A}$ 是 n 阶反对称矩阵，$\boldsymbol{B}$ 是 n 阶对称矩阵，证明 $\boldsymbol{AB} + \boldsymbol{BA}$ 是 n 阶反对称矩阵.

证 因为 $\boldsymbol{A}^{\mathrm{T}} = -\boldsymbol{A}$，$\boldsymbol{B}^{\mathrm{T}} = \boldsymbol{B}$，则

$(\boldsymbol{AB} + \boldsymbol{BA})^{\mathrm{T}} = (\boldsymbol{AB})^{\mathrm{T}} + (\boldsymbol{BA})^{\mathrm{T}} = \boldsymbol{B}^{\mathrm{T}}\boldsymbol{A}^{\mathrm{T}} + \boldsymbol{A}^{\mathrm{T}}\boldsymbol{B}^{\mathrm{T}} = \boldsymbol{B}(-\boldsymbol{A}) + (-\boldsymbol{A})\boldsymbol{B} = -(\boldsymbol{AB} + \boldsymbol{BA})$.

所以结论成立.

七、方阵的行列式

定义 7 由 n 阶方阵 $\boldsymbol{A}$ 的元素构成的行列式(各元素位置不变)，称为方阵 $\boldsymbol{A}$ 的行列式，记作 $|\boldsymbol{A}|$ 或 $\det\boldsymbol{A}$.

注意区别方阵与行列式的概念.

特别的，若 n 阶方阵 $\boldsymbol{A}$ 的行列式 $|\boldsymbol{A}| = 0$，则称该方阵 $\boldsymbol{A}$ 为奇异矩阵；否则，$\boldsymbol{A}$ 为非奇异矩阵.

设 $\boldsymbol{A}, \boldsymbol{B}$ 为 n 阶方阵，λ 为实数，则有下列等式成立(证明略)：

(1) $|A^{\mathrm{T}}|=|A|$;　　(2) $|\lambda A|=\lambda^n|A|$;　　(3) $|AB|=|A||B|$.

例 10　已知 $A=\begin{pmatrix}2 & -1\\1 & 1\end{pmatrix}$, $B=\begin{pmatrix}1 & -1\\-2 & 1\end{pmatrix}$，试计算 $|AB|$, $|3A|$ 及 $|A^2B^5|$.

解　由于 $|A|=\begin{vmatrix}2 & -1\\1 & 1\end{vmatrix}=3$, $|B|=\begin{vmatrix}1 & -1\\-2 & 1\end{vmatrix}=-1$,

从而 $|AB|=|A||B|=-3$; $|3A|=3^2|A|=27$; $|A^2B^5|=|A|^2\cdot|B|^5=-9$.

例 11　设 A 是 n 阶方阵，满足 $AA^{\mathrm{T}}=E$，且 $|A|=-1$，求 $|A+E|$.

解　由于

$$\begin{aligned}|A+E|&=|A+AA^{\mathrm{T}}|=|A(E+A^{\mathrm{T}})|\\&=|A||(E+A^{\mathrm{T}})|=-|(E+A)^{\mathrm{T}}|\\&=-|A+E|,\end{aligned}$$

所以

$$2|A+E|=0,$$

从而

$$|A+E|=0.$$

八、方阵的多项式

任意给定一个多项式 $f(x)=a_mx^m+a_{m-1}x^{m-1}+\cdots+a_1x+a_0$ 和任意给定一个 n 阶方阵 A，可以定义一个 n 阶方阵 $f(A)=a_mA^m+a_{m-1}A^{m-1}+\cdots+a_1A+a_0E_n$，称 $f(A)$ 为 A 的方阵多项式.

例 12　设 $f(x)=x^2-4x+3$, $A=\begin{pmatrix}2 & -1\\-3 & 4\end{pmatrix}$，则

$$\begin{aligned}f(A)&=A^2-4A+3=A^2-4A+3E_2\\&=\begin{pmatrix}2 & -1\\-3 & 4\end{pmatrix}\begin{pmatrix}2 & -1\\-3 & 4\end{pmatrix}-4\begin{pmatrix}2 & -1\\-3 & 4\end{pmatrix}+3\begin{pmatrix}1 & 0\\0 & 1\end{pmatrix}\\&=\begin{pmatrix}2 & -2\\-6 & 6\end{pmatrix}.\end{aligned}$$

第三节　方阵的逆矩阵

对于一元一次方程 $ax=b$，当 $a\neq 0$ 时有唯一确定的解 $x=a^{-1}b$.那么在解多元线性方程组 $Ax=b$ 时，是否也存在这样一个矩阵 A^{-1}，使得 $x=A^{-1}b$ 呢？这属于下面要讨论的矩阵的逆的问题.

一、逆矩阵的概念

定义 1　对于 n 阶方阵 A，如果存在一个 n 阶方阵 B，满足

$$AB=BA=E,$$

则称方阵 A 可逆，且把方阵 B 称为 A 的逆矩阵.

如果 $\boldsymbol{A}$ 是可逆的，则 $\boldsymbol{A}$ 的逆矩阵唯一.

事实上，设 $\boldsymbol{B},\boldsymbol{C}$ 都是 $\boldsymbol{A}$ 的逆矩阵，则一定有

$$\boldsymbol{B}=\boldsymbol{BE}=\boldsymbol{B}(\boldsymbol{AC})=(\boldsymbol{BA})\boldsymbol{C}=\boldsymbol{EC}=\boldsymbol{C}.$$

故 $\boldsymbol{A}$ 的逆矩阵唯一，记作 $\boldsymbol{A}^{-1}$，即若 $\boldsymbol{AB}=\boldsymbol{BA}=\boldsymbol{E}$，则 $\boldsymbol{B}=\boldsymbol{A}^{-1}$ 或 $\boldsymbol{A}=\boldsymbol{B}^{-1}$.

例如，对于矩阵 $\boldsymbol{A}=\begin{pmatrix}2&0\\0&3\end{pmatrix}$，存在矩阵 $\boldsymbol{B}=\begin{pmatrix}\frac{1}{2}&0\\0&\frac{1}{3}\end{pmatrix}$，满足 $\boldsymbol{AB}=\boldsymbol{BA}=\begin{pmatrix}1&0\\0&1\end{pmatrix}=\boldsymbol{E}_2$，因此

$$\boldsymbol{A}^{-1}=\boldsymbol{B}=\begin{pmatrix}\frac{1}{2}&0\\0&\frac{1}{3}\end{pmatrix},\text{或 }\boldsymbol{B}^{-1}=\boldsymbol{A}=\begin{pmatrix}2&0\\0&3\end{pmatrix}.$$

如何判定一个给定方阵是否可逆呢？为了回答这个问题，我们先引进一个新的矩阵概念.

二、方阵的伴随矩阵及其与逆矩阵的关系

定义 2 给定方阵 $\boldsymbol{A}$，则行列式 $|\boldsymbol{A}|$ 的各元素的代数余子式 $\boldsymbol{A}_{ij}$ 可构成如下方阵：

$$\boldsymbol{A}^*=\begin{pmatrix}\boldsymbol{A}_{11}&\boldsymbol{A}_{12}&\cdots&\boldsymbol{A}_{1n}\\\boldsymbol{A}_{21}&\boldsymbol{A}_{22}&\cdots&\boldsymbol{A}_{2n}\\\vdots&\vdots&&\vdots\\\boldsymbol{A}_{n1}&\boldsymbol{A}_{n2}&\cdots&\boldsymbol{A}_{nn}\end{pmatrix}^{\mathrm{T}}=\begin{pmatrix}\boldsymbol{A}_{11}&\boldsymbol{A}_{21}&\cdots&\boldsymbol{A}_{n1}\\\boldsymbol{A}_{12}&\boldsymbol{A}_{22}&\cdots&\boldsymbol{A}_{n2}\\\vdots&\vdots&&\vdots\\\boldsymbol{A}_{1n}&\boldsymbol{A}_{2n}&\cdots&\boldsymbol{A}_{nn}\end{pmatrix},$$

称为方阵 $\boldsymbol{A}$ 的伴随矩阵，由行列式按行(列)展开公式，可验证

$$\boldsymbol{A}^*\boldsymbol{A}=\boldsymbol{AA}^*=|\boldsymbol{A}|\boldsymbol{E}.$$

例 1 设矩阵 $\boldsymbol{A}=\begin{pmatrix}1&0&1\\2&1&0\\-3&2&-5\end{pmatrix}$，求 $\boldsymbol{A}$ 的伴随矩阵 $\boldsymbol{A}^*$，并验证 $\boldsymbol{A}^*\boldsymbol{A}=\boldsymbol{AA}^*=|\boldsymbol{A}|\boldsymbol{E}$.

解 因为 $\boldsymbol{A}_{ij}=(-1)^{i+j}\boldsymbol{M}_{ij}$，所以

$$\boldsymbol{A}_{11}=-5,\quad \boldsymbol{A}_{12}=10,\quad \boldsymbol{A}_{13}=7,$$
$$\boldsymbol{A}_{21}=2,\quad \boldsymbol{A}_{22}=-2,\quad \boldsymbol{A}_{23}=-2,$$
$$\boldsymbol{A}_{31}=-1,\quad \boldsymbol{A}_{32}=2,\quad \boldsymbol{A}_{33}=1,$$

从而

$$\boldsymbol{A}^*=\begin{pmatrix}-5&10&7\\2&-2&-2\\-1&2&1\end{pmatrix}^{\mathrm{T}}=\begin{pmatrix}-5&2&-1\\10&-2&2\\7&-2&1\end{pmatrix},$$

此时有 $\boldsymbol{A}^*\boldsymbol{A}=\boldsymbol{AA}^*=2\boldsymbol{E}$，其中 $|\boldsymbol{A}|=\begin{vmatrix}1&0&1\\2&1&0\\-3&2&-5\end{vmatrix}=2$.

定理1 n 阶方阵 $\boldsymbol{A}$ 可逆的充分必要条件为 $|\boldsymbol{A}|\neq 0$，且 $\boldsymbol{A}$ 可逆时 $\boldsymbol{A}^{-1}=\dfrac{1}{|\boldsymbol{A}|}\boldsymbol{A}^*$.

证 先证充分性. 若 $|\boldsymbol{A}|\neq 0$，设 $\boldsymbol{A}$ 的伴随矩阵为 $\boldsymbol{A}^*$，则有

$$\boldsymbol{A}\boldsymbol{A}^*=\boldsymbol{A}^*\boldsymbol{A}=|\boldsymbol{A}|\boldsymbol{E}.$$

因 $|\boldsymbol{A}|\neq 0$，有

$$\boldsymbol{A}\left(\frac{1}{|\boldsymbol{A}|}\boldsymbol{A}^*\right)=\left(\frac{1}{|\boldsymbol{A}|}\boldsymbol{A}^*\right)\boldsymbol{A}=\boldsymbol{E},$$

即知 $\boldsymbol{A}^{-1}=\dfrac{1}{|\boldsymbol{A}|}\boldsymbol{A}^*$，说明 $\boldsymbol{A}$ 是可逆的.

下证必要性. 由于 $\boldsymbol{A}$ 是可逆的，即有 $\boldsymbol{A}^{-1}$，使 $\boldsymbol{A}^{-1}\boldsymbol{A}=\boldsymbol{E}$，故 $|\boldsymbol{A}\boldsymbol{A}^{-1}|=|\boldsymbol{E}|=1$，有 $|\boldsymbol{A}^{-1}|\cdot|\boldsymbol{A}|=1\neq 0$，所以 $|\boldsymbol{A}|\neq 0$.

例2 求例1中矩阵 $\boldsymbol{A}=\begin{pmatrix}1&0&1\\2&1&0\\-3&2&-5\end{pmatrix}$ 的逆矩阵 $\boldsymbol{A}^{-1}$.

解 因为 $|\boldsymbol{A}|=\begin{vmatrix}1&0&1\\2&1&0\\-3&2&-5\end{vmatrix}=2\neq 0$，利用例1的结果，已知 $\boldsymbol{A}^*=\begin{pmatrix}-5&2&-1\\10&-2&2\\7&-2&1\end{pmatrix}$，

所以

$$\boldsymbol{A}^{-1}=\frac{1}{|\boldsymbol{A}|}\boldsymbol{A}^*=\frac{1}{2}\begin{pmatrix}-5&2&-1\\10&-2&2\\7&-2&1\end{pmatrix}=\begin{pmatrix}-5/2&1&-1/2\\5&-1&1\\7/2&-1&1/2\end{pmatrix}.$$

检验(略).

例3 已知 $\boldsymbol{A}=\begin{pmatrix}a&b\\c&d\end{pmatrix}$，且 $ad\neq bc$，易见 $\boldsymbol{A}^{-1}=\dfrac{1}{ad-bc}\begin{pmatrix}d&-b\\-c&a\end{pmatrix}$.

推论1 若 $\boldsymbol{A}$ 为方阵，且存在方阵 $\boldsymbol{B}$ 使得 $\boldsymbol{AB}=\boldsymbol{E}$（或 $\boldsymbol{BA}=\boldsymbol{E}$），则 $\boldsymbol{A}$ 可逆且 $\boldsymbol{A}^{-1}=\boldsymbol{B}$.

证 由 $\boldsymbol{AB}=\boldsymbol{E}$ 得 $|\boldsymbol{A}||\boldsymbol{B}|=1$， 所以 $|\boldsymbol{A}|\neq 0$，故 $\boldsymbol{A}^{-1}$ 存在，且

$$\boldsymbol{B}=\boldsymbol{EB}=(\boldsymbol{A}^{-1}\boldsymbol{A})\boldsymbol{B}=\boldsymbol{A}^{-1}(\boldsymbol{AB})=\boldsymbol{A}^{-1}\boldsymbol{E}=\boldsymbol{A}^{-1}.$$

例4 设方阵 $\boldsymbol{A}$ 满足方程 $\boldsymbol{A}^2-3\boldsymbol{A}-2\boldsymbol{E}=\boldsymbol{O}$，证明 $\boldsymbol{A}$，$(\boldsymbol{A}-4\boldsymbol{E})$ 可逆，并求 $\boldsymbol{A}^{-1}$ 及 $(\boldsymbol{A}-4\boldsymbol{E})^{-1}$.

证 由 $\boldsymbol{A}^2-3\boldsymbol{A}-2\boldsymbol{E}=\boldsymbol{O}$，有 $\boldsymbol{A}^2-3\boldsymbol{AE}=2\boldsymbol{E}$，

即有

$$\boldsymbol{A}(\boldsymbol{A}-3\boldsymbol{E})=2\boldsymbol{E}$$

所以

$$\boldsymbol{A}\cdot\left(\frac{\boldsymbol{A}-3\boldsymbol{E}}{2}\right)=\boldsymbol{E}$$

由推论1知，$\boldsymbol{A}$ 可逆，且 $\boldsymbol{A}^{-1}=\dfrac{\boldsymbol{A}-3\boldsymbol{E}}{2}$.

由 $\boldsymbol{A}^2-3\boldsymbol{A}-2\boldsymbol{E}=\boldsymbol{O}$，有 $(\boldsymbol{A}-4\boldsymbol{E})(\boldsymbol{A}+\boldsymbol{E})=-2\boldsymbol{E}$

$\therefore(\boldsymbol{A}-4\boldsymbol{E})\cdot\left(\dfrac{\boldsymbol{A}+\boldsymbol{E}}{-2}\right)=\boldsymbol{E}$

由推论1知，$(\boldsymbol{A}-4\boldsymbol{E})$ 可逆，且 $(\boldsymbol{A}-4\boldsymbol{E})^{-1}=-\dfrac{\boldsymbol{A}+\boldsymbol{E}}{2}$.

三、逆矩阵的运算性质

设 $\boldsymbol{A},\boldsymbol{B}$ 均为同阶可逆方阵，数 $\lambda\neq0$，则有下列运算法则成立：

(1)$\boldsymbol{A}^{-1}$亦可逆，且$(\boldsymbol{A}^{-1})^{-1}=\boldsymbol{A}$，$|\boldsymbol{A}^{-1}|=|\boldsymbol{A}|^{-1}$；

(2)$\lambda\boldsymbol{A}$ 亦可逆，且$(\lambda\boldsymbol{A})^{-1}=\dfrac{1}{\lambda}\boldsymbol{A}^{-1}$；

(3)$\boldsymbol{AB}$ 亦可逆，且$(\boldsymbol{AB})^{-1}=\boldsymbol{B}^{-1}\boldsymbol{A}^{-1}$；

(4)$\boldsymbol{A}^{\mathrm{T}}$ 亦可逆，且$(\boldsymbol{A}^{\mathrm{T}})^{-1}=(\boldsymbol{A}^{-1})^{\mathrm{T}}$；

(5)若矩阵 $\boldsymbol{A}$ 可逆，则 $\boldsymbol{A}^{*}$ 也可逆，且$(\boldsymbol{A}^{*})^{-1}=\dfrac{1}{|\boldsymbol{A}|}\cdot\boldsymbol{A}$，$|\boldsymbol{A}^{*}|=|\boldsymbol{A}|^{n-1}$.

证　只证(3).

因 $\boldsymbol{AB}(\boldsymbol{B}^{-1}\boldsymbol{A}^{-1})=\boldsymbol{A}(\boldsymbol{BB}^{-1})\boldsymbol{A}^{-1}=\boldsymbol{AEA}^{-1}=\boldsymbol{AA}^{-1}=\boldsymbol{E}$，故$(\boldsymbol{AB})^{-1}=\boldsymbol{B}^{-1}\boldsymbol{A}^{-1}$.

此性质可推广到有限个同阶可逆矩阵的情形，即若 $\boldsymbol{A}_1,\boldsymbol{A}_2,\cdots,\boldsymbol{A}_k$ 均为 n 阶可逆矩阵，则 $\boldsymbol{A}_1\boldsymbol{A}_2\cdots\boldsymbol{A}_k$ 也可逆，且$(\boldsymbol{A}_1\boldsymbol{A}_2\cdots\boldsymbol{A}_k)^{-1}=\boldsymbol{A}_k^{-1}\boldsymbol{A}_{k-1}^{-1}\cdots\boldsymbol{A}_1^{-1}$.

若 $\boldsymbol{A}=\boldsymbol{B}$，则$(\boldsymbol{A}^2)^{-1}=(\boldsymbol{A}^{-1})^2$，一般地有$(\boldsymbol{A}^k)^{-1}=(\boldsymbol{A}^{-1})^k$，$k\in\boldsymbol{Z}^{+}$.

四、矩阵方程

对标准矩阵方程在系数矩阵均可逆时，利用矩阵乘法的运算律和逆矩阵的运算性质，通过在方程两边左乘或右乘相应矩阵的逆矩阵，可得

$$\boldsymbol{AX}=\boldsymbol{B}\text{ 的解为 }\boldsymbol{X}=\boldsymbol{A}^{-1}\boldsymbol{B}；$$
$$\boldsymbol{XA}=\boldsymbol{B}\text{ 的解为 }\boldsymbol{X}=\boldsymbol{BA}^{-1}；$$
$$\boldsymbol{AXB}=\boldsymbol{C}\text{ 的解为 }\boldsymbol{X}=\boldsymbol{A}^{-1}\boldsymbol{CB}^{-1}.$$

而其他形式的矩阵方程，则可以通过矩阵的相关运算性质转化为以上形式的标准矩阵方程后进行求解.

例 5　求矩阵 $\boldsymbol{X}$，使其满足 $\boldsymbol{AXB}=\boldsymbol{C}$，其中 $\boldsymbol{A}=\begin{pmatrix}1&2&3\\2&2&1\\3&4&3\end{pmatrix}$，$\boldsymbol{B}=\begin{pmatrix}2&1\\5&3\end{pmatrix}$，$\boldsymbol{C}=\begin{pmatrix}1&3\\2&0\\3&1\end{pmatrix}$.

解　若 $\boldsymbol{A}^{-1},\boldsymbol{B}^{-1}$均存在，则用 $\boldsymbol{A}^{-1}$左乘上式，$\boldsymbol{B}^{-1}$右乘上式，有

$$\boldsymbol{A}^{-1}\boldsymbol{AXBB}^{-1}=\boldsymbol{A}^{-1}\boldsymbol{CB}^{-1}，\text{即 }\boldsymbol{X}=\boldsymbol{A}^{-1}\boldsymbol{CB}^{-1}.$$

由于$|\boldsymbol{A}|=2$，$|\boldsymbol{B}|=1$，故 $\boldsymbol{A}^{-1},\boldsymbol{B}^{-1}$存在，且

$$\boldsymbol{A}^{-1}=\begin{pmatrix}1&3&-2\\-\dfrac{3}{2}&-3&\dfrac{5}{2}\\1&1&-1\end{pmatrix},\qquad \boldsymbol{B}^{-1}=\begin{pmatrix}3&-1\\-5&2\end{pmatrix},$$

于是

$$\boldsymbol{X}=\boldsymbol{A}^{-1}\boldsymbol{CB}^{-1}=\begin{pmatrix}1&3&-2\\-\dfrac{3}{2}&-3&\dfrac{5}{2}\\1&1&-1\end{pmatrix}\begin{pmatrix}1&3\\2&0\\3&1\end{pmatrix}\begin{pmatrix}3&-1\\-5&2\end{pmatrix}$$

$$=\begin{pmatrix}1&1\\0&-2\\0&2\end{pmatrix}\begin{pmatrix}3&-1\\-5&2\end{pmatrix}=\begin{pmatrix}-2&1\\10&-4\\-10&4\end{pmatrix}.$$

例 6　设 $\boldsymbol{A}$ 可逆，且 $\boldsymbol{A}^*\boldsymbol{B}=\boldsymbol{A}^{-1}+\boldsymbol{B}$，证明 $\boldsymbol{B}$ 可逆，当 $\boldsymbol{A}=\begin{pmatrix}2&6&0\\0&2&6\\0&0&2\end{pmatrix}$ 时，求 $\boldsymbol{B}$.

解　由 $\boldsymbol{A}^*\boldsymbol{B}=\boldsymbol{A}^{-1}+\boldsymbol{B}=\boldsymbol{A}^{-1}+\boldsymbol{E}\boldsymbol{B}$，得

$$(\boldsymbol{A}^*-\boldsymbol{E})\boldsymbol{B}=\boldsymbol{A}^{-1}.$$

于是 $|\boldsymbol{A}^*-\boldsymbol{E}|\,|\boldsymbol{B}|=|\boldsymbol{A}^{-1}|\neq 0$，所以 $|\boldsymbol{B}|\neq 0$，即 $\boldsymbol{B}$ 可逆，$(\boldsymbol{A}^*-\boldsymbol{E})$ 也可逆，再由上式，得

$$\boldsymbol{B}=(\boldsymbol{A}^*-\boldsymbol{E})^{-1}\boldsymbol{A}^{-1}=[\boldsymbol{A}(\boldsymbol{A}^*-\boldsymbol{E})]^{-1}=(|\boldsymbol{A}|\boldsymbol{E}-\boldsymbol{A})^{-1},$$

其中

$$|\boldsymbol{A}|\boldsymbol{E}-\boldsymbol{A}=\begin{pmatrix}8&&\\&8&\\&&8\end{pmatrix}-\begin{pmatrix}2&6&0\\0&2&6\\0&0&2\end{pmatrix}=6\begin{pmatrix}1&-1&0\\0&1&-1\\0&0&1\end{pmatrix}.$$

按逆矩阵的运算性质(2)和伴随矩阵求逆公式，易得

$$\boldsymbol{B}=\frac{1}{6}\begin{pmatrix}1&1&1\\0&1&1\\0&0&1\end{pmatrix}.$$

*第四节　矩阵的分块

一、分块矩阵的概念

对于行数和列数比较多的矩阵 $\boldsymbol{A}$，在计算过程中经常采用“矩阵分块法”，使大矩阵的运算化为小矩阵的运算.具体做法是：将矩阵 $\boldsymbol{A}$ 用若干条纵线和横线分成许多个小矩阵，每个小矩阵称为 $\boldsymbol{A}$ 的子块，这种以子块为元素的形式上的矩阵称为分块矩阵.

例如，矩阵

$$\boldsymbol{A}=\begin{pmatrix}a_{11}&a_{12}&a_{13}&a_{14}\\a_{21}&a_{22}&a_{23}&a_{24}\\a_{31}&a_{32}&a_{33}&a_{34}\end{pmatrix},$$

将 $\boldsymbol{A}$ 分成子块的分法很多，下面列举三种分块形式：

$$(1)\left(\begin{array}{cc:cc}a_{11}&a_{12}&a_{13}&a_{14}\\a_{21}&a_{22}&a_{23}&a_{24}\\\hdashline a_{31}&a_{32}&a_{33}&a_{34}\end{array}\right);\quad(2)\left(\begin{array}{c:cc:c}a_{11}&a_{12}&a_{13}&a_{14}\\\hdashline a_{21}&a_{22}&a_{23}&a_{24}\\a_{31}&a_{32}&a_{33}&a_{34}\end{array}\right);\quad(3)\left(\begin{array}{c:c:cc}a_{11}&a_{12}&a_{13}&a_{14}\\a_{21}&a_{22}&a_{23}&a_{24}\\a_{31}&a_{32}&a_{33}&a_{34}\end{array}\right).$$

在情况(1)中，记

$$\boldsymbol{A}=\begin{pmatrix}\boldsymbol{A}_{11}&\boldsymbol{A}_{12}\\\boldsymbol{A}_{21}&\boldsymbol{A}_{22}\end{pmatrix},$$

其中

$$\boldsymbol{A}_{11}=\begin{pmatrix} a_{11} & a_{12} \\ a_{21} & a_{22} \end{pmatrix}, \quad \boldsymbol{A}_{12}=\begin{pmatrix} a_{13} & a_{14} \\ a_{23} & a_{24} \end{pmatrix},$$

$$\boldsymbol{A}_{21}=(a_{31} \quad a_{32}), \quad \boldsymbol{A}_{22}=(a_{33} \quad a_{34}),$$

即 $\boldsymbol{A}_{11},\boldsymbol{A}_{12},\boldsymbol{A}_{21},\boldsymbol{A}_{22}$ 为 $\boldsymbol{A}$ 的子块，而 $\boldsymbol{A}$ 成为以 $\boldsymbol{A}_{11},\boldsymbol{A}_{12},\boldsymbol{A}_{21},\boldsymbol{A}_{22}$ 为元素的矩阵，分法(2)、分法(3)的分块矩阵请读者自己写出来.

二、分块矩阵的运算

分块矩阵的运算与普通矩阵的运算法则相类似，具体讨论如下：

(1) 矩阵 $\boldsymbol{A}$ 与 $\boldsymbol{B}$ 为同型矩阵，采用同样的分块法，有

$$\boldsymbol{A}=\begin{pmatrix} \boldsymbol{A}_{11} & \boldsymbol{A}_{12} & \cdots & \boldsymbol{A}_{1r} \\ \boldsymbol{A}_{21} & \boldsymbol{A}_{22} & \cdots & \boldsymbol{A}_{2r} \\ \vdots & \vdots & & \vdots \\ \boldsymbol{A}_{s1} & \boldsymbol{A}_{s2} & \cdots & \boldsymbol{A}_{sr} \end{pmatrix}, \quad \boldsymbol{B}=\begin{pmatrix} \boldsymbol{B}_{11} & \boldsymbol{B}_{12} & \cdots & \boldsymbol{B}_{1r} \\ \boldsymbol{B}_{21} & \boldsymbol{B}_{22} & \cdots & \boldsymbol{B}_{2r} \\ \vdots & \vdots & & \vdots \\ \boldsymbol{B}_{s1} & \boldsymbol{B}_{s2} & \cdots & \boldsymbol{B}_{sr} \end{pmatrix},$$

其中 $\boldsymbol{A}_{ij}$ 与 $\boldsymbol{B}_{ij}$ 亦为同型矩阵.容易证明

$$\boldsymbol{A}+\boldsymbol{B}=\begin{pmatrix} \boldsymbol{A}_{11}+\boldsymbol{B}_{11} & \boldsymbol{A}_{12}+\boldsymbol{B}_{12} & \cdots & \boldsymbol{A}_{1r}+\boldsymbol{B}_{1r} \\ \boldsymbol{A}_{21}+\boldsymbol{B}_{21} & \boldsymbol{A}_{22}+\boldsymbol{B}_{22} & \cdots & \boldsymbol{A}_{2r}+\boldsymbol{B}_{2r} \\ \vdots & \vdots & & \vdots \\ \boldsymbol{A}_{s1}+\boldsymbol{B}_{s1} & \boldsymbol{A}_{s2}+\boldsymbol{B}_{s2} & \cdots & \boldsymbol{A}_{sr}+\boldsymbol{B}_{sr} \end{pmatrix}.$$

(2)$\boldsymbol{A}$ 为 $m\times l$ 矩阵，$\boldsymbol{B}$ 为 $l\times n$ 矩阵，将 $\boldsymbol{A},\boldsymbol{B}$ 分成

$$\boldsymbol{A}=\begin{pmatrix} \boldsymbol{A}_{11} & \cdots & \boldsymbol{A}_{1t} \\ \vdots & & \vdots \\ \boldsymbol{A}_{s1} & \cdots & \boldsymbol{A}_{st} \end{pmatrix}, \quad \boldsymbol{B}=\begin{pmatrix} \boldsymbol{B}_{11} & \cdots & \boldsymbol{B}_{1r} \\ \vdots & & \vdots \\ \boldsymbol{B}_{s1} & \cdots & \boldsymbol{B}_{sr} \end{pmatrix},$$

其中 $\boldsymbol{A}_{i1},\boldsymbol{A}_{i2},\cdots,\boldsymbol{A}_{it}$ 的列数分别等于 $\boldsymbol{B}_{1j},\boldsymbol{B}_{2j},\cdots,\boldsymbol{B}_{tj}$ 的行数，则有

$$\boldsymbol{AB}=\begin{pmatrix} \boldsymbol{C}_{11} & \cdots & \boldsymbol{C}_{1r} \\ \vdots & & \vdots \\ \boldsymbol{C}_{s1} & \cdots & \boldsymbol{C}_{sr} \end{pmatrix},$$

其中 $\boldsymbol{C}_{ij}=\sum_{k=1}^{t}\boldsymbol{A}_{ik}\boldsymbol{B}_{kj}(i=1,2,\cdots,s;j=1,2,\cdots,r)$.

例 1 已知

$$\boldsymbol{A}=\begin{pmatrix} 1 & 0 & 0 & 0 \\ 0 & 1 & 0 & 0 \\ -1 & 2 & 1 & 0 \\ 1 & 1 & 0 & 1 \end{pmatrix}, \quad \boldsymbol{B}=\begin{pmatrix} 1 & 0 & 1 & 0 \\ -1 & 2 & 0 & 1 \\ 1 & 0 & 4 & 1 \\ -1 & -1 & 2 & 0 \end{pmatrix},$$

求 $\boldsymbol{AB}$.

解 $\boldsymbol{A},\boldsymbol{B}$ 分块成如下形式：

$$A=\left(\begin{array}{cc|cc}1&0&0&0\\0&1&0&0\\\hline -1&2&1&0\\1&1&0&1\end{array}\right)=\begin{pmatrix}E&O\\A_1&E\end{pmatrix},\qquad B=\left(\begin{array}{cc|cc}1&0&1&0\\-1&2&0&1\\\hline 1&0&4&1\\-1&-1&2&0\end{array}\right)=\begin{bmatrix}B_{11}&E\\B_{21}&B_{22}\end{bmatrix},$$

$$AB=\begin{pmatrix}E&O\\A_1&E\end{pmatrix}\begin{bmatrix}B_{11}&E\\B_{21}&B_{22}\end{bmatrix}=\begin{bmatrix}B_{11}&E\\A_1B_{11}+B_{21}&A_1+B_{22}\end{bmatrix},$$

其中
$$\begin{aligned}A_1B_{11}+B_{21}&=\begin{pmatrix}-1&2\\1&1\end{pmatrix}\begin{pmatrix}1&0\\-1&2\end{pmatrix}+\begin{pmatrix}1&0\\-1&-1\end{pmatrix}\\&=\begin{pmatrix}-3&4\\0&2\end{pmatrix}+\begin{pmatrix}1&0\\-1&-1\end{pmatrix}\\&=\begin{pmatrix}-2&4\\-1&1\end{pmatrix},\end{aligned}$$

$$A_1+B_{22}=\begin{pmatrix}-1&2\\1&1\end{pmatrix}+\begin{pmatrix}4&1\\2&0\end{pmatrix}=\begin{pmatrix}3&3\\3&1\end{pmatrix},$$

从而

$$AB=\left(\begin{array}{cc|cc}1&0&1&0\\-1&2&0&1\\\hline -2&4&3&3\\-1&1&3&1\end{array}\right).$$

(3)设

$$A=\begin{bmatrix}A_{11}&A_{12}&\cdots&A_{1r}\\A_{21}&A_{22}&\cdots&A_{2r}\\\vdots&\vdots&&\vdots\\A_{s1}&A_{s2}&\cdots&A_{sr}\end{bmatrix},$$

则

$$A^{\mathrm T}=\begin{bmatrix}A_{11}^{\mathrm T}&A_{21}^{\mathrm T}&\cdots&A_{s1}^{\mathrm T}\\A_{12}^{\mathrm T}&A_{22}^{\mathrm T}&\cdots&A_{s2}^{\mathrm T}\\\vdots&\vdots&&\vdots\\A_{1r}^{\mathrm T}&A_{2r}^{\mathrm T}&\cdots&A_{sr}^{\mathrm T}\end{bmatrix}.$$

例 2　设有线性方程组

$$\begin{cases}a_{11}x_1+a_{12}x_2+\cdots+a_{1n}x_n=b_1\\a_{21}x_1+a_{22}x_2+\cdots+a_{2n}x_n=b_2\\\qquad\cdots\\a_{m1}x_1+a_{m2}x_2+\cdots+a_{mn}x_n=b_m\end{cases},\qquad ①$$

若记

$$\boldsymbol{A}=\begin{pmatrix} a_{11} & a_{12} & \cdots & a_{1n} \\ a_{21} & a_{22} & \cdots & a_{2n} \\ \vdots & \vdots & & \vdots \\ a_{m1} & a_{m2} & \cdots & a_{mn} \end{pmatrix},\boldsymbol{x}=\begin{pmatrix} x_1 \\ x_2 \\ \vdots \\ x_n \end{pmatrix},\boldsymbol{b}=\begin{pmatrix} b_1 \\ b_2 \\ \vdots \\ b_m \end{pmatrix},$$

则方程组①的矩阵形式为

$$\boldsymbol{Ax}=\boldsymbol{b}. \tag{②}$$

对系数矩阵 $\boldsymbol{A}$ 依列分块,即

$$\boldsymbol{A}=\left(\begin{array}{c:c:c:c} a_{11} & a_{12} & \cdots & a_{1n} \\ a_{21} & a_{22} & \cdots & a_{2n} \\ \vdots & \vdots & & \vdots \\ a_{m1} & a_{m2} & \cdots & a_{mn} \end{array}\right)=(\boldsymbol{\alpha}_1,\boldsymbol{\alpha}_2,\cdots,\boldsymbol{\alpha}_n),$$

其中

$$\boldsymbol{\alpha}_j=\begin{pmatrix} a_{1j} \\ a_{2j} \\ \vdots \\ a_{mj} \end{pmatrix},j=1,2,\cdots,n.$$

则方程组①也可以表示为如下形式:

$$(\boldsymbol{\alpha}_1 \quad \boldsymbol{\alpha}_2 \quad \cdots \quad \boldsymbol{\alpha}_n)\begin{pmatrix} x_1 \\ x_2 \\ \vdots \\ x_n \end{pmatrix}=\boldsymbol{b},$$

即

$$\boldsymbol{\alpha}_1x_1+\boldsymbol{\alpha}_2x_2+\cdots+\boldsymbol{\alpha}_nx_n=\boldsymbol{b}, \tag{③}$$

称为线性方程组①的向量形式.

三、分块对角阵

设 $\boldsymbol{A}_1,\boldsymbol{A}_2,\cdots,\boldsymbol{A}_m$ 均为方阵,则称矩阵

$$\boldsymbol{A}=\begin{pmatrix} \boldsymbol{A}_1 & & & \\ & \boldsymbol{A}_2 & \boldsymbol{O} & \\ & \boldsymbol{O} & \ddots & \\ & & & \boldsymbol{A}_m \end{pmatrix}$$

为分块对角阵(或准对角矩阵),其中除主对角线上的子块可以不为零矩阵外,其余子块都为零矩阵.分块对角阵具有如下性质:

(1) $|\boldsymbol{A}|=|\boldsymbol{A}_1|\cdot|\boldsymbol{A}_2|\cdot\cdots\cdot|\boldsymbol{A}_m|$.

(2)若有与 $\boldsymbol{A}$ 同阶的分块对角阵

$$\boldsymbol{B}=\begin{pmatrix} \boldsymbol{B}_1 & & & \\ & \boldsymbol{B}_2 & \boldsymbol{O} & \\ & \boldsymbol{O} & \ddots & \\ & & & \boldsymbol{B}_m \end{pmatrix},$$

其中 $\boldsymbol{A}_i$ 与 $\boldsymbol{B}_i(i=1,2,\cdots,m)$ 亦为同阶方阵，则有 $\boldsymbol{A}$ 与 $\boldsymbol{B}$ 的和差、积、数乘、逆均为分块对角阵，且运算表现为对应子块的运算.例如，

$$\boldsymbol{AB}=\begin{pmatrix}\boldsymbol{A}_1\boldsymbol{B}_1 & & & \\ & \boldsymbol{A}_2\boldsymbol{B}_2 & \boldsymbol{O} & \\ & \boldsymbol{O} & \ddots & \\ & & & \boldsymbol{A}_m\boldsymbol{B}_m\end{pmatrix}.$$

(3)若 $\boldsymbol{A}_1,\boldsymbol{A}_2,\cdots,\boldsymbol{A}_m$ 都可逆，则 $\boldsymbol{A}$ 可逆，且

$$\boldsymbol{A}^{-1}=\begin{pmatrix}\boldsymbol{A}_1^{-1} & & & \\ & \boldsymbol{A}_2^{-1} & \boldsymbol{O} & \\ & \boldsymbol{O} & \ddots & \\ & & & \boldsymbol{A}_m^{-1}\end{pmatrix}.$$

例 3 设 $\boldsymbol{A}=\begin{pmatrix}5 & 0 & 0\\ 0 & 3 & 1\\ 0 & 2 & 1\end{pmatrix}$，求 $\boldsymbol{A}^{-1}$.

解 $\boldsymbol{A}=\left(\begin{array}{c|cc}5 & 0 & 0\\ \hline 0 & 3 & 1\\ 0 & 2 & 1\end{array}\right)=\begin{pmatrix}\boldsymbol{A}_1 & \boldsymbol{O}\\ \boldsymbol{O} & \boldsymbol{A}_2\end{pmatrix}$，

$$\boldsymbol{A}_1=(5),\quad \boldsymbol{A}_1^{-1}=\left(\frac{1}{5}\right),\quad \boldsymbol{A}_2=\begin{pmatrix}3 & 1\\ 2 & 1\end{pmatrix},\quad \boldsymbol{A}_2^{-1}=\begin{pmatrix}1 & -1\\ -2 & 3\end{pmatrix},$$

于是，有

$$\boldsymbol{A}^{-1}=\left(\begin{array}{c|cc}\frac{1}{5} & 0 & 0\\ \hline 0 & 1 & -1\\ 0 & -2 & 3\end{array}\right).$$

例 4 设 $\boldsymbol{A},\boldsymbol{C}$ 分别为 r 阶、s 阶可逆的矩阵，求分块矩阵

$$\boldsymbol{X}=\begin{pmatrix}\boldsymbol{O} & \boldsymbol{A}\\ \boldsymbol{C} & \boldsymbol{B}\end{pmatrix}$$

的逆矩阵.

解 设分块矩阵 $\boldsymbol{X}$ 的逆矩阵为

$$\boldsymbol{X}^{-1}=\begin{pmatrix}\boldsymbol{X}_{11} & \boldsymbol{X}_{12}\\ \boldsymbol{X}_{21} & \boldsymbol{X}_{22}\end{pmatrix},$$

$$\boldsymbol{XX}^{-1}=\begin{pmatrix}\boldsymbol{O} & \boldsymbol{A}\\ \boldsymbol{C} & \boldsymbol{B}\end{pmatrix}\begin{pmatrix}\boldsymbol{X}_{11} & \boldsymbol{X}_{12}\\ \boldsymbol{X}_{21} & \boldsymbol{X}_{22}\end{pmatrix}=\boldsymbol{E},$$

即

$$\begin{pmatrix}\boldsymbol{AX}_{21} & \boldsymbol{AX}_{22}\\ \boldsymbol{CX}_{11}+\boldsymbol{BX}_{21} & \boldsymbol{CX}_{12}+\boldsymbol{BX}_{22}\end{pmatrix}=\begin{pmatrix}\boldsymbol{E}_r & \boldsymbol{O}\\ \boldsymbol{O} & \boldsymbol{E}_s\end{pmatrix}.$$

比较等式两边对应的子块，可得矩阵方程组

$$\begin{cases} AX_{21}=E_r, \\ AX_{22}=O, \\ CX_{11}+BX_{21}=O, \\ CX_{12}+BX_{22}=E_s \end{cases}$$

注意到 A,C 可逆,可解得

$$X_{21}=A^{-1}, X_{22}=O,$$
$$X_{11}=-C^{-1}BA^{-1}, X_{12}=C^{-1},$$

所以

$$X^{-1}=\begin{pmatrix} -C^{-1}BA^{-1} & C^{-1} \\ A^{-1} & O \end{pmatrix}.$$

特别地,当 $B=O$ 时

$$\begin{pmatrix} O & A \\ C & O \end{pmatrix}^{-1}=\begin{pmatrix} O & C^{-1} \\ A^{-1} & O \end{pmatrix}.$$

这一结论还可推广到一般情形,即分块矩阵

$$A=\begin{pmatrix} & & & A_1 \\ & & A_2 & \\ & \iddots & & \\ A_s & & & \end{pmatrix},$$

若子矩阵 $A_i(i=1,2,\cdots,s)$ 都可逆,则

$$A^{-1}=\begin{pmatrix} & & & A_s^{-1} \\ & & A_{s-1}^{-1} & \\ & \iddots & & \\ A_1^{-1} & & & \end{pmatrix}.$$

同理可得:若 A,B 分别为 r 阶,s 阶可逆的矩阵,则分块矩阵

$$\begin{pmatrix} A & O \\ C & B \end{pmatrix}^{-1}=\begin{pmatrix} A^{-1} & O \\ -B^{-1}CA^{-1} & B^{-1} \end{pmatrix}.$$

四、用分块矩阵证明克莱姆法则

设方程组①的矩阵形式为 $Ax=b$,且 A 为方阵,于是克莱姆法则可叙述如下:

若线性方程组 $Ax=b$ 的系数行列式 $D=|A|\neq O$,则它有唯一的解

$$x_j=\frac{D_j}{D}(j=1,2,\cdots,n).$$

证明 因 $|A|\neq 0$,故 A^{-1} 存在.令 $x=A^{-1}b$,有 $Ax=AA^{-1}b=b$,故 $x=A^{-1}b$ 是方程组①的解(向量).

由 $Ax=b$,有 $A^{-1}Ax=A^{-1}b$,即 $x=A^{-1}b$,根据逆矩阵的唯一性,知 $x=A^{-1}b$ 是方程组①的唯一解(向量).

由逆矩阵公式 $A^{-1}=\frac{1}{|A|}A^*$,得 $x=A^{-1}b=\frac{1}{|A|}A^*b$,即

$$\begin{pmatrix} x_1 \\ x_2 \\ \vdots \\ x_n \end{pmatrix} = \frac{1}{\boldsymbol{D}} \begin{pmatrix} A_{11} & A_{21} & \cdots & A_{n1} \\ A_{12} & A_{22} & \cdots & A_{n2} \\ \vdots & \vdots & & \vdots \\ A_{1n} & A_{2n} & \cdots & A_{nn} \end{pmatrix} \begin{pmatrix} b_1 \\ b_2 \\ \vdots \\ b_n \end{pmatrix}$$

$$= \frac{1}{\boldsymbol{D}} \begin{pmatrix} b_1A_{11}+b_2A_{21}+\cdots+b_nA_{n1} \\ b_1A_{12}+b_2A_{22}+\cdots+b_nA_{n2} \\ \vdots \\ b_1A_{1n}+b_2A_{2n}+\cdots+b_nA_{nn} \end{pmatrix}.$$

亦即 $x_j = \frac{1}{\boldsymbol{D}}(b_1A_{1j}+b_2A_{2j}+\cdots+b_nA_{nj}) = \frac{D_j}{\boldsymbol{D}}(j=1,2,\cdots,n)$.

第五节 矩阵的初等变换与行阶梯形矩阵

这一节介绍矩阵的初等变换，并介绍利用矩阵的初等变换化矩阵为行阶梯形矩阵.

一、矩阵的初等变换

在计算行列式的值时，利用行列式的性质对给定的行列式的行或列进行变形（如化上三角形行列式），从而可以简化行列式的计算.因此我们可以考虑把对行列式的行（或列）变形的方法施加在矩阵上，会给矩阵的研究带来很大的方便，这种施加在矩阵上的变形就是矩阵的初等变换.

定义 1 矩阵的下面三种变换称为矩阵的行初等变换：

(1)对换矩阵两行的位置（交换矩阵的第 i 行和第 j 行的位置记为 $r_i \leftrightarrow r_j$ 或 $r(i,j)$）.

(2)矩阵的某行所有元素同乘以一个非零常数 k（第 i 行乘以 k 记为 kr_i 或 $r(i(k))$）.

(3)把矩阵一行所有元素的 k 倍加到另一行对应的元素上去（第 i 行的 k 倍加到第 j 行上去记为 r_j+kr_i 或 $r(j+i(k))$）.

显然，矩阵的行初等变换都是可逆的，且其逆变换也是同类的行初等变换.

把定义中的“行”改为“列”，即得矩阵的列初等变换的定义（相应记号中把 r 换成 c）.行初等变换与列初等变换统称为初等变换.

定义 2 如果矩阵 $\boldsymbol{A}$ 经过有限次初等变换化成 $\boldsymbol{B}$，就称矩阵 $\boldsymbol{A}$ 与 $\boldsymbol{B}$ 等价，记作 $\boldsymbol{A}\rightarrow\boldsymbol{B}$.

我们容易证明，矩阵的等价关系具有下列性质：

(1)反身性：$\boldsymbol{A}$ 与 $\boldsymbol{A}$ 等价.

(2)对称性：如果 $\boldsymbol{A}$ 与 $\boldsymbol{B}$ 等价，那么 $\boldsymbol{B}$ 与 $\boldsymbol{A}$ 等价.

(3)传递性：如果 $\boldsymbol{A}$ 与 $\boldsymbol{B}$ 等价，$\boldsymbol{B}$ 与 $\boldsymbol{C}$ 等价，那么 $\boldsymbol{A}$ 与 $\boldsymbol{C}$ 等价.

例 1 已知矩阵 $\boldsymbol{A}=\begin{pmatrix} 1 & 4 & -7 & 3 \\ -1 & -3 & 4 & -17 \\ 3 & 2 & 9 & 6 \\ -1 & -4 & 7 & -3 \end{pmatrix}$，对其依次作如下行初等变换：

$$A=\begin{pmatrix}1&4&-7&3\\-1&-3&4&-17\\3&2&9&6\\-1&-4&7&-3\end{pmatrix}\xrightarrow[r_4+r_1]{\substack{r_2+r_1\\r_3-3r_1}}\begin{pmatrix}1&4&-7&3\\0&1&-3&-14\\0&-10&30&-3\\0&0&0&0\end{pmatrix}$$

$$\xrightarrow{r_3+10r_2}\begin{pmatrix}1&4&-7&3\\0&1&-3&-14\\0&0&0&-143\\0&0&0&0\end{pmatrix}=B.$$

这里的矩阵 B 根据形状的特征称为行阶梯形矩阵.

二、行阶梯形矩阵

定义 3 一般地,称满足以下条件的矩阵为行阶梯形矩阵:

(1)零行即元素全为零的行(如果有的话)总位于矩阵的非零行的下方;

(2)各非零行的首非零元(从左至右的第一个不为零的元素)的列标随着行标的增大而严格增大(或说其列标一定不小于行标).

例如,$A=\begin{pmatrix}5&0&2&3\\0&0&1&2\\0&0&0&1\end{pmatrix}$, $B=\begin{pmatrix}2&1&0&2&1\\0&1&0&3&0\\0&0&1&0&2\\0&0&0&0&0\end{pmatrix}$为行阶梯形矩阵.

而 $C=\begin{pmatrix}5&0&2&3\\0&0&1&2\\0&1&0&0\end{pmatrix}$, $D=\begin{pmatrix}2&1&0&2&1\\0&1&0&3&0\\0&0&0&0&2\\0&0&1&0&0\end{pmatrix}$不为阶梯形矩阵.

例 2 对例 1 中的矩阵 $B=\begin{pmatrix}1&4&-7&3\\0&1&-3&-14\\0&0&0&-143\\0&0&0&0\end{pmatrix}$再作如下行初等变换,可得

$$B\xrightarrow{-\frac{1}{143}r_3}\begin{pmatrix}1&4&-7&3\\0&1&-3&-14\\0&0&0&1\\0&0&0&0\end{pmatrix}\xrightarrow[r_2+14r_3]{r_1-3r_3}\begin{pmatrix}1&4&-7&0\\0&1&-3&0\\0&0&0&1\\0&0&0&0\end{pmatrix}\xrightarrow{r_1-4r_2}\begin{pmatrix}1&0&5&0\\0&1&-3&0\\0&0&0&1\\0&0&0&0\end{pmatrix}=C.$$

称这种特殊形状的行阶梯形矩阵 C 为行最简形矩阵.

定义 4 一般地,称满足下列条件的行阶梯形矩阵为行最简形矩阵:

(1)各非零行的首非零元(主元素)都是 1;

(2)每个首非零元所在列的其余元素都是零.

例 3　已知矩阵 $A=\begin{pmatrix}3&2&9&6\\-1&-3&4&-17\\1&4&-7&3\\-1&-4&7&-3\end{pmatrix}$，对其作行初等变换，化为行最简形矩阵.

解　$$A=\begin{pmatrix}3&2&9&6\\-1&-3&4&-17\\1&4&-7&3\\-1&-4&7&-3\end{pmatrix}\xrightarrow{r_1\leftrightarrow r_3}\begin{pmatrix}1&4&-7&3\\-1&-3&4&-17\\3&2&9&6\\-1&-4&7&-3\end{pmatrix}$$

$$\xrightarrow[r_4+r_1]{\substack{r_2+r_1\\r_3-3r_1}}\begin{pmatrix}1&4&-7&3\\0&1&-3&-14\\0&-10&30&-3\\0&0&0&0\end{pmatrix}\xrightarrow[r_1-4r_2]{r_3+10r_2}\begin{pmatrix}1&0&5&59\\0&1&-3&-14\\0&0&0&-143\\0&0&0&0\end{pmatrix}$$

$$\xrightarrow{-\frac{1}{143}r_3}\begin{pmatrix}1&0&5&59\\0&1&-3&-14\\0&0&0&1\\0&0&0&0\end{pmatrix}\xrightarrow[r_2+14r_3]{r_1-59r_3}\begin{pmatrix}1&0&5&0\\0&1&-3&0\\0&0&0&1\\0&0&0&0\end{pmatrix}=C.$$

一般地有：

定理 1　任一矩阵总可以经过有限次行初等变换化为行阶梯形矩阵，并进而化为行最简形矩阵.

推论 1　如果矩阵 A 可逆，则矩阵 A 经过有限次行初等变换可化为单位矩阵 E.

例 4　已知矩阵 $A=\begin{pmatrix}1&-2&-1&0&2\\-2&4&2&6&-6\\2&-1&0&2&3\\3&3&3&3&4\end{pmatrix}$，对其作行初等变换，先化为行阶梯形矩阵，再化为行最简形矩阵.

解　$$A\xrightarrow[r_4-3r_1]{\substack{r_2+2r_1\\r_3-2r_1}}\begin{pmatrix}1&-2&-1&0&2\\0&0&0&6&-2\\0&3&2&2&-1\\0&9&6&3&-2\end{pmatrix}\xrightarrow[r_3\leftrightarrow r_4]{r_2\leftrightarrow r_3}\begin{pmatrix}1&-2&-1&0&2\\0&3&2&2&-1\\0&9&6&3&-2\\0&0&0&6&-2\end{pmatrix}$$

$$\xrightarrow{r_3-3r_2}\begin{pmatrix}1&-2&-1&0&2\\0&3&2&2&-1\\0&0&0&-3&1\\0&0&0&6&-2\end{pmatrix}\xrightarrow{r_4+2r_3}\begin{pmatrix}1&-2&-1&0&2\\0&3&2&2&-1\\0&0&0&-3&1\\0&0&0&0&0\end{pmatrix}\qquad ①$$

$$\text{矩阵①}\xrightarrow[-\frac{1}{3}r_3]{\frac{1}{3}r_2}\begin{pmatrix}1&-2&-1&0&2\\0&1&\frac{2}{3}&\frac{2}{3}&-\frac{1}{3}\\0&0&0&1&-\frac{1}{3}\\0&0&0&0&0\end{pmatrix}\xrightarrow[r_2-\frac{2}{3}r_3]{r_1+2r_2}\begin{pmatrix}1&0&\frac{1}{3}&\frac{4}{3}&\frac{4}{3}\\0&1&\frac{2}{3}&0&-\frac{1}{9}\\0&0&0&1&-\frac{1}{3}\\0&0&0&0&0\end{pmatrix}$$

$$\xrightarrow{r_1-\frac{4}{3}r_3}\begin{pmatrix}1&0&\frac{1}{3}&0&\frac{16}{9}\\0&1&\frac{2}{3}&0&-\frac{1}{9}\\0&0&0&1&-\frac{1}{3}\\0&0&0&0&0\end{pmatrix}. \qquad ②$$

上面矩阵①是一个行阶梯形矩阵,矩阵②仍是一个行阶梯形矩阵,但它的每一非零行的第一个非零元素为1,且这些元素所在的列的其他元素都为0,这个矩阵为给定矩阵$\boldsymbol{A}$的行最简形,是唯一的.

例5 用行初等变换化矩阵$\boldsymbol{A}=\begin{pmatrix}1&2&0&-1\\4&5&2&2\\1&-1&2&5\\0&3&2&-6\\2&2&0&2\end{pmatrix}$为行最简形矩阵.

解
$$\boldsymbol{A}=\begin{pmatrix}1&2&0&-1\\4&5&2&2\\1&-1&2&5\\0&3&2&-6\\2&2&0&2\end{pmatrix}\xrightarrow[r_2-4r_1]{\substack{r_5-2r_1\\r_3-r_1}}\begin{pmatrix}1&2&0&-1\\0&-3&2&6\\0&-3&2&6\\0&3&2&-6\\0&-2&0&4\end{pmatrix}$$

$$\xrightarrow[\frac{1}{2}r_5]{\substack{\vdots\\r_2\leftrightarrow r_5}}\begin{pmatrix}1&2&0&-1\\0&-1&0&2\\0&0&1&0\\0&0&0&0\\0&0&0&0\end{pmatrix}\xrightarrow[-r_2]{r_1+2r_2}\begin{pmatrix}1&0&0&3\\0&1&0&-2\\0&0&1&0\\0&0&0&0\\0&0&0&0\end{pmatrix}=\boldsymbol{B},$$

其中$\boldsymbol{B}$为矩阵$\boldsymbol{A}$的行最简形矩阵.

例6 如果对例3中的行最简形矩阵$\boldsymbol{C}=\begin{pmatrix}1&0&5&0\\0&1&-3&0\\0&0&0&1\\0&0&0&0\end{pmatrix}$再进行如下的列初等变换:

$$\boldsymbol{C}=\begin{pmatrix}1&0&5&0\\0&1&-3&0\\0&0&0&1\\0&0&0&0\end{pmatrix}\xrightarrow[c_3+3c_2]{c_3-5c_1}\begin{pmatrix}1&0&0&0\\0&1&0&0\\0&0&0&1\\0&0&0&0\end{pmatrix}\xrightarrow{c_3\leftrightarrow c_4}\left(\begin{array}{ccc:c}1&0&0&0\\0&1&0&0\\0&0&1&0\\ \hdashline 0&0&0&0\end{array}\right)=\boldsymbol{D}.$$

这里的矩阵 $\boldsymbol{D}$ 称为例 3 中矩阵 $\boldsymbol{A}$ 的标准形.

* 三、标准形矩阵

定义 5 若矩阵 $\boldsymbol{D}$ 的左上角是一个单位矩阵,其余元素全为 0,即

$$\boldsymbol{D}=\begin{pmatrix}1&&&&\\&\ddots&&&\\&&1&&\\&&&0&\\&&&&\ddots\\&&&&&0\end{pmatrix}=\begin{pmatrix}\boldsymbol{E}_r&\boldsymbol{O}_{r\times(n-r)}\\\boldsymbol{O}_{(m-r)\times r}&\boldsymbol{O}_{(m-r)\times(n-r)}\end{pmatrix},$$

则称 $\boldsymbol{D}$ 为标准形矩阵.

定理 2 任一矩阵总可以经过有限次初等变换化为标准形矩阵.

证 设 $\boldsymbol{A}=(a_{ij})_{m\times n}$,

如果所有的 a_{ij} 都等于 0,则 $\boldsymbol{A}$ 已经是 $\boldsymbol{D}$ 的形式,此时 $r=0$;

如果至少有一个元素不等于 0,不妨设 $a_{11}\neq0$(否则总可以通过第一种初等变换,使左上角元素不等于 0),以 $-\dfrac{a_{i1}}{a_{11}}$ 乘第一行加至第 i 行上($i=2,3,\cdots,m.$),以 $-\dfrac{a_{1j}}{a_{11}}$ 乘所得矩阵的第一列加至第 j 列上($j=2,3,\cdots,n$),然后以 $\dfrac{1}{a_{11}}$ 乘第一行,于是,矩阵 $\boldsymbol{A}$ 化为

$$\begin{pmatrix}\boldsymbol{E}_1&\boldsymbol{O}_{1\times(n-1)}\\\boldsymbol{O}_{(m-1)\times1}&\boldsymbol{B}_1\end{pmatrix}.$$

此时如果 $\boldsymbol{B}_1=\boldsymbol{O}$,则 $\boldsymbol{A}$ 已化为 $\boldsymbol{D}$ 的形式,否则按上述方法对矩阵 $\boldsymbol{B}_1$ 继续进行下去,可证得结论.

例 7 用初等变换化矩阵 $\boldsymbol{A}=\begin{pmatrix}1&2&0&-1\\4&5&2&2\\1&-1&2&5\\0&3&1&-6\\2&2&0&2\end{pmatrix}$ 为标准形矩阵 $\boldsymbol{D}$.

解
$$\boldsymbol{A}=\begin{pmatrix}1&2&0&-1\\4&5&2&2\\1&-1&2&5\\0&3&1&-6\\2&2&0&2\end{pmatrix}\to\begin{pmatrix}1&2&0&-1\\0&-3&2&6\\0&-3&2&6\\0&3&1&-6\\0&-2&0&4\end{pmatrix}$$

$$\rightarrow\begin{pmatrix}1&2&0&-1\\0&-1&0&2\\0&0&1&0\\0&0&0&0\\0&0&0&0\end{pmatrix}\rightarrow\begin{pmatrix}1&0&0&3\\0&1&0&-2\\0&0&1&0\\0&0&0&0\\0&0&0&0\end{pmatrix}$$

$$\xrightarrow{c_4-3c_1}\begin{pmatrix}1&0&0&0\\0&1&0&-2\\0&0&1&0\\0&0&0&0\\0&0&0&0\end{pmatrix}\xrightarrow{c_4+2c_2}\begin{pmatrix}1&0&0&0\\0&1&0&0\\0&0&1&0\\0&0&0&0\\0&0&0&0\end{pmatrix}=\boldsymbol{D},$$

其中 $\boldsymbol{D}$ 为矩阵 $\boldsymbol{A}$ 的标准形矩阵，是唯一的.

第六节　初等矩阵与初等变换法求逆

引进初等矩阵的目的是考虑用矩阵的乘法来描述矩阵的初等变换，并借此来求矩阵的逆.

一、初等矩阵

定义 1　对单位矩阵 $\boldsymbol{E}$ 施以一次初等变换得到的矩阵称为初等矩阵.

对 n 阶单位矩阵 $\boldsymbol{E}$ 分别施行三种初等变换得到以下三类 n 阶初等矩阵：

(1) $\boldsymbol{E}$ 的第 i,j 行(列)互换一次得到的矩阵，记作 $\boldsymbol{E}(i,j)$ 或 $\boldsymbol{P}_{ij}$，即

$$\boldsymbol{E}(i,j)=\begin{pmatrix}1&&&&&&&&\\&\ddots&&&&&&&\\&&1&&&&&&\\&&&0&&\cdots&1&&\\&&&&1&&&&\\&&&\vdots&&\ddots&\vdots&&\\&&&&&1&&&\\&&&1&&\cdots&0&&\\&&&&&&&1&\\&&&&&&&&\ddots\\&&&&&&&&&1\end{pmatrix}\begin{matrix}\\\\\\\text{第 } i \text{ 行}\\\\\\\\\text{第 } j \text{ 行}\\\\\\\\\end{matrix}.$$

(2) $\boldsymbol{E}$ 的第 i 行(列)乘以非零数 k 得到的矩阵，记作 $\boldsymbol{E}(i(k))$ 或 $\boldsymbol{D}_i(k)$，

$$\boldsymbol{E}(i(k))=\begin{pmatrix}1&&&&&&\\&\ddots&&&&&\\&&1&&&&\\&&&k&&&\\&&&&1&&\\&&&&&\ddots&\\&&&&&&1\end{pmatrix}\text{第 } i \text{ 行}.$$

(3)$\boldsymbol{E}$ 的第 j 行乘以数 k 加到第 i 行上，或 $\boldsymbol{E}$ 的第 i 列乘以数 k 加到第 j 列上得到的矩阵，记作 $\boldsymbol{E}(ij(k))$，$\boldsymbol{T}_{ij}(k)$ 或 $\boldsymbol{E}(i+j(k))$，即

$$\boldsymbol{E}(i+j(k))=\begin{pmatrix}1&&&&&&\\&\ddots&&&&&\\&&1&\cdots&k&&\\&&&\ddots&\vdots&&\\&&&&1&&\\&&&&&\ddots&\\&&&&&&1\end{pmatrix}\begin{matrix}\text{第 } i \text{ 行}\\ \\ \text{第 } j \text{ 行}\end{matrix}.$$

这三类矩阵就是全部的初等矩阵，显然

$|\boldsymbol{E}(i,j)|=-1$，　$|\boldsymbol{E}(i(k))|=k\neq 0$，　$|\boldsymbol{E}(i+j(k))|=1$.

$\boldsymbol{E}(i,j)^{-1}=\boldsymbol{E}(i,j)$，　$\boldsymbol{E}(i(k))^{-1}=\boldsymbol{E}(i(\frac{1}{k}))$，

$(\boldsymbol{E}(i+j(k)))^{-1}=\boldsymbol{E}(i+j(-k))$.

例如，$\begin{pmatrix}0&1\\1&0\end{pmatrix}^{-1}=\begin{pmatrix}0&1\\1&0\end{pmatrix}$，　$\begin{pmatrix}k&0\\0&1\end{pmatrix}^{-1}=\begin{pmatrix}\frac{1}{k}&0\\0&1\end{pmatrix}$，$(k\neq 0)$，

$\begin{pmatrix}1&k\\0&1\end{pmatrix}^{-1}=\begin{pmatrix}1&-k\\0&1\end{pmatrix}$，　$\begin{pmatrix}1&0\\k&1\end{pmatrix}^{-1}=\begin{pmatrix}1&0\\-k&1\end{pmatrix}$.

例 1　(1) $\begin{pmatrix}0&1\\1&0\end{pmatrix}\begin{pmatrix}a&b\\c&d\end{pmatrix}=\begin{pmatrix}c&d\\a&b\end{pmatrix}$，　$\begin{pmatrix}a&b\\c&d\end{pmatrix}\begin{pmatrix}0&1\\1&0\end{pmatrix}=\begin{pmatrix}b&a\\d&c\end{pmatrix}$；

(2)$\begin{pmatrix}k&0\\0&1\end{pmatrix}\begin{pmatrix}a&b\\c&d\end{pmatrix}=\begin{pmatrix}ka&kb\\c&d\end{pmatrix}$，　$\begin{pmatrix}a&b\\c&d\end{pmatrix}\begin{pmatrix}k&0\\0&1\end{pmatrix}=\begin{pmatrix}ka&b\\kc&d\end{pmatrix}$；

(3)$\begin{pmatrix}1&k\\0&1\end{pmatrix}\begin{pmatrix}a&b\\c&d\end{pmatrix}=\begin{pmatrix}a+kc&b+kd\\c&d\end{pmatrix}$，　$\begin{pmatrix}a&b\\c&d\end{pmatrix}\begin{pmatrix}1&k\\0&1\end{pmatrix}=\begin{pmatrix}a&ka+b\\c&kc+d\end{pmatrix}$.

与例 1 的结果类似可得到初等矩阵有如下性质：

定理 1　$\boldsymbol{E}(i,j)$左(右)乘 $\boldsymbol{A}$ 就是互换 $\boldsymbol{A}$ 的第 i 行(列) 第 j 行(列).

$\boldsymbol{E}(i(k))$左(右)乘 $\boldsymbol{A}$ 就是以非零数 k 乘 $\boldsymbol{A}$ 第 i 行(列).

$\boldsymbol{E}(i+j(k))$左乘 $\boldsymbol{A}$ 就是把 $\boldsymbol{A}$ 中第 j 行的 k 倍加到第 i 行上.

$\boldsymbol{E}(i+j(k))$右乘 $\boldsymbol{A}$ 就是把 $\boldsymbol{A}$ 中第 i 列的 k 倍加到第 j 列上.

证　我们只看行变换的情形，列变换的情形可同样证明.

令 $\boldsymbol{B}=(b_{ij})_{s\times s}$ 为任意一个 $s\times s$ 矩阵，$\boldsymbol{A}_1,\boldsymbol{A}_2,\cdots,\boldsymbol{A}_s$ 为 $\boldsymbol{A}$ 的行向量组，由矩阵的分块乘法，得

$$\boldsymbol{BA}=\begin{pmatrix} b_{11}\boldsymbol{A}_1+b_{12}\boldsymbol{A}_2+\cdots+b_{1s}\boldsymbol{A}_s \\ b_{21}\boldsymbol{A}_1+b_{22}\boldsymbol{A}_2+\cdots+b_{2s}\boldsymbol{A}_s \\ \vdots \\ b_{s1}\boldsymbol{A}_1+b_{s2}\boldsymbol{A}_2+\cdots+b_{ss}\boldsymbol{A}_s \end{pmatrix},$$

令 $\boldsymbol{B}=\boldsymbol{E}(i,j)$，得

$$\boldsymbol{E}(i,j)\boldsymbol{A}=\begin{pmatrix} \boldsymbol{A}_1 \\ \vdots \\ \boldsymbol{A}_j \\ \vdots \\ \boldsymbol{A}_i \\ \vdots \\ \boldsymbol{A}_s \end{pmatrix},$$

这相当于把 $\boldsymbol{A}$ 的 i 行与 j 行互换；

令 $\boldsymbol{B}=\boldsymbol{E}(i(k))$，得

$$\boldsymbol{E}(i(k))\boldsymbol{A}=\begin{pmatrix} \boldsymbol{A}_1 \\ \vdots \\ k\boldsymbol{A}_i \\ \vdots \\ \boldsymbol{A}_s \end{pmatrix},$$

这相当于用 k 乘 $\boldsymbol{A}$ 的第 i 行；

令 $\boldsymbol{B}=\boldsymbol{E}(i+j(k))$，得

$$\boldsymbol{E}(i+j(k))\boldsymbol{A}=\begin{pmatrix} \boldsymbol{A}_1 \\ \vdots \\ \boldsymbol{A}_i+k\boldsymbol{A}_j \\ \vdots \\ \boldsymbol{A}_j \\ \vdots \\ \boldsymbol{A}_s \end{pmatrix},$$

这相当于把 $\boldsymbol{A}$ 的第 j 行的 k 倍加到第 i 行.

进一步可得：

定理 2 设 $\boldsymbol{A}$ 是一个 $m\times n$ 矩阵，对 $\boldsymbol{A}$ 施行一次行(列)初等变换，相当于用同种的 $m(n)$ 阶初等矩阵左(右)乘 $\boldsymbol{A}$.

例 2 设矩阵 $\boldsymbol{A}=\begin{pmatrix} 3 & 0 & 1 \\ 1 & -1 & 2 \\ 0 & 1 & 1 \end{pmatrix}$，而 $\boldsymbol{E}_3(1,2)=\begin{pmatrix} 0 & 1 & 0 \\ 1 & 0 & 0 \\ 0 & 0 & 1 \end{pmatrix}$，

$$E_3(3+1(2))=\begin{pmatrix}1&0&0\\0&1&0\\2&0&1\end{pmatrix},$$

则

$$E_3(1,2)A=\begin{pmatrix}0&1&0\\1&0&0\\0&0&1\end{pmatrix}\begin{pmatrix}3&0&1\\1&-1&2\\0&1&1\end{pmatrix}=\begin{pmatrix}1&-1&2\\3&0&1\\0&1&1\end{pmatrix},$$

$$AE_3(3+1(2))=\begin{pmatrix}3&0&1\\1&-1&2\\0&1&1\end{pmatrix}\begin{pmatrix}1&0&0\\0&1&0\\2&0&1\end{pmatrix}=\begin{pmatrix}5&0&1\\5&-1&2\\2&1&1\end{pmatrix},$$

即用 $E_3(3+1(2))$ 右乘 A，相当于将矩阵 A 的第 3 列乘 2 加于第 1 列.

请读者不通过计算直接指出：$AE_3(1,2)$，$E_3(3+1(2))A$，$E_3(3+1(2))AE_3(1,2)$ 分别对 A 施行了何种初等变换？

例 3　把矩阵 $A=\begin{pmatrix}1&2&0\\-1&1&1\\3&-2&0\end{pmatrix}$ 表示为一系列初等矩阵的乘积.

解　对 A 进行如下初等变换：

$$\begin{pmatrix}1&2&0\\-1&1&1\\3&-2&0\end{pmatrix}\xrightarrow{c_2-2c_1}\begin{pmatrix}1&0&0\\-1&3&1\\3&-8&0\end{pmatrix}\xrightarrow{r_2+r_1}\begin{pmatrix}1&0&0\\0&3&1\\3&-8&0\end{pmatrix}\xrightarrow{r_3-3r_1}\begin{pmatrix}1&0&0\\0&3&1\\0&-8&0\end{pmatrix}$$

$$\xrightarrow{c_3\leftrightarrow c_2}\begin{pmatrix}1&0&0\\0&1&3\\0&0&-8\end{pmatrix}\xrightarrow{c_3-3c_2}\begin{pmatrix}1&0&0\\0&1&0\\0&0&-8\end{pmatrix}\xrightarrow{\left(-\frac{1}{8}\right)r_3}\begin{pmatrix}1&0&0\\0&1&0\\0&0&1\end{pmatrix}.$$

与每次初等变换对应的矩阵分别为

$$P_1=\begin{pmatrix}1&0&0\\1&1&0\\0&0&1\end{pmatrix},\quad P_2=\begin{pmatrix}1&0&0\\0&1&0\\-3&0&1\end{pmatrix},\quad P_3=\begin{pmatrix}1&0&0\\0&1&0\\0&0&-1/8\end{pmatrix},$$

$$Q_1=\begin{pmatrix}1&-2&0\\0&1&0\\0&0&1\end{pmatrix},\quad Q_2=\begin{pmatrix}1&0&0\\0&0&1\\0&1&0\end{pmatrix},\quad Q_3=\begin{pmatrix}1&0&0\\0&1&-3\\0&0&1\end{pmatrix},$$

于是 $P_3P_2P_1AQ_1Q_2Q_3=E$，其中 P_i 为行变换的初等矩阵，Q_i 为列变换的初等矩阵，其逆矩阵分别为

$$P_1^{-1}=\begin{pmatrix}1&0&0\\-1&1&0\\0&0&1\end{pmatrix},\quad P_2^{-1}=\begin{pmatrix}1&0&0\\0&1&0\\3&0&1\end{pmatrix},\quad P_3^{-1}=\begin{pmatrix}1&0&0\\0&1&0\\0&0&-8\end{pmatrix},$$

$$Q_1^{-1}=\begin{pmatrix}1&2&0\\0&1&0\\0&0&1\end{pmatrix},\quad Q_2^{-1}=\begin{pmatrix}1&0&0\\0&0&1\\0&1&0\end{pmatrix},\quad Q_3^{-1}=\begin{pmatrix}1&0&0\\0&1&3\\0&0&1\end{pmatrix},$$

所以 $\boldsymbol{A}=\boldsymbol{P}_1^{-1}\boldsymbol{P}_2^{-1}\boldsymbol{P}_3^{-1}\boldsymbol{E}\boldsymbol{Q}_3^{-1}\boldsymbol{Q}_2^{-1}\boldsymbol{Q}_1^{-1}=\boldsymbol{P}_1^{-1}\boldsymbol{P}_2^{-1}\boldsymbol{P}_3^{-1}\boldsymbol{Q}_3^{-1}\boldsymbol{Q}_2^{-1}\boldsymbol{Q}_1^{-1}$

$$=\begin{pmatrix}1&0&0\\-1&1&0\\0&0&1\end{pmatrix}\begin{pmatrix}1&0&0\\0&1&0\\3&0&1\end{pmatrix}\begin{pmatrix}1&0&0\\0&1&0\\0&0&-8\end{pmatrix}\begin{pmatrix}1&0&0\\0&1&3\\0&0&1\end{pmatrix}\begin{pmatrix}1&0&0\\0&0&1\\0&1&0\end{pmatrix}\begin{pmatrix}1&2&0\\0&1&0\\0&0&1\end{pmatrix}.$$

同时,由于 $\boldsymbol{A}=\boldsymbol{P}_1^{-1}\boldsymbol{P}_2^{-1}\boldsymbol{P}_3^{-1}\boldsymbol{Q}_3^{-1}\boldsymbol{Q}_2^{-1}\boldsymbol{Q}_1^{-1}$,有 $\boldsymbol{A}=\boldsymbol{P}_1^{-1}\boldsymbol{P}_2^{-1}\boldsymbol{P}_3^{-1}\boldsymbol{Q}_3^{-1}\boldsymbol{Q}_2^{-1}\boldsymbol{Q}_1^{-1}\boldsymbol{E}$,
所以 $(\boldsymbol{Q}_1\boldsymbol{Q}_2\boldsymbol{Q}_3\boldsymbol{P}_3\boldsymbol{P}_2\boldsymbol{P}_1)\boldsymbol{A}=(\boldsymbol{Q}_1\boldsymbol{Q}_2\boldsymbol{Q}_3\boldsymbol{P}_3\boldsymbol{P}_2\boldsymbol{P}_1)\boldsymbol{P}_1^{-1}\boldsymbol{P}_2^{-1}\boldsymbol{P}_3^{-1}\boldsymbol{Q}_3^{-1}\boldsymbol{Q}_2^{-1}\boldsymbol{Q}_1^{-1}\boldsymbol{E}=\boldsymbol{E}$.
从而验证了上一节推论 1.

二、初等变换法求矩阵的逆

对于较高阶的矩阵,用伴随矩阵法求逆矩阵计算量太大,下面介绍一种较为简便的方法——初等变换法.

由上一节推论 1 知,一个可逆矩阵 $\boldsymbol{A}$ 经过有限次行初等变换可化为单位矩阵.结合定理 2 及例 3 不难得到:

定理 3 n 阶矩阵 $\boldsymbol{A}$ 可逆的充分必要条件是 $\boldsymbol{A}$ 可以表示为若干初等矩阵的乘积.

证 因为初等矩阵是可逆的,故充分性显然.

必要性 设矩阵 $\boldsymbol{A}$ 可逆,则由定理 1 的推论知,$\boldsymbol{A}$ 可以经过有限次初等变换化为单位矩阵 $\boldsymbol{E}$,即存在初等矩阵 $\boldsymbol{P}_1,\boldsymbol{P}_2,\cdots,\boldsymbol{P}_s,\boldsymbol{Q}_1,\boldsymbol{Q}_2,\cdots,\boldsymbol{Q}_t$,使得

$$\boldsymbol{P}_s\cdots\boldsymbol{P}_2\boldsymbol{P}_1\boldsymbol{A}\boldsymbol{Q}_1\boldsymbol{Q}_2\cdots\boldsymbol{Q}_t=\boldsymbol{E}.$$

所以

$$\boldsymbol{A}=\boldsymbol{P}_1^{-1}\boldsymbol{P}_2^{-1}\cdots\boldsymbol{P}_s^{-1}\boldsymbol{E}\boldsymbol{Q}_t^{-1}\cdots\boldsymbol{Q}_2^{-1}\boldsymbol{Q}_1^{-1},$$

即矩阵 $\boldsymbol{A}$ 可表示为若干初等矩阵的乘积.

注意到若 $\boldsymbol{A}$ 可逆,则 $\boldsymbol{A}^{-1}$ 也可逆,根据定理 3,存在初等矩阵 $\boldsymbol{G}_1,\boldsymbol{G}_2,\cdots,\boldsymbol{G}_k$,使得

$$\boldsymbol{A}^{-1}=\boldsymbol{G}_1\boldsymbol{G}_2\cdots\boldsymbol{G}_k. \quad ①$$

在上式两端的右侧各乘矩阵 $\boldsymbol{A}$,得

$$\boldsymbol{A}^{-1}\boldsymbol{A}=\boldsymbol{G}_1\boldsymbol{G}_2\cdots\boldsymbol{G}_k\boldsymbol{A},$$

从而有

$$\boldsymbol{G}_1\boldsymbol{G}_2\cdots\boldsymbol{G}_k\boldsymbol{A}=\boldsymbol{E}. \quad ②$$

由①有

$$\boldsymbol{G}_1\boldsymbol{G}_2\cdots\boldsymbol{G}_k\boldsymbol{E}=\boldsymbol{A}^{-1}. \quad ③$$

这说明,如果用一系列行初等变换可把可逆矩阵 $\boldsymbol{A}$ 化为单位矩阵 $\boldsymbol{E}$,那么同样地用这一系列行初等变换去化单位矩阵,就得到 $\boldsymbol{A}^{-1}$.如果我们把 $\boldsymbol{A},\boldsymbol{E}$ 这两个矩阵凑在一起作成一个 $n\times 2n$ 矩阵

$$(\boldsymbol{A}\,\vdots\,\boldsymbol{E}).$$

按矩阵的分块乘法可得

$$\boldsymbol{G}_1\boldsymbol{G}_2\cdots\boldsymbol{G}_k(\boldsymbol{A}\,\vdots\,\boldsymbol{E})=(\boldsymbol{G}_1\boldsymbol{G}_2\cdots\boldsymbol{G}_k\boldsymbol{A}\,\vdots\,\boldsymbol{G}_1\boldsymbol{G}_2\cdots\boldsymbol{G}_k\boldsymbol{E})=(\boldsymbol{E}\,\vdots\,\boldsymbol{A}^{-1}),$$

这就给我们提供了一个具体的求可逆矩阵 $\boldsymbol{A}$ 的逆矩阵的方法:首先构造 $n\times 2n$ 矩阵

$$(\boldsymbol{A}\,\vdots\,\boldsymbol{E}).$$

然后利用行初等变换把它的左边一半化成 $\boldsymbol{E}$,这时,右边的一半就是 $\boldsymbol{A}^{-1}$,
即

$$(\boldsymbol{A}\,\vdots\,\boldsymbol{E})\xrightarrow{\text{行初等变换}}(\boldsymbol{E}\,\vdots\,\boldsymbol{A}^{-1}).$$

例 4 已知矩阵 $\boldsymbol{A}=\begin{pmatrix}1&2&3\\2&2&1\\3&4&3\end{pmatrix}$，求 $\boldsymbol{A}^{-1}$.

解 $(\boldsymbol{A}\vdots\boldsymbol{E})=\left(\begin{array}{ccc:ccc}1&2&3&1&0&0\\2&2&1&0&1&0\\3&4&3&0&0&1\end{array}\right)\xrightarrow[r_3-3r_1]{r_2-2r_1}\left(\begin{array}{ccc:ccc}1&2&3&1&0&0\\0&-2&-5&-2&1&0\\0&-2&-6&-3&0&1\end{array}\right)$

$$\xrightarrow[r_3-r_2]{r_1+r_2}\left(\begin{array}{ccc:ccc}1&0&-2&-1&1&0\\0&-2&-5&-2&1&0\\0&0&-1&-1&-1&1\end{array}\right)$$

$$\xrightarrow[r_2-5r_3]{r_1-2r_3}\left(\begin{array}{ccc:ccc}1&0&0&1&3&-2\\0&-2&0&3&6&-5\\0&0&-1&-1&-1&1\end{array}\right)$$

$$\xrightarrow[-r_3]{-\frac{1}{2}r_2}\left(\begin{array}{ccc:ccc}1&0&0&1&3&-2\\0&1&0&-3/2&-3&5/2\\0&0&1&1&1&-1\end{array}\right),$$

所以

$$\boldsymbol{A}^{-1}=\begin{pmatrix}1&3&-2\\-3/2&-3&5/2\\1&1&-1\end{pmatrix}.$$

例 5 已知矩阵 $\boldsymbol{A}=\begin{pmatrix}1&0&1\\2&1&0\\-3&2&-5\end{pmatrix}$，求 $(\boldsymbol{E}-\boldsymbol{A})^{-1}$.

解 $\boldsymbol{A}=\begin{pmatrix}1&0&1\\2&1&0\\-3&2&-5\end{pmatrix}$， $\boldsymbol{E}-\boldsymbol{A}=\begin{pmatrix}0&0&-1\\-2&0&0\\3&-2&6\end{pmatrix}$.

$$(\boldsymbol{E}-\boldsymbol{A}\vdots\boldsymbol{E})=\left(\begin{array}{ccc:ccc}0&0&-1&1&0&0\\-2&0&0&0&1&0\\3&-2&6&0&0&1\end{array}\right)\xrightarrow{r_1\leftrightarrow r_2}\left(\begin{array}{ccc:ccc}-2&0&0&0&1&0\\0&0&-1&1&0&0\\3&-2&6&0&0&1\end{array}\right)$$

$$\xrightarrow{r_2\leftrightarrow r_3}\left(\begin{array}{ccc:ccc}-2&0&0&0&1&0\\3&-2&6&0&0&1\\0&0&-1&1&0&0\end{array}\right)\xrightarrow{-\frac{1}{2}r_1}\left(\begin{array}{ccc:ccc}1&0&0&0&-1/2&0\\3&-2&6&0&0&1\\0&0&-1&1&0&0\end{array}\right)$$

$$\xrightarrow{r_2-3r_1}\left(\begin{array}{ccc:ccc}1&0&0&0&-1/2&0\\0&-2&6&0&3/2&1\\0&0&-1&1&0&0\end{array}\right)\xrightarrow[-r_3]{-\frac{1}{2}r_2}\left(\begin{array}{ccc:ccc}1&0&0&0&-1/2&0\\0&1&-3&0&-3/4&-1/2\\0&0&1&-1&0&0\end{array}\right)$$

$$\xrightarrow{r_2+3r_3}\left(\begin{array}{ccc:ccc}1&0&0&0&-1/2&0\\0&1&0&-3&-3/4&-1/2\\0&0&1&-1&0&0\end{array}\right).$$

所以

$$(\boldsymbol{E}-\boldsymbol{A})^{-1}=\begin{pmatrix}0 & -1/2 & 0\\ -3 & -3/4 & -1/2\\ -1 & 0 & 0\end{pmatrix}.$$

当然,同样可以证明,可逆矩阵也能用列初等变换化成单位矩阵,这就给出了用列初等变换求逆矩阵的方法,即

$$\begin{pmatrix}\boldsymbol{A}\\ \text{---}\\ \boldsymbol{E}\end{pmatrix}\xrightarrow{\text{列初等变换}}\begin{pmatrix}\boldsymbol{E}\\ \text{---}\\ \boldsymbol{A}^{-1}\end{pmatrix}.$$

三、用初等变换法求解矩阵方程

设矩阵 $\boldsymbol{A}$ 可逆,则求解矩阵方程 $\boldsymbol{AX}=\boldsymbol{B}$ 等价于求矩阵 $\boldsymbol{X}=\boldsymbol{A}^{-1}\boldsymbol{B}$,为此可采用行初等变换求逆矩阵的方法,构造矩阵$(\boldsymbol{A}\vdots\boldsymbol{B})$,对其施以行初等变换把左边矩阵 $\boldsymbol{A}$ 化成 $\boldsymbol{E}$,这时,右边的一半就是 $\boldsymbol{A}^{-1}\boldsymbol{B}$,即

$$(\boldsymbol{A}\vdots\boldsymbol{B})\xrightarrow{\text{行初等变换}}(\boldsymbol{E}\vdots\boldsymbol{A}^{-1}\boldsymbol{B}).$$

同理,求解矩阵方程 $\boldsymbol{XA}=\boldsymbol{B}$,等价于计算矩阵 $\boldsymbol{BA}^{-1}$,亦可利用列初等变换求矩阵 $\boldsymbol{BA}^{-1}$. 即

$$\begin{pmatrix}\boldsymbol{A}\\ \text{---}\\ \boldsymbol{B}\end{pmatrix}\xrightarrow{\text{列初等变换}}\begin{pmatrix}\boldsymbol{E}\\ \text{------}\\ \boldsymbol{BA}^{-1}\end{pmatrix}.$$

例 6 求矩阵 $\boldsymbol{X}$,使 $\boldsymbol{AX}=\boldsymbol{B}$,其中 $\boldsymbol{A}=\begin{pmatrix}1 & 2 & 3\\ 2 & 2 & 1\\ 3 & 4 & 3\end{pmatrix}$,$\boldsymbol{B}=\begin{pmatrix}2 & 5\\ 3 & 1\\ 4 & 3\end{pmatrix}$.

解 若 $\boldsymbol{A}$ 可逆,则 $\boldsymbol{X}=\boldsymbol{A}^{-1}\boldsymbol{B}$. 考虑利用矩阵的行初等变换求解.

$$(\boldsymbol{A}\vdots\boldsymbol{B})=\left(\begin{array}{ccc:cc}1 & 2 & 3 & 2 & 5\\ 2 & 2 & 1 & 3 & 1\\ 3 & 4 & 3 & 4 & 3\end{array}\right)\xrightarrow[r_3-3r_1]{r_2-2r_1}\left(\begin{array}{ccc:cc}1 & 2 & 3 & 2 & 5\\ 0 & -2 & -5 & -1 & -9\\ 0 & -2 & -6 & -2 & -12\end{array}\right)$$

$$\xrightarrow[r_3-r_2]{r_1+r_2}\left(\begin{array}{ccc:cc}1 & 0 & -2 & 1 & -4\\ 0 & -2 & -5 & -1 & -9\\ 0 & 0 & -1 & -1 & -3\end{array}\right)\xrightarrow[r_2-5r_3]{r_1-2r_3}\left(\begin{array}{ccc:cc}1 & 0 & 0 & 3 & 2\\ 0 & -2 & 0 & 4 & 6\\ 0 & 0 & -1 & -1 & -3\end{array}\right)$$

$$\xrightarrow[-r_3]{-\frac{1}{2}r_2}\left(\begin{array}{ccc:cc}1 & 0 & 0 & 3 & 2\\ 0 & 1 & 0 & -2 & -3\\ 0 & 0 & 1 & 1 & 3\end{array}\right),$$

所以

$$\boldsymbol{X}=\begin{pmatrix}3 & 2\\ -2 & -3\\ 1 & 3\end{pmatrix}.$$

例 7　求解矩阵方程 $\begin{pmatrix} 2 & 2 & -1 \\ 2 & -1 & 2 \\ -1 & 2 & 2 \end{pmatrix} \cdot \boldsymbol{X} = \begin{pmatrix} 1 & 4 \\ 0 & 3 \\ -4 & 2 \end{pmatrix}$.

解　$$(\boldsymbol{A} \vdots \boldsymbol{B}) = \left(\begin{array}{ccc:cc} 2 & 2 & -1 & 1 & 4 \\ 2 & -1 & 2 & 0 & 3 \\ -1 & 2 & 2 & -4 & 2 \end{array}\right)$$

$$\xrightarrow{r_1 \leftrightarrow r_3} \left(\begin{array}{ccc:cc} -1 & 2 & 2 & -4 & 2 \\ 2 & -1 & 2 & 0 & 3 \\ 2 & 2 & -1 & 1 & 4 \end{array}\right) \xrightarrow[r_3+2r_1]{r_2+2r_1} \left(\begin{array}{ccc:cc} -1 & 2 & 2 & -4 & 2 \\ 0 & 3 & 6 & -8 & 7 \\ 0 & 6 & 3 & -7 & 8 \end{array}\right)$$

$$\xrightarrow[r_3-2r_2]{-r_1} \left(\begin{array}{ccc:cc} 1 & -2 & -2 & 4 & -2 \\ 0 & 3 & 6 & -8 & 7 \\ 0 & 0 & -9 & 9 & -6 \end{array}\right) \xrightarrow[\substack{r_2-6r_3 \\ r_1+2r_3}]{-\frac{1}{9}r_3} \left(\begin{array}{ccc:cc} 1 & -2 & 0 & 2 & -\frac{2}{3} \\ 0 & 3 & 0 & -2 & 3 \\ 0 & 0 & 1 & -1 & \frac{2}{3} \end{array}\right)$$

$$\xrightarrow[r_1+2r_2]{\frac{1}{3}r_2} \left(\begin{array}{ccc:cc} 1 & 0 & 0 & \frac{2}{3} & \frac{4}{3} \\ 0 & 1 & 0 & -\frac{2}{3} & 1 \\ 0 & 0 & 1 & -1 & \frac{2}{3} \end{array}\right),$$

所以

$$\boldsymbol{X} = \begin{pmatrix} \frac{2}{3} & \frac{4}{3} \\ -\frac{2}{3} & 1 \\ -1 & \frac{2}{3} \end{pmatrix}.$$

第七节　矩阵的秩

矩阵的秩是矩阵理论中最重要的概念之一，是讨论向量组的线性相关性，线性方程组解的存在性等问题的重要工具.在本节中，为了定义矩阵的秩，先引进矩阵的子式的概念.

定义 1　设 $\boldsymbol{A}$ 为 $m \times n$ 矩阵，在 $\boldsymbol{A}$ 中任取 k 行和 k 列（$1 \leqslant k \leqslant m, 1 \leqslant k \leqslant n$），位于这些行列交叉处的 k^2 个元素，不改变它们在 $\boldsymbol{A}$ 中所处的位置次序而得到的 k 阶行列式，称为矩阵 $\boldsymbol{A}$ 的 k 阶子式.

例如，$\boldsymbol{A} = \begin{pmatrix} 1 & 3 & 4 & 5 \\ -1 & 0 & 2 & 3 \\ 0 & 1 & -1 & 0 \end{pmatrix}$，矩阵 $\boldsymbol{A}$ 的第一、三两行，第二、四两列相交处的元素所构成的二阶子式为 $\begin{vmatrix} 3 & 5 \\ 1 & 0 \end{vmatrix}$.

显然 $m\times n$ 矩阵 $\boldsymbol{A}$ 的 k 阶子式共有 $C_m^k \cdot C_n^k$ 个.

设 $\boldsymbol{A}$ 为一个 $m\times n$ 矩阵.当 $\boldsymbol{A}=\boldsymbol{O}$ 时,它的任何子式都为零;当 $\boldsymbol{A}\neq\boldsymbol{O}$ 时,它至少有一个元素不为零,即它至少有一个一阶子式不为零.这时再考察二阶子式,如果 $\boldsymbol{A}$ 中有二阶子式不为零,则往下考察三阶子式,依次类推.最后必达到 $\boldsymbol{A}$ 中有 r 阶子式不为零,而再没有比 r 阶更高阶的不为零的子式.这个不为零的子式的最高阶数 r 反映了矩阵 $\boldsymbol{A}$ 内在的重要特性,在矩阵的理论与应用中都有重要意义.

例如,$\boldsymbol{A}=\begin{pmatrix}1&2&3&0\\0&1&2&1\\2&4&6&0\end{pmatrix}$,$\boldsymbol{A}$ 中有二阶子式 $\begin{vmatrix}1&2\\0&1\end{vmatrix}=1\neq0$,但它的任何三阶子式皆为零,即不为零的子式最高阶数 $r=2$.

定义 2 设 $\boldsymbol{A}$ 为 $m\times n$ 矩阵,如果 $\boldsymbol{A}$ 中不为零的子式最高阶数为 r,即存在 $\boldsymbol{A}$ 的 r 阶子式不为零,而任何 $r+1$ 阶子式(如果存在的话)皆为零,则称数 r 为矩阵 $\boldsymbol{A}$ 的秩,记为 $r(\boldsymbol{A})$(或 $R(\boldsymbol{A})$).并规定零矩阵的秩等于零.

上例中 $\boldsymbol{A}=\begin{pmatrix}1&2&3&0\\0&1&2&1\\2&4&6&0\end{pmatrix}$,因为不为零的子式最高阶数 $r=2$,则有 $r(\boldsymbol{A})=2$.

显然,矩阵的秩具有下列性质:

(1)若矩阵 $\boldsymbol{A}$ 中有某个 s 阶子式不为 0,则 $r(\boldsymbol{A})\geqslant s$;

(2)若 $\boldsymbol{A}$ 中所有 t 阶子式全为 0,则 $r(\boldsymbol{A})<t$;

(3)若 $\boldsymbol{A}$ 为 $m\times n$ 矩阵,则 $0\leqslant r(\boldsymbol{A})\leqslant\min\{m,n\}$;

(4)$r(\boldsymbol{A})=r(\boldsymbol{A}^{\mathrm{T}})$.

当 $r(\boldsymbol{A})=\min\{m,n\}$,称矩阵 $\boldsymbol{A}$ 为满秩矩阵,否则称为降秩矩阵.

例 1 求矩阵 $\boldsymbol{A}=\begin{pmatrix}1&2&3\\2&3&-5\\4&7&1\end{pmatrix}$ 的秩.

解 在 $\boldsymbol{A}$ 中,$\begin{vmatrix}1&3\\2&-5\end{vmatrix}\neq0$.

又因为 $\boldsymbol{A}$ 的 3 阶子式只有一个 $|\boldsymbol{A}|$,且

$$|\boldsymbol{A}|=\begin{vmatrix}1&2&3\\2&3&-5\\4&7&1\end{vmatrix}=\begin{vmatrix}1&2&3\\0&-1&-11\\0&-1&-11\end{vmatrix}=0,$$

所以

$$r(\boldsymbol{A})=2.$$

例 2 求矩阵 $\boldsymbol{B}=\begin{pmatrix}2&-1&0&3&-2\\0&3&1&-2&5\\0&0&0&4&-3\\0&0&0&0&0\end{pmatrix}$ 的秩.

解 因为 $\boldsymbol{B}$ 是一个行阶梯形矩阵,其非零行只有 3 行,所以 $\boldsymbol{B}$ 的所有四阶子式全

为零.

而 $\begin{vmatrix} 2 & -1 & 3 \\ 0 & 3 & -2 \\ 0 & 0 & 4 \end{vmatrix} \neq 0$,所以 $r(\boldsymbol{B})=3$.

由此得到:

定理 1　阶梯形矩阵 $\boldsymbol{A}$ 有 r 个非零行,则 $r(\boldsymbol{A})=r$.

证　取 $\boldsymbol{A}$ 的 r 个非零行,并取每个非零行的首非零元所在的列,则得到 $\boldsymbol{A}$ 的一个 r 阶子式,这个 r 阶子式为上三角形行列式,且其主对角线上元素为非零行的首非零元,故该子式不等于零.于是 $r(\boldsymbol{A})\geqslant r$,又由于 $\boldsymbol{A}$ 只有 r 个非零行,故 $\boldsymbol{A}$ 的所有 $(r+1)$ 阶子式(如果存在的话)均等于零,从而 $r(\boldsymbol{A})=r$.

定理 2　矩阵经过初等变换后其秩不变.

证　仅考察经过一次行初等变换的情形.

设 $\boldsymbol{A}_{m\times n}$ 经过初等变换变为 $\boldsymbol{B}_{m\times n}$,且 $r(\boldsymbol{A})=r_1$,　$r(\boldsymbol{B})=r_2$.

当对 $\boldsymbol{A}$ 施以互换两行或以某非零数乘某一行的变换时,矩阵 $\boldsymbol{B}$ 中任何 r_1+1 阶子式等于某一非零数 c 与 $\boldsymbol{A}$ 的某个 r_1+1 阶子式的乘积,其中 $c=\pm1$ 或其他非零数.因为 $\boldsymbol{A}$ 的任何 r_1+1 阶子式皆为零,因此 $\boldsymbol{B}$ 的任何 r_1+1 阶子式皆为零.

当对 $\boldsymbol{A}$ 施以第 i 行乘 l 后加于第 j 行的变换时,矩阵 $\boldsymbol{B}$ 的任意一个 r_1+1 阶子式记为 $|\boldsymbol{B}_1|$,如果它不含 $\boldsymbol{B}$ 的第 j 行或既含 $\boldsymbol{B}$ 的第 i 行又含第 j 行,则它即等于 $\boldsymbol{A}$ 的一个 r_1+1 阶子式;如果 $|\boldsymbol{B}_1|$ 含 $\boldsymbol{B}$ 的第 j 行但不含第 i 行时,则 $|\boldsymbol{B}_1|=|\boldsymbol{A}_1|\pm l|\boldsymbol{A}_2|$,其中 $\boldsymbol{A}_1$,$\boldsymbol{A}_2$ 是 $\boldsymbol{A}$ 中的两个 r_1+1 阶子式. 由 $\boldsymbol{A}$ 的任何 r_1+1 阶子式均为零,可知 B 的每一个 r_1+1 阶子式也为零.

由以上分析可知,对 $\boldsymbol{A}$ 施以一次初等变换后得到 $\boldsymbol{B}$ 时,有 $r_2<r_1+1$,即 $r_2\leqslant r_1$.

$\boldsymbol{A}$ 经某种初等变换得 $\boldsymbol{B}$,$\boldsymbol{B}$ 也可经相应的初等变换得 $\boldsymbol{A}$,因此又有 $r_2\geqslant r_1$,故得 $r_2=r_1$.

显然上述结论对列初等变换亦成立.

因此,对 $\boldsymbol{A}$ 每施以一次初等变换所得矩阵的秩与 $\boldsymbol{A}$ 的秩相同,因而对 $\boldsymbol{A}$ 施以有限次初等变换后所得矩阵的秩仍然等于 $\boldsymbol{A}$ 的秩.

由此得到一个利用初等变换求矩阵的秩的方法:把矩阵用行初等变换变成行阶梯形矩阵,行阶梯形矩阵中非零行的行数就是该矩阵的秩.

例 3　求矩阵 $\boldsymbol{A}=\begin{pmatrix} 1 & 2 & 3 & 4 \\ -1 & -1 & -4 & -2 \\ 3 & 4 & 11 & 8 \end{pmatrix}$ 的秩.

解
$$\begin{pmatrix} 1 & 2 & 3 & 4 \\ -1 & -1 & -4 & -2 \\ 3 & 4 & 11 & 8 \end{pmatrix} \xrightarrow[r_3-3r_1]{r_2+r_1} \begin{pmatrix} 1 & 2 & 3 & 4 \\ 0 & 1 & -1 & 2 \\ 0 & -2 & 2 & -4 \end{pmatrix}$$
$$\xrightarrow{r_3+2r_2} \begin{pmatrix} 1 & 2 & 3 & 4 \\ 0 & 1 & -1 & 2 \\ 0 & 0 & 0 & 0 \end{pmatrix}$$

故 $$r(\boldsymbol{A})=2.$$

例 4 设 $\boldsymbol{A}=\begin{pmatrix}1&-2&2&-1\\2&-4&8&0\\-2&4&-2&3\\3&-6&0&-6\end{pmatrix}$，$\boldsymbol{b}=\begin{pmatrix}1\\2\\3\\4\end{pmatrix}$，求矩阵 $\boldsymbol{A}$ 及矩阵 $\tilde{\boldsymbol{A}}=(\boldsymbol{A}\,\vdots\,\boldsymbol{b})$ 的秩.

解 $$\tilde{\boldsymbol{A}}=\left(\begin{array}{cccc:c}1&-2&2&-1&1\\2&-4&8&0&2\\-2&4&-2&3&3\\3&-6&0&-6&4\end{array}\right)\xrightarrow[r_4-3r_1]{\substack{r_2-2r_1\\r_3+2r_1}}\left(\begin{array}{cccc:c}1&-2&2&-1&1\\0&0&4&2&0\\0&0&2&1&5\\0&0&-6&-3&1\end{array}\right)$$

$$\xrightarrow[r_4+3r_2]{\substack{\frac{1}{2}r_2\\r_3-r_2}}\left(\begin{array}{cccc:c}1&-2&2&-1&1\\0&0&2&1&0\\0&0&0&0&5\\0&0&0&0&1\end{array}\right)\xrightarrow[r_4-r_3]{\frac{1}{5}r_2}\left(\begin{array}{cccc:c}1&-2&2&-1&1\\0&0&2&1&0\\0&0&0&0&1\\0&0&0&0&0\end{array}\right)$$

故 $$r(\boldsymbol{A})=2,\quad r(\tilde{\boldsymbol{A}})=3.$$

例 5 设 $\boldsymbol{A}=\begin{pmatrix}1&-1&1&2\\3&\lambda&-1&2\\5&3&\mu&6\end{pmatrix}$，已知 $r(\boldsymbol{A})=2$，求 λ 与 μ 的值.

解 方法一　已知 $r(\boldsymbol{A})=2$，由矩阵秩的定义可知，矩阵 $\boldsymbol{A}$ 的所有三阶子式均为零，所以

$$\begin{vmatrix}1&-1&2\\3&\lambda&2\\5&3&6\end{vmatrix}=0,\text{且}\begin{vmatrix}1&1&2\\3&-1&2\\5&\mu&6\end{vmatrix}=0.$$

由此可得 $$\lambda=5,\quad \mu=1.$$

方法二

$$\boldsymbol{A}\xrightarrow[r_3-3r_5]{r_2-3r_1}\begin{pmatrix}1&-1&1&2\\0&\lambda+3&-4&-4\\0&8&\mu-5&-4\end{pmatrix}\xrightarrow{r_3-r_2}\begin{pmatrix}1&-1&1&2\\0&\lambda+3&-4&-4\\0&5-\lambda&\mu-1&0\end{pmatrix}$$

因 $r(\boldsymbol{A})=2$，故

$$\begin{cases}5-\lambda=0,\\\mu-1=0,\end{cases}$$

由此可得 $$\lambda=5,\quad \mu=1.$$

例 6 设 $\boldsymbol{A}$ 为 n 阶可逆矩阵，$\boldsymbol{B}$ 为 $n\times m$ 矩阵，试证：$\boldsymbol{A}$ 与 $\boldsymbol{B}$ 之积的秩等于 $\boldsymbol{B}$ 的秩，即 $r(\boldsymbol{AB})=r(\boldsymbol{B})$.

证 因为 $\boldsymbol{A}$ 可逆，故可表示成若干初等矩阵之积，

$$\boldsymbol{A}=\boldsymbol{P}_1\boldsymbol{P}_2\cdots\boldsymbol{P}_s,$$

其中 $\boldsymbol{P}_i(i=1,2,\cdots,s)$ 皆为初等矩阵.

$$\boldsymbol{AB}=\boldsymbol{P}_1\boldsymbol{P}_2\cdots\boldsymbol{P}_s\boldsymbol{B},$$

即 $\boldsymbol{AB}$ 是 $\boldsymbol{B}$ 经 s 次行初等变换后得出的，因而

$$r(\boldsymbol{AB})=r(\boldsymbol{B}).$$

下面再介绍几个常用的矩阵的秩的性质(假设其中运算都是可行的)：

(5)$\max\{r(\boldsymbol{A}),r(\boldsymbol{B})\}\leqslant r(A,B)\leqslant r(\boldsymbol{A})+r(\boldsymbol{B})$.

(6)$r(\boldsymbol{A}+\boldsymbol{B})\leqslant r(\boldsymbol{A})+r(\boldsymbol{B})$.

(7)$r(\boldsymbol{AB})\leqslant\min\{r(\boldsymbol{A}),r(\boldsymbol{B})\}$.

(8)若 $\boldsymbol{A}_{m\times n}\boldsymbol{B}_{n\times l}=\boldsymbol{O}$,则 $r(\boldsymbol{A})+r(\boldsymbol{B})\leqslant n$.

例 7　设 $\boldsymbol{A}$ 为 n 阶矩阵,证明 $r(\boldsymbol{A}+\boldsymbol{E})+r(\boldsymbol{A}-\boldsymbol{E})\geqslant n$.

证　因$(\boldsymbol{A}+\boldsymbol{E})+(\boldsymbol{E}-\boldsymbol{A})=2\boldsymbol{E}$,由性质(6),有

$$r(\boldsymbol{A}+\boldsymbol{E})+r(\boldsymbol{E}-\boldsymbol{A})\geqslant r(2\boldsymbol{E})=n,$$

而 $r(\boldsymbol{E}-\boldsymbol{A})=r(\boldsymbol{A}-\boldsymbol{E})$,所以

$$r(\boldsymbol{A}+\boldsymbol{E})+r(\boldsymbol{A}-\boldsymbol{E})\geqslant n.$$

习题二

(A)

1. 计算下列矩阵的乘积.

(1) $\begin{pmatrix}1\\-1\\2\\3\end{pmatrix}(3\quad 2\quad -1\quad 0)$;　　(2) $\begin{pmatrix}5&0&0\\0&3&1\\0&2&1\end{pmatrix}\begin{pmatrix}1\\-2\\3\end{pmatrix}$;

(3) $(1,2,3,4)\begin{pmatrix}3\\2\\1\\0\end{pmatrix}$;　　(4) $(x_1,x_2,x_3)\begin{pmatrix}a_{11}&a_{12}&a_{13}\\a_{21}&a_{22}&a_{23}\\a_{31}&a_{32}&a_{33}\end{pmatrix}\begin{pmatrix}x_1\\x_2\\x_3\end{pmatrix}$;

(5) $\begin{pmatrix}a_{11}&a_{12}&a_{13}\\a_{21}&a_{22}&a_{23}\\a_{31}&a_{32}&a_{33}\end{pmatrix}\begin{pmatrix}1&0&0\\0&1&1\\0&0&1\end{pmatrix}$;　　(6) $\begin{pmatrix}1&2&1&0\\0&1&0&1\\0&0&2&1\\0&0&0&3\end{pmatrix}\begin{pmatrix}1&0&3&1\\0&1&2&-1\\0&0&-2&3\\0&0&0&-3\end{pmatrix}$.

2. 设 $\boldsymbol{A}=\begin{pmatrix}1&1&1\\-1&1&1\\1&-1&1\end{pmatrix},B=\begin{pmatrix}1&2&1\\1&3&-1\\3&1&4\end{pmatrix}$,

求(1)$\boldsymbol{AB}-2\boldsymbol{A}$;(2) $\boldsymbol{AB}-\boldsymbol{BA}$;(3) $(\boldsymbol{A}+\boldsymbol{B})(\boldsymbol{A}-\boldsymbol{B})=\boldsymbol{A}^2-\boldsymbol{B}^2$ 吗?

3. 举例说明下列命题是错误的.

(1)若 $\boldsymbol{A}^2=\boldsymbol{O}$, 则 $\boldsymbol{A}=\boldsymbol{O}$;

(2)若 $\boldsymbol{A}^2=\boldsymbol{A}$, 则 $\boldsymbol{A}=\boldsymbol{O}$ 或 $\boldsymbol{A}=\boldsymbol{E}$;

(3)若 $\boldsymbol{AX}=\boldsymbol{AY},\boldsymbol{A}\neq\boldsymbol{O}$, 则 $\boldsymbol{X}=\boldsymbol{Y}$.

4. 设 $\boldsymbol{A}=\begin{pmatrix}1&\lambda\\0&1\end{pmatrix}$, 求 $\boldsymbol{A}^2,\boldsymbol{A}^3,\cdots,\boldsymbol{A}^k$.

5. 已知 $\boldsymbol{AP}=\boldsymbol{PB}$,求 $\boldsymbol{A}$ 及 $\boldsymbol{A}^5$.其中

$$\boldsymbol{B}=\begin{pmatrix}1&0&0\\0&0&0\\0&0&-1\end{pmatrix},\boldsymbol{P}=\begin{pmatrix}1&0&0\\2&-1&0\\2&1&1\end{pmatrix}.$$

6. 设 $\boldsymbol{A}=\begin{pmatrix}a&b&c&d\\b&-a&d&-c\\-c&d&a&-b\\-d&-c&b&a\end{pmatrix}$,求 $|\boldsymbol{A}|$ 及 $|-2\boldsymbol{A}|$.(提示:先计算 $\boldsymbol{A}\cdot\boldsymbol{A}^{\mathrm{T}}$).

7. 设 $\boldsymbol{A},\boldsymbol{B}$ 为 n 阶方阵,且 $\boldsymbol{A}$ 为对称阵,证明:$\boldsymbol{B}^{\mathrm{T}}\boldsymbol{A}\boldsymbol{B}$ 也是对称阵.

8. 设 $\boldsymbol{A},\boldsymbol{B}$ 为 n 阶对称方阵,证明:$\boldsymbol{AB}$ 为对称阵的充分必要条件是 $\boldsymbol{AB}=\boldsymbol{BA}$.

9. 求与 $\boldsymbol{A}=\begin{pmatrix}1&1\\0&1\end{pmatrix}$ 可交换的全体二阶矩阵.

10. 用伴随矩阵法求下列矩阵的逆矩阵.

(1) $\begin{pmatrix}1&2\\2&5\end{pmatrix}$;　　(2) $\begin{pmatrix}1&2&3\\0&1&2\\0&0&1\end{pmatrix}$;

(3) $\begin{pmatrix}1&2&-1\\3&4&-2\\5&-4&-1\end{pmatrix}$;　　(4) $\begin{pmatrix}1&0&0&0\\1&2&0&0\\2&1&3&0\\1&2&1&4\end{pmatrix}$;

(5) $\begin{pmatrix}5&2&0&0\\2&1&0&0\\0&0&8&3\\0&0&5&2\end{pmatrix}$;　　(6) $\begin{pmatrix}a_1&&&\\&a_2&&\\&&\ddots&\\&&&a_n\end{pmatrix}$,$(a_1,a_2,\cdots,a_n\neq 0)$,

未写出的元素都是 0(以下均同,不另注).

11. 解下列矩阵方程.

(1) $\begin{pmatrix}1&2\\1&3\end{pmatrix}\boldsymbol{X}=\begin{pmatrix}4&-6\\2&1\end{pmatrix}$;

(2) $\boldsymbol{X}\begin{pmatrix}2&1&-1\\2&1&0\\1&-1&1\end{pmatrix}=\begin{pmatrix}2&1&-1\\2&1&0\\1&-1&1\end{pmatrix}$;

(3) $\begin{pmatrix}1&4\\-1&2\end{pmatrix}\boldsymbol{X}\begin{pmatrix}2&0\\-1&1\end{pmatrix}=\begin{pmatrix}3&1\\0&-1\end{pmatrix}$;

(4) $\begin{pmatrix}0&1&0\\1&0&0\\0&0&1\end{pmatrix}\boldsymbol{X}\begin{pmatrix}1&0&0\\0&0&1\\0&1&0\end{pmatrix}=\begin{pmatrix}0&-4&3\\2&0&-1\\1&-2&0\end{pmatrix}$.

12. 设方阵 $\boldsymbol{A}$ 满足 $\boldsymbol{A}^2-\boldsymbol{A}-2\boldsymbol{E}=\boldsymbol{O}$,证明:$\boldsymbol{A}$ 及 $\boldsymbol{A}+2\boldsymbol{E}$ 都可逆,并求 $\boldsymbol{A}^{-1}$ 及 $(\boldsymbol{A}+2\boldsymbol{E})^{-1}$.

13. 设 $\boldsymbol{A}=\begin{pmatrix}4&2&3\\1&1&0\\-1&2&3\end{pmatrix}$，$\boldsymbol{AB}=\boldsymbol{A}+2\boldsymbol{B}$，求 $\boldsymbol{B}$.

14. 设

$$\boldsymbol{A}=\begin{pmatrix}5&2&0&0\\2&1&0&0\\0&0&7&3\\0&0&5&2\end{pmatrix},\quad \boldsymbol{B}=\begin{pmatrix}3&2&0&0\\4&5&0&0\\0&0&4&1\\0&0&6&2\end{pmatrix}.$$

求(1)$\boldsymbol{AB}$；(2)$\boldsymbol{BA}$；(3) $\boldsymbol{A}^{-1}$；(4)$|\boldsymbol{A}^k|$(k 为正整数).

15. 用矩阵分块的方法，证明下列矩阵可逆，并求其逆矩阵.

(1) $\begin{pmatrix}1&2&0&0&0\\2&5&0&0&0\\0&0&3&0&0\\0&0&0&1&0\\0&0&0&0&1\end{pmatrix}$；　(2) $\begin{pmatrix}0&0&3&-1\\0&0&2&1\\2&1&0&0\\-2&3&0&0\end{pmatrix}$；

(3) $\begin{pmatrix}2&0&1&0&2\\0&2&0&1&3\\0&0&1&0&0\\0&0&0&1&0\\0&0&0&0&1\end{pmatrix}$.

16. 用初等变换法判定下列矩阵是否可逆，如可逆，求其逆矩阵.

(1) $\begin{pmatrix}3&2&1\\3&1&5\\3&2&3\end{pmatrix}$；　(2) $\begin{pmatrix}3&-2&0&-1\\0&2&2&1\\1&-2&-3&-2\\0&1&2&1\end{pmatrix}$；

(3) $\begin{pmatrix}-11&2&2\\-4&0&1\\6&-1&-1\end{pmatrix}$；　(4) $\begin{pmatrix}1&1&1&1\\1&1&1&0\\1&1&0&0\\1&0&0&0\end{pmatrix}$.

17. 求下列矩阵的秩.

(1) $\begin{pmatrix}0&1&1&-1&2\\0&2&-2&-2&0\\0&-1&-1&1&1\\1&1&0&1&-1\end{pmatrix}$；　(2) $\begin{pmatrix}1&-1&2&1&0\\2&-2&4&-2&0\\3&0&6&-1&1\\0&3&0&0&1\end{pmatrix}$；

(3) $\begin{pmatrix} 14 & 12 & 6 & 8 & 2 \\ 6 & 104 & 21 & 9 & 17 \\ 7 & 6 & 3 & 4 & 1 \\ 35 & 30 & 15 & 20 & 5 \end{pmatrix}$；　　(4) $\begin{pmatrix} 1 & 0 & 0 & 1 & 4 \\ 0 & 1 & 0 & 2 & 5 \\ 0 & 0 & 1 & 3 & 6 \\ 1 & 2 & 3 & 14 & 32 \\ 4 & 5 & 6 & 32 & 77 \end{pmatrix}$；

(5) $\begin{pmatrix} 1 & 0 & 1 & 0 & 0 \\ 1 & 1 & 0 & 0 & 0 \\ 0 & 1 & 1 & 0 & 0 \\ 0 & 0 & 1 & 1 & 0 \\ 0 & 1 & 0 & 1 & 1 \end{pmatrix}$；　　(6) $\begin{pmatrix} 1 & a & a & a \\ a & 1 & a & a \\ a & a & 1 & a \\ a & a & a & 1 \end{pmatrix}$.

18. 设矩阵 $\boldsymbol{A}=\begin{pmatrix} x & 1 & 1 \\ 1 & x & 1 \\ 1 & 1 & x \end{pmatrix}$，试求矩阵 $\boldsymbol{A}$ 的秩.

19. 设 $\boldsymbol{A}=\begin{pmatrix} 1 & 2 & 3 & 1 \\ 2 & -1 & k & 2 \\ 0 & 1 & 1 & 3 \\ 1 & -1 & 0 & 4 \\ 2 & 0 & 2 & 5 \end{pmatrix}$，且 $\boldsymbol{A}$ 的秩为 3，求 k.

20. 设 n 阶矩阵 $\boldsymbol{A}$ 满足 $\boldsymbol{A}^2=\boldsymbol{A}$，$\boldsymbol{E}$ 为 n 阶单位矩阵，证明 $r(\boldsymbol{A})+r(\boldsymbol{A}-\boldsymbol{E})=n$.

21. 设 $\boldsymbol{A}$ 为 n 阶($n\geqslant 2$)方阵，证明 $r(\boldsymbol{A}^*)=\begin{cases} n, r(\boldsymbol{A})=n \\ 1, r(\boldsymbol{A})=n-1 \\ 0, r(\boldsymbol{A})<n-1. \end{cases}$（提示：考虑 $\boldsymbol{A}^*$ 与 $\boldsymbol{A}^{-1}$ 关系及 $\boldsymbol{A}_{ij}$ 非零否）.

(B)

1. 若有矩阵 $\boldsymbol{A}_{m\times l}$，$\boldsymbol{B}_{l\times n}$，$\boldsymbol{C}_{m\times n}$，($\boldsymbol{A}^{\mathrm{T}}$ 表示 $\boldsymbol{A}$ 的转置)，则下列运算可进行的是（　　）.

A. $\boldsymbol{ABC}$　　B. $\boldsymbol{A}^{\mathrm{T}}\boldsymbol{CB}$　　C. $\boldsymbol{ABC}^{\mathrm{T}}$　　D. $\boldsymbol{CBA}$

2. 设 $\boldsymbol{A}$，$\boldsymbol{B}$ 是 n 阶方阵，下列等式正确的是（　　）.

A. $\boldsymbol{AB}=\boldsymbol{BA}$　　B. $(\boldsymbol{A}+\boldsymbol{B})^T=\boldsymbol{A}^T+\boldsymbol{B}^T$

C. $(\boldsymbol{A}+\boldsymbol{B})^{-1}=\boldsymbol{A}^{-1}+\boldsymbol{B}^{-1}$　　D. $\boldsymbol{A}^2-\boldsymbol{B}^2=(\boldsymbol{A}+\boldsymbol{B})(\boldsymbol{A}-\boldsymbol{B})$

3. 设 $\boldsymbol{A}$ 为三阶方阵且 $|\boldsymbol{A}|=-2$，则 $|3\boldsymbol{A}^{\mathrm{T}}\boldsymbol{A}|=$（　　）.

A. -108　　B. -12　　C. 12　　D. 108

4. 若 n 阶方阵 $\boldsymbol{A}$ 可逆，则 $\boldsymbol{A}$ 的伴随矩阵 $\boldsymbol{A}^*$ 可逆，且 $\boldsymbol{A}^*$ 的逆为（　　）.

A. $\boldsymbol{A}$　　B. $|\boldsymbol{A}|\boldsymbol{A}$　　C. $\dfrac{\boldsymbol{A}}{|\boldsymbol{A}|}$　　D. $\dfrac{\boldsymbol{A}}{|\boldsymbol{A}|^{n-1}}$

5. 设矩阵 $\boldsymbol{A}=\begin{pmatrix} a_{11} & a_{12} \\ a_{21} & a_{22} \end{pmatrix}$，$\boldsymbol{B}=\begin{pmatrix} a_{21}+a_{11} & a_{22}+a_{12} \\ a_{11} & a_{12} \end{pmatrix}$，$\boldsymbol{P}_1=\begin{pmatrix} 0 & 1 \\ 1 & 0 \end{pmatrix}$，$\boldsymbol{P}_2=\begin{pmatrix} 1 & 0 \\ 1 & 1 \end{pmatrix}$，则必有（　　）.

A. $\boldsymbol{P}_1\boldsymbol{P}_2\boldsymbol{A}=\boldsymbol{B}$　　B. $\boldsymbol{P}_2\boldsymbol{P}_1\boldsymbol{A}=\boldsymbol{B}$　　C. $\boldsymbol{AP}_1\boldsymbol{P}_2=\boldsymbol{B}$　　D. $\boldsymbol{AP}_2\boldsymbol{P}_1=\boldsymbol{B}$

6. 已知 $\boldsymbol{A}$ 为三阶矩阵，且 $|\boldsymbol{A}|=2$，则 $|\boldsymbol{A}^{-1}|=$________________.

7. 设 $\boldsymbol{A}=\begin{pmatrix}1 & 2\\ -1 & 0\end{pmatrix}$，则 $\boldsymbol{A}^2-2\boldsymbol{A}+\boldsymbol{E}=$________________.

8. 当 k 满足______________时，矩阵 $\boldsymbol{A}=\begin{pmatrix}-1 & 0 & 0\\ 0 & k & 0\\ 1 & -1 & 4\end{pmatrix}$ 可逆.

9. 已知矩阵 $\boldsymbol{A}=\begin{pmatrix}1 & 2\\ 3 & 8\end{pmatrix}$，则其逆矩阵 $\boldsymbol{A}^{-1}=$________________.

10. 设方阵 $\boldsymbol{A}$ 满足 $\boldsymbol{A}^3-2\boldsymbol{A}+\boldsymbol{E}=0$，则 $(\boldsymbol{A}^2-2\boldsymbol{E})^{-1}=$____________.

11. 若 $\boldsymbol{A}=\begin{bmatrix}0 & 0 & 2\\ 0 & 3 & 0\\ 1 & 0 & 0\end{bmatrix}$，则 $\boldsymbol{A}^{-1}=$________，$|\boldsymbol{A}^*|=$________.

12. 若 $\boldsymbol{A}=\begin{bmatrix}3 & 2 & 1\\ 3 & 1 & 5\\ 3 & 2 & 3\end{bmatrix}$，则 $|\boldsymbol{A}|=$______，$(\boldsymbol{A}^*)^{-1}=$______，$(2\boldsymbol{A}^*)^{-1}=$______.

13. 设矩阵 $\boldsymbol{A}=\begin{bmatrix}x & 1 & 1\\ 1 & x & 1\\ 1 & 1 & x\end{bmatrix}$，且 $r(\boldsymbol{A})=2$，则 $x=$______.

第三章　线性方程组

计算机技术与线性代数是紧密联系在一起的，随着计算机技术的蓬勃发展，线性代数的重要性愈发彰显，线性方程组是线性代数的核心.在科学研究、工程应用和经济管理等诸多领域中，很多问题所涉及的数据量往往庞大而复杂，在应用计算机来处理时，通常利用数学方法将其转化为用线性方程组来描述的线性模型，然后用计算机来处理.

本章首先介绍利用矩阵初等变换求解线性方程组的系统方法，然后指出一个线性方程组与一个向量方程和矩阵方程是等价的，利用这种等价性，引出了向量组的线性相关、线性无关、线性表示等线性代数重要概念，并揭示了线性方程组解的结构.

第一节　线性方程组的消元解法

考虑一般的线性方程组

$$\begin{cases} a_{11}x_1+a_{12}x_2+\cdots+a_{1n}x_n=b_1 \\ a_{21}x_1+a_{22}x_2+\cdots+a_{2n}x_n=b_2 \\ \cdots \\ a_{m1}x_1+a_{m2}x_2+\cdots+a_{mn}x_n=b_m \end{cases} \tag{①}$$

的求解问题.记

$$\boldsymbol{A}=\begin{pmatrix} a_{11} & a_{12} & \cdots & a_{1n} \\ a_{21} & a_{22} & \cdots & a_{2n} \\ \vdots & \vdots & & \vdots \\ a_{m1} & a_{m2} & \cdots & a_{mn} \end{pmatrix},\boldsymbol{x}=\begin{pmatrix} x_1 \\ x_2 \\ \vdots \\ x_n \end{pmatrix},\boldsymbol{b}=\begin{pmatrix} b_1 \\ b_2 \\ \vdots \\ b_m \end{pmatrix},$$

则线性方程组①的矩阵表示为

$$\boldsymbol{Ax}=\boldsymbol{b}, \tag{②}$$

其中 $\boldsymbol{A}$ 称为线性方程组①的系数矩阵，$\boldsymbol{b}$ 称为线性方程组①的常数项矩阵，$\boldsymbol{x}$ 称为未知量矩阵.

若方程组①右边的常数项不全为零，则称方程组①为**非齐次线性方程组**；若方程组①右边的常数项全部为零，即

$$\begin{cases} a_{11}x_1+a_{12}x_2+\cdots+a_{1n}x_n=0 \\ a_{21}x_1+a_{22}x_2+\cdots+a_{2n}x_n=0 \\ \cdots \\ a_{m1}x_1+a_{m2}x_2+\cdots+a_{mn}x_n=0 \end{cases} \tag{③}$$

则称方程组②为**齐次线性方程组**，显然，齐次线性方程组的矩阵表示为

$$\boldsymbol{Ax}=\boldsymbol{0}, \tag{4}$$

线性方程组有没有解，以及有些什么样的解完全决定于它的系数和常数项，因此我们在讨论线性方程组的解时，主要是研究它的系数和常数项.我们把线性方程组①的系数矩阵 $\boldsymbol{A}$ 和常数项矩阵 $\boldsymbol{b}$ 放在一起构成的矩阵

$$(\boldsymbol{A} \vdots \boldsymbol{b})=\begin{pmatrix} a_{11} & a_{12} & \cdots & a_{1n} & \vdots & b_1 \\ a_{21} & a_{22} & \cdots & a_{2n} & \vdots & b_2 \\ \vdots & \vdots & & \vdots & \vdots & \vdots \\ a_{m1} & a_{m2} & \cdots & a_{mn} & \vdots & b_m \end{pmatrix}$$

称为线性方程组①的**增广矩阵**，记作 $\widetilde{\boldsymbol{A}}$.易见，增广矩阵 $\widetilde{\boldsymbol{A}}$ 和线性方程组①是一一对应的.利用这种对应性，可以用矩阵来研究线性方程组.

在中学，曾经学过用消元法解简单的线性方程组，这一方法也同样适用于求解一般的线性方程组①，并可用其增广矩阵 $\widetilde{\boldsymbol{A}}$ 的行初等变换表示其求解过程.

例 1　解线性方程组

$$\begin{cases} 2x_1+2x_2+3x_3=3 \\ -2x_1+4x_2+5x_3=-7. \\ 4x_1+7x_2+7x_3=1 \end{cases} \tag{5}$$

解　将方程组⑤中的第一个方程加到第二个方程，再将第一个方程乘以(−2)加到第三个方程得

$$\begin{cases} 2x_1+2x_2+3x_3=3 \\ 6x_2+8x_3=-4 \\ 3x_2+x_3=-5 \end{cases}. \tag{6}$$

交换方程组⑥中第二个和第三个方程，然后把第二个方程乘以(−2)加到第三个方程得

$$\begin{cases} 2x_1+2x_2+3x_3=3 \\ 3x_2+x_3=-5 \\ 6x_3=6 \end{cases}. \tag{7}$$

第三个方程两边同乘$\dfrac{1}{6}$，再回代，得

$$\begin{cases} x_1=2 \\ x_2=-2. \\ x_3=1 \end{cases} \tag{8}$$

在例 1 的求解过程中进行了以下三种变换：

(1)交换两个方程的位置；

(2)用非零数 k 乘以某个方程的两边；

(3) 用一个数 k 乘以某一个方程后，加到另一个方程上.

这三种变换统称为**线性方程组的初等变换**.方程组经过初等变换后，与原方程组保持同解.

仔细观察便可发现，线性方程组的初等变换对应着增广矩阵的行初等变换.因此，例 1 的求解过程可以用方程组⑤的增广矩阵的行初等变换表示：

$$\widetilde{\boldsymbol{A}}=(\boldsymbol{A}\,\vdots\,\boldsymbol{b})=\left(\begin{array}{ccc:c}2&2&3&3\\-2&4&5&-7\\4&7&7&1\end{array}\right)\to\left(\begin{array}{ccc:c}2&2&3&3\\0&6&8&-4\\0&3&1&-5\end{array}\right)$$

$$\to\left(\begin{array}{ccc:c}2&2&3&3\\0&3&1&-5\\0&6&8&-4\end{array}\right)\to\left(\begin{array}{ccc:c}2&2&3&3\\0&3&1&-5\\0&0&6&6\end{array}\right)\to\left(\begin{array}{ccc:c}1&0&0&2\\0&1&0&-2\\0&0&1&1\end{array}\right).$$

由例 1 可以看出，用消元法解线性方程组的过程，实质上就是对该线性方程组的增广矩阵施以行初等变换的过程.

在例 1 的求解过程中，过程⑤⟶⑦称为**消元过程**，方程组⑦称为**行阶梯形方程组**，与之对应的增广矩阵为行阶梯形矩阵，过程⑦⟶⑧称为**回代过程**，方程组⑧所对应的增广矩阵为行最简形矩阵.

显然，利用消元法解线性方程组包括消元和回代两个过程. 实质上，消元过程就是利用矩阵的行初等变换将其增广矩阵化为行阶梯形矩阵的过程，回代过程就是将此行阶梯形矩阵进而化成行最简形矩阵的过程. 解方程组时，为了书写简明，只要写出方程组增广矩阵变换过程就可以了，这就给我们提供了一个利用矩阵初等变换来求解线性方程组的方法.

例 2 解线性方程组

$$\begin{cases}x_1+\dfrac{5}{3}x_2+3x_3=3\\[2mm]\dfrac{1}{2}x_1+\dfrac{1}{3}x_2+x_3=1.\\[2mm]2x_1+\dfrac{4}{3}x_2+5x_3=2\end{cases}$$

解 $$\widetilde{\boldsymbol{A}}=\begin{pmatrix}1&\frac{5}{3}&3&3\\\frac{1}{2}&\frac{1}{3}&1&1\\2&\frac{4}{3}&5&2\end{pmatrix}\to\begin{pmatrix}1&\frac{5}{3}&3&3\\0&-\frac{1}{2}&-\frac{1}{2}&-\frac{1}{2}\\0&-2&-1&-4\end{pmatrix}\to\begin{pmatrix}1&\frac{5}{3}&3&3\\0&1&1&1\\0&-2&-1&-4\end{pmatrix}$$

$$\to\begin{pmatrix}1&\frac{5}{3}&3&3\\0&1&1&1\\0&0&1&-2\end{pmatrix}\to\begin{pmatrix}1&\frac{5}{3}&0&9\\0&1&0&3\\0&0&1&-2\end{pmatrix}\to\begin{pmatrix}1&0&0&4\\0&1&0&3\\0&0&1&-2\end{pmatrix}.$$

即 $$x_1=4,x_2=3,x_3=-2.$$

第二节　线性方程组有解判别定理

上一节我们通过事例介绍了用矩阵行初等变换求解线性方程组的方法，在实际解线性方程组时比较方便，那么，对于一般的线性方程组

$$\begin{cases} a_{11}x_1+a_{12}x_2+\cdots+a_{1n}x_n=b_1 \\ a_{21}x_1+a_{22}x_2+\cdots+a_{2n}x_n=b_2 \\ \cdots \\ a_{m1}x_1+a_{m2}x_2+\cdots+a_{mn}x_n=b_m \end{cases} \quad ①$$

这个方法是否总行得通？还有方程组①在什么时候无解？在什么时候有解？有解时，又有多少解？这一节我们将对这些问题予以解答.

设 $A_{m\times n}$ 是方程组①的系数矩阵

$$\boldsymbol{A}=\begin{pmatrix} a_{11} & a_{12} & \cdots & a_{1n} \\ a_{21} & a_{22} & \cdots & a_{2n} \\ \vdots & \vdots & & \vdots \\ a_{m1} & a_{m2} & \cdots & a_{mn} \end{pmatrix},$$

由第二章我们知道，总可以通过矩阵的行初等变换（如有必要可以做第一种列初等变换）把 $\boldsymbol{A}$ 化为以下形式

$$\begin{pmatrix} 1 & 0 & 0 & \cdots & 0 & k_{1,r+1} & \cdots & k_{1n} \\ 0 & 1 & 0 & \cdots & 0 & k_{2,r+1} & \cdots & k_{2n} \\ \vdots & \vdots & \vdots & & \vdots & \vdots & & \vdots \\ 0 & 0 & 0 & \cdots & 1 & k_{r,r+1} & \cdots & k_{rn} \\ 0 & 0 & 0 & \cdots & 0 & 0 & \cdots & 0 \\ \vdots & \vdots & \vdots & & \vdots & \vdots & & \vdots \\ 0 & 0 & 0 & \cdots & 0 & 0 & \cdots & 0 \end{pmatrix},$$

这里 $r\geqslant 0, r\leqslant m, r\leqslant n$.

设 $\widetilde{\boldsymbol{A}}$ 是方程组①的增广矩阵，那么，我们总可以把 $\widetilde{\boldsymbol{A}}$ 通过行初等变换化为

$$\begin{bmatrix} 1 & 0 & \cdots & 0 & k_{1,r+1} & \cdots & k_{1n} & d_1 \\ 0 & 1 & \cdots & 0 & k_{2,r+1} & \cdots & k_{2n} & d_2 \\ \vdots & \vdots & & \vdots & \vdots & & \vdots & \vdots \\ 0 & 0 & \cdots & 1 & k_{r,r+1} & \cdots & k_{rn} & d_r \\ 0 & 0 & \cdots & 0 & 0 & \cdots & 0 & d_{r+1} \\ \vdots & \vdots & & \vdots & \vdots & & \vdots & \vdots \\ 0 & 0 & \cdots & 0 & 0 & \cdots & 0 & d_m \end{bmatrix}. \quad ②$$

注　如有必要，可做第一种列初等变换，相当于重新安排方程中未知量次序，并不会改变方程组的解.

与增广矩阵②相应的线性方程组为

$$\begin{cases} x_1 + k_{1,r+1}x_{r+1} + \cdots + k_{1n}x_n = d_1 \\ x_2 + k_{2,r+1}x_{r+1} + \cdots + k_{2n}x_n = d_2 \\ \cdots \\ x_r + k_{r,r+1}x_{r+1} + \cdots + k_{rn}x_n = d_r. \\ 0 = d_{r+1} \\ \cdots \\ 0 = d_m \end{cases} \quad ③$$

由本章第一节知：方程组①与方程组③是同解方程组，要研究方程组①的解，就变为研究方程组③的解.

(1) 若 $d_{r+1}, d_{r+2}, \cdots, d_m$ 中有一个不为 0，方程组③无解，那么方程组①也无解.

(2) 若 $d_{r+1}, d_{r+2}, \cdots, d_m$ 全为 0，则方程组③有解，那么方程组①也有解.

对于情形(1)，表现为增广矩阵与系数矩阵的秩不相等，即 $r(\mathbf{A}) \neq r(\widetilde{\mathbf{A}})$；情形(2)表现为增广矩阵与系数矩阵的秩相等，即 $r(\mathbf{A}) = r(\widetilde{\mathbf{A}})$.由此我们可以得到如下定理.

定理 1 （线性方程组有解的判别定理）n 元线性方程组①有解的充分必要条件是系数矩阵 $\mathbf{A}$ 与增广矩阵 $\widetilde{\mathbf{A}}$ 有相同的秩，即 $r(\mathbf{A}) = r(\widetilde{\mathbf{A}})$，具体地，

(1) 当 $r(\mathbf{A}) = r(\widetilde{\mathbf{A}}) = n$ 时，方程组有唯一的解；

(2) 当 $r(\mathbf{A}) = r(\widetilde{\mathbf{A}}) < n$ 时，方程组有无穷多解.

推论 1 线性方程组①无解的充分必要条件是 $\mathrm{r}(\mathbf{A}) \neq r(\widetilde{\mathbf{A}})$.

在 n 元线性方程组①有无穷多解的情况下，$r(\mathbf{A}) = r(\widetilde{\mathbf{A}}) = r < n$，方程组有 $n-r$ 个自由未知量，r 个基本未知量，其解如下：

$$\begin{cases} x_1 = d_1 - k_{1r+1}x_{r+1} - \cdots - k_{1n}x_n \\ x_2 = d_2 - k_{2r+1}x_{r+1} - \cdots - k_{2n}x_n \\ \cdots \\ x_r = d_r - k_{rr+1}x_{r+1} - \cdots - k_{rn}x_n \end{cases}. \quad ④$$

其中 $x_{r+1}, x_{r+2}, \cdots, x_n$ 是自由未知量，$x_1, x_2, \cdots, x_r$ 为基本未知量，基本未知量是行最简阶梯形矩阵主元列（首非零元 1 所在列）所对应的未知量.若取 $x_{r+1} = c_1, x_{r+2} = c_2, \cdots, x_n = c_{n-r}$，其中 $c_1, c_2, \cdots, c_{n-r}$ 为任意常数，则方程组④有如下无穷多组解：

$$\begin{cases} x_1 = d_1 - k_{1r+1}c_1 - \cdots - k_{1n}c_{n-r} \\ x_2 = d_2 - k_{2r+1}c_1 - \cdots - k_{2n}c_{n-r} \\ \cdots \\ x_r = d_r - k_{rr+1}c_1 - \cdots - k_{rn}c_{n-r} \\ x_{r+1} = c_1 \\ x_{r+2} = c_2 \\ \cdots \\ x_n = c_{n-r} \end{cases}. \quad ⑤$$

综上得到应用矩阵行初等变换解线性方程组的方法：首先写出方程组的增广矩阵 $\widetilde{\mathbf{A}}$，

然后应用行初等变换把增广矩阵 $\widetilde{\mathbf{A}}$ 化为行阶梯形，确定方程组是否有解，如无解，则解题结束；若有解，则继续化行阶梯形为行最简形，写出行最简形对应的线性方程组，便可得到全部解.

例 1　研究线性方程组，判断其解的情况.

$$\begin{cases} x_1 - x_2 + 3x_3 - x_4 = 1 \\ 2x_1 - x_2 - x_3 + 4x_4 = 2 \\ 3x_1 - 2x_2 + 2x_3 + 3x_4 = 3 \\ x_1 - 4x_3 + 5x_4 = -1 \end{cases}.$$

解　增广矩阵为

$$\widetilde{\mathbf{A}} = \begin{pmatrix} 1 & -1 & 3 & -1 & 1 \\ 2 & -1 & -1 & 4 & 2 \\ 3 & -2 & 2 & 3 & 3 \\ 1 & 0 & -4 & 5 & -1 \end{pmatrix}.$$

对 $\widetilde{\mathbf{A}}$ 进行行初等变换可化为

$$\begin{pmatrix} 1 & -1 & 3 & -1 & 1 \\ 0 & 1 & -7 & 6 & 0 \\ 0 & 0 & 0 & 0 & -2 \\ 0 & 0 & 0 & 0 & 0 \end{pmatrix}.$$

可见，$r(\mathbf{A})=2$，$r(\widetilde{\mathbf{A}})=3$. 因为 $r(\mathbf{A}) \neq r(\widetilde{\mathbf{A}})$，所以方程组无解.

例 2　解线性方程组

$$\begin{cases} x_1 + 2x_2 + 3x_3 + x_4 = 5 \\ 2x_1 + 2x_3 - 2x_4 = 2 \\ -x_1 - 2x_2 + 3x_3 + 2x_4 = 8 \\ x_1 + 2x_2 - 9x_3 - 5x_4 = -21 \end{cases}.$$

解　增广矩阵为

$$\widetilde{\mathbf{A}} = \begin{pmatrix} 1 & 2 & 3 & 1 & 5 \\ 2 & 0 & 2 & -2 & 2 \\ -1 & -2 & 3 & 2 & 8 \\ 1 & 2 & -9 & -5 & -21 \end{pmatrix},$$

对其进行行初等变换，化为

$$\begin{pmatrix} 1 & 0 & 0 & -\frac{3}{2} & -\frac{7}{6} \\ 0 & 1 & 0 & \frac{1}{2} & -\frac{1}{6} \\ 0 & 0 & 1 & \frac{1}{2} & \frac{13}{6} \\ 0 & 0 & 0 & 0 & 0 \end{pmatrix}.$$

由上式可看出，$r(\mathbf{A})=r(\widetilde{\mathbf{A}})=3<4$，所以方程组有无穷多解，对应的方程组是

$$\begin{cases} x_1-\dfrac{3}{2}x_4=-\dfrac{7}{6} \\ x_2+\dfrac{1}{2}x_4=-\dfrac{1}{6} \\ x_3+\dfrac{1}{2}x_4=\dfrac{13}{6} \end{cases}.$$

把 x_4 移到右边，作为自由未知量，得

$$\begin{cases} x_1=-\dfrac{7}{6}+\dfrac{3}{2}x_4 \\ x_2=-\dfrac{1}{6}-\dfrac{1}{2}x_4 \\ x_3=\dfrac{13}{6}-\dfrac{1}{2}x_4 \end{cases}.$$

取 $x_4=c$，则方程组的全部解为$\begin{cases} x_1=-\dfrac{7}{6}+\dfrac{3}{2}c \\ x_2=-\dfrac{1}{6}-\dfrac{1}{2}c \\ x_3=\dfrac{13}{6}-\dfrac{1}{2}c \end{cases}$. （$c$ 为任意常数）.

例 3 设线性方程组

$$\begin{cases} px_1+x_2+x_3=4 \\ x_1+tx_2+x_3=3 \\ x_1+2tx_2+x_3=4 \end{cases}.$$

试就 p,t 讨论方程组的解的情况，有解时并求出解.

解 对增广矩阵进行行初等变换

$$\widetilde{\mathbf{A}}=\begin{pmatrix} p & 1 & 1 & 4 \\ 1 & t & 1 & 3 \\ 1 & 2t & 1 & 4 \end{pmatrix} \to \begin{pmatrix} 1 & t & 1 & 3 \\ 0 & t & 0 & 1 \\ 0 & 1-pt & 1-p & 4-3p \end{pmatrix}$$

$$\to \begin{pmatrix} 1 & t & 1 & 3 \\ 0 & t & 0 & 1 \\ 0 & 1 & 1-p & 4-2p \end{pmatrix} \to \begin{pmatrix} 1 & t & 1 & 3 \\ 0 & 1 & 1-p & 4-2p \\ 0 & 0 & (p-1)t & 1-4t+2pt \end{pmatrix}.$$

(1)当$(p-1)t\neq 0$（即 $p\neq 1,t\neq 0$）时，有唯一解

$$x_1=\frac{2t-1}{(p-1)t},x_2=\frac{1}{t},x_3=\frac{1-4t+2pt}{(p-1)t}.$$

(2)当 $p=1$，且 $1-4t+2pt=1-2t=0$，即 $t=\dfrac{1}{2}$时，方程组有无穷多解，此时

$$\widetilde{A} \to \begin{pmatrix} 1 & \frac{1}{2} & 1 & 3 \\ 0 & 1 & 0 & 2 \\ 0 & 0 & 0 & 0 \end{pmatrix} \to \begin{pmatrix} 1 & 0 & 1 & 2 \\ 0 & 1 & 0 & 2 \\ 0 & 0 & 0 & 0 \end{pmatrix}.$$

于是方程组的一般解为

$$x = \begin{pmatrix} 2 \\ 2 \\ 0 \end{pmatrix} + c \begin{pmatrix} -1 \\ 0 \\ 1 \end{pmatrix} \text{（}c\text{ 为任意常数）}.$$

(3)当 $p=1$，但 $1-4t+2pt=1-2t\neq 0$，即 $t\neq\frac{1}{2}$ 时，方程组无解.

(4)当 $t=0$ 时，$1-4t+2pt=1\neq 0$，故方程组也无解.

例 4　在一次投料生产中，获得四种产品，每次测试总成本如表 3-1：

表 3-1　测试成本表

生产批次	产品/kg				总成本/元
	Ⅰ	Ⅱ	Ⅲ	Ⅳ	
1	200	100	100	50	2 900
2	500	250	200	100	7 050
3	100	40	40	20	1 360
4	400	180	160	60	5 500

试求每种产品的单位成本.

解　设Ⅰ，Ⅱ，Ⅲ，Ⅳ四种产品的单位成本分别为 x_1,x_2,x_3,x_4，由题意得方程组：

$$\begin{cases} 200x_1+100x_2+100x_3+50x_4=2\,900 \\ 500x_1+250x_2+200x_3+100x_4=7\,050 \\ 100x_1+40x_2+40x_3+20x_4=1\,360 \\ 400x_1+180x_2+160x_3+60x_4=5\,500 \end{cases},$$

化简，得

$$\begin{cases} 4x_1+2x_2+2x_3+x_4=58 \\ 10x_1+5x_2+4x_3+2x_4=141 \\ 5x_1+2x_2+2x_3+x_4=68 \\ 20x_1+9x_2+8x_3+3x_4=275 \end{cases},$$

写出增广矩阵

$$\begin{pmatrix} 4 & 2 & 2 & 1 & 58 \\ 10 & 5 & 4 & 2 & 141 \\ 5 & 2 & 2 & 1 & 68 \\ 20 & 9 & 8 & 3 & 275 \end{pmatrix},$$

对其进行行初等变换，化为

$$\begin{pmatrix}1&0&0&0&10\\0&1&0&0&5\\0&0&1&0&3\\0&0&0&1&2\end{pmatrix}.$$

由上面的矩阵可看出系数矩阵与增广矩阵的秩相等，并且等于未知数的个数，所以方程组有唯一解：

$$x_1=10,x_2=5,x_3=3,x_4=2.$$

特别地，对于齐次线性方程组

$$\begin{cases}a_{11}x_1+a_{12}x_2+\cdots+a_{1n}x_n=0\\a_{21}x_1+a_{22}x_2+\cdots+a_{2n}x_n=0\\\quad\cdots\\a_{m1}x_1+a_{m2}x_2+\cdots+a_{mn}x_n=0\end{cases},$$

显然有

$$x_1=0,x_2=0,\cdots,x_n=0,$$

这个解叫做零解，若方程组还有其他解，那么这些解就叫做非零解.由前面讨论我们知道，线性方程组若有解，则要不只有唯一解，要不就有无穷多组解，所以，对于齐次线性方程组若有非零解，则肯定有无穷多组解.

当然，对于上述齐次线性方程组，我们所关心的是它有没有非零解的问题.

由定理 1 知，当 $r(\boldsymbol{A})=n$ 时，上述方程组只有唯一解，那就是零解；当 $r(\boldsymbol{A})<n$ 时，上述方程组有无穷多个解，即除零解外还有非零解.于是有以下定理：

定理 2 齐次线性方程组 $\boldsymbol{Ax}=\boldsymbol{0}$ 有非零解的充分必要条件为 $r(\boldsymbol{A})<n$.

推论 2 当 $m<n$ 时，即方程个数小于未知量个数时，齐次线性方程组 $\boldsymbol{Ax}=\boldsymbol{0}$ 有非零解.

例 5 解齐次线性方程组

$$\begin{cases}x_1-x_2+x_3-x_4=0\\x_1-x_2-x_3+x_4=0\\x_1-x_2-2x_3+2x_4=0\end{cases}.$$

解 齐次线性方程组的增广矩阵为

$$\widetilde{\boldsymbol{A}}=\left(\begin{array}{cccc:c}1&-1&1&-1&0\\1&-1&-1&1&0\\1&-1&-2&2&0\end{array}\right).$$

对 $\widetilde{\boldsymbol{A}}$ 进行初等行变换，得

$$\widetilde{\boldsymbol{A}}=\left(\begin{array}{cccc:c}1&-1&1&-1&0\\1&-1&-1&1&0\\1&-1&-2&2&0\end{array}\right)\to\left(\begin{array}{cccc:c}1&-1&1&-1&0\\0&0&-2&2&0\\0&0&-3&3&0\end{array}\right)\to\left(\begin{array}{cccc:c}1&-1&1&-1&0\\0&0&-1&1&0\\0&0&-3&3&0\end{array}\right)$$

$$\to\left(\begin{array}{cccc:c}1&-1&1&-1&0\\0&0&1&-1&0\\0&0&0&0&0\end{array}\right)\to\left(\begin{array}{cccc:c}1&-1&0&0&0\\0&0&1&-1&0\\0&0&0&0&0\end{array}\right).$$

由此可看出，$r(\boldsymbol{A})=r(\widetilde{\boldsymbol{A}})=2<4$，故有非零解，其对应的方程组是

$$\begin{cases}x_1-x_2=0\\x_3-x_4=0\end{cases}.$$

把 x_2,x_4 看作自由未知量，移到右边，得 $\begin{cases}x_1=x_2\\x_3=x_4\end{cases}$.

设 $x_2=c_1,x_4=c_2$，则方程组的全部解为 $\begin{cases}x_1=c_1\\x_2=c_1\\x_3=c_2\\x_4=c_2\end{cases}$ $(c_1,c_2$ 为任意实数).

注　求解或判定齐次线性方程组是否有非零解，只对系数矩阵做行初等变换也是可以的.

第三节　向量与向量组的线性组合

一、向量及其线性运算

为了深入讨论线性方程组的问题，下面介绍 n 维向量的有关概念.

在平面几何中，坐标平面上每个点的位置可以用它的坐标来描述，点的坐标是一个有序数对 (x,y).一个 n 元方程

$$a_1x_1+a_2x_2+\cdots+a_nx_n=b$$

可以用一个 $n+1$ 元有序数组

$$(a_1,a_2,\cdots,a_n,b)$$

来表示.$1\times n$ 矩阵和 $n\times 1$ 矩阵也可以看作有序数组.一个企业一年中从 1 月到 12 月每月的产值也可用一个有序数组 $(a_1,a_2,\cdots,a_{12})$ 来表示.有序数组的应用非常广泛，有必要对它们进行深入的讨论.

定义 1　n 个实数组成的有序数组称为一个 n 维向量，简称向量. 一般用 $\boldsymbol{\alpha},\boldsymbol{\beta},\boldsymbol{\gamma},\cdots$ 等希腊字母来表示.

$$\boldsymbol{\alpha}=(a_1,a_2,\cdots,a_n)$$

称为一个 ***n* 维行向量**，其中 $a_i(1\leqslant i\leqslant n)$ 称为向量 $\boldsymbol{\alpha}$ 的第 i 个分量或坐标.

$$\boldsymbol{\beta}=\begin{pmatrix}b_1\\b_2\\\vdots\\b_n\end{pmatrix}$$

称为一个 ***n* 维列向量**，其中 $b_i(1\leqslant i\leqslant n)$ 称为向量 $\boldsymbol{\beta}$ 的**第 *i* 个分量或坐标**.要把列（行）向量写成行（列）的形式可用转置记号，例如

$$\boldsymbol{\beta}=\begin{pmatrix}b_1\\b_2\\\vdots\\b_n\end{pmatrix}\text{ 可写成 }\boldsymbol{\beta}=(b_1,b_2,\cdots,b_n)^{\mathrm{T}}.$$

本书中，用黑体小写字母表示的向量，在没有特别指明的情况下都默认为列向量.

实际上，n 维行向量可以看成 $1\times n$ 矩阵，n 维列向量也常看成 $n\times 1$ 矩阵.若干个同维数的列向量(或行向量)所组成的集合称为**向量组**.

例如，n 元齐次线性方程组 $\boldsymbol{Ax}=\mathbf{0}$，当 $r(\boldsymbol{A})<n$ 时，有无穷多组解，这无穷多组解向量就是一个含有无限多个 n 维列向量的向量组.

又如，矩阵 $\boldsymbol{A}=\begin{pmatrix}a_{11}&a_{12}&\cdots&a_{1n}\\a_{21}&a_{22}&\cdots&a_{2n}\\\vdots&\vdots&&\vdots\\a_{m1}&a_{m2}&\cdots&a_{mn}\end{pmatrix}$ 中的每一行 $\boldsymbol{\beta}_i=(a_{i1},a_{i2},\cdots,a_{in})$ $(i=1,2,\cdots,m)$ 都是 n 维行向量，每一列 $\boldsymbol{\alpha}_j=\begin{pmatrix}a_{1j}\\a_{2j}\\\vdots\\a_{mj}\end{pmatrix}$ $(j=1,2,\cdots,n)$ 都是 m 维列向量，称 $\boldsymbol{\alpha}_1,\boldsymbol{\alpha}_2,\cdots,\boldsymbol{\alpha}_n$ 为矩阵 $\boldsymbol{A}$ 的**列向量组**，$\boldsymbol{\beta}_1,\boldsymbol{\beta}_2,\cdots,\boldsymbol{\beta}_m$ 为矩阵 $\boldsymbol{A}$ 的**行向量组**.

将矩阵 $\boldsymbol{A}$ 按列按行分块我们容易得到

$$\boldsymbol{A}=(\boldsymbol{\alpha}_1,\boldsymbol{\alpha}_2,\cdots,\boldsymbol{\alpha}_n)=\begin{pmatrix}\boldsymbol{\beta}_1\\\boldsymbol{\beta}_2\\\vdots\\\boldsymbol{\beta}_m\end{pmatrix},$$

这样，矩阵 $\boldsymbol{A}$ 就与其列向量组或行向量组之间建立了一一对应关系.

于是容易得到以 $\widetilde{\boldsymbol{A}}=(\boldsymbol{A}\,\vdots\,\boldsymbol{b})=(\boldsymbol{\alpha}_1,\boldsymbol{\alpha}_2,\cdots,\boldsymbol{\alpha}_n,\boldsymbol{\beta})$ 为增广矩阵的线性方程组 $\boldsymbol{Ax}=\boldsymbol{b}$ 的向量形式：

$$x_1\boldsymbol{\alpha}_1+x_2\boldsymbol{\alpha}_2+\cdots+x_n\boldsymbol{\alpha}_n=\boldsymbol{\beta}. \quad ①$$

以 $\boldsymbol{A}$ 为系数矩阵的齐次线性方程组 $\boldsymbol{Ax}=\mathbf{0}$ 的向量表示为

$$x_1\boldsymbol{\alpha}_1+x_2\boldsymbol{\alpha}_2+\cdots+x_n\boldsymbol{\alpha}_n=\mathbf{0}, \quad ②$$

其中，$\boldsymbol{\alpha}_j=\begin{pmatrix}a_{1j}\\a_{2j}\\\vdots\\a_{mj}\end{pmatrix}$，$(j=1,2,\cdots,n)$，$\boldsymbol{\beta}=\begin{pmatrix}b_1\\b_2\\\vdots\\b_m\end{pmatrix}$，$\mathbf{0}=\begin{pmatrix}0\\0\\\vdots\\0\end{pmatrix}$.

综上，我们得到了与非齐次线性方程组 $\boldsymbol{Ax}=\boldsymbol{b}$ 等价的向量方程①；与齐次线性方程组 $\boldsymbol{Ax}=\mathbf{0}$ 等价的向量方程②.由此，在下面几节中，我们将利用线性方程组来解决向量组的线性组合与线性相关问题，用矩阵来解决向量组秩的问题.

n 维行向量就是 $1\times n$ 矩阵，n 维列向量就是 $n\times 1$ 矩阵，那么，矩阵的运算律同样适合向量.

设 k 和 l 为两个任意的常数，$\boldsymbol{\alpha}$，$\boldsymbol{\beta}$ 和 $\boldsymbol{\gamma}$ 为三个任意的 n 维向量，其中

$$\boldsymbol{\alpha}=(a_1,a_2,\cdots,a_n)^{\mathrm{T}},\quad \boldsymbol{\beta}=(b_1,b_2,\cdots,b_n)^{\mathrm{T}}.$$

定义 2　如果 $\boldsymbol{\alpha}$ 和 $\boldsymbol{\beta}$ 对应的分量都相等，即

$$a_i=b_i,i=1,2,\cdots,n,$$

就称这两个向量相等，记为 $\boldsymbol{\alpha}=\boldsymbol{\beta}$.

定义 3　向量

$$(a_1+b_1,a_2+b_2,\cdots,a_n+b_n)^{\mathrm{T}}$$

称为 $\boldsymbol{\alpha}$ 与 $\boldsymbol{\beta}$ 的和，记为 $\boldsymbol{\alpha}+\boldsymbol{\beta}$.称向量

$$(ka_1,ka_2,\cdots,ka_n)^{\mathrm{T}}$$

为 $\boldsymbol{\alpha}$ 与 k 的数量乘积，简称数乘，记为 $k\boldsymbol{\alpha}$.

定义 4　分量全为零的向量

$$(0,0,\cdots,0)^{\mathrm{T}}$$

称为零向量，记为 $\mathbf{0}$. $\boldsymbol{\alpha}$ 与 -1 的数乘

$$(-1)\boldsymbol{\alpha}=(-a_1,-a_2,\cdots,-a_n)^{\mathrm{T}}$$

称为 $\boldsymbol{\alpha}$ 的负向量，记为 $-\boldsymbol{\alpha}$.向量的减法定义为

$$\boldsymbol{\alpha}-\boldsymbol{\beta}=\boldsymbol{\alpha}+(-\boldsymbol{\beta}).$$

向量的加法和数乘运算统称为向量的线性运算.

定义 5　所有 n 维实向量的集合记为 R^n，我们称向量 R^n 为实 n 维向量空间，它是指在 R^n 中定义了加法及数乘这两种运算，并且这两种运算满足下列 8 条规律：

(1)$\boldsymbol{\alpha}+\boldsymbol{\beta}=\boldsymbol{\beta}+\boldsymbol{\alpha}$；

(2)$(\boldsymbol{\alpha}+\boldsymbol{\beta})+\boldsymbol{\gamma}=\boldsymbol{\alpha}+(\boldsymbol{\beta}+\boldsymbol{\gamma})$；

(3)$\boldsymbol{\alpha}+\mathbf{0}=\boldsymbol{\alpha}$；

(4)$\boldsymbol{\alpha}+(-\boldsymbol{\alpha})=\mathbf{0}$；

(5)$(k+l)\boldsymbol{\alpha}=k\boldsymbol{\alpha}+l\boldsymbol{\alpha}$；

(6)$k(\boldsymbol{\alpha}+\boldsymbol{\beta})=k\boldsymbol{\alpha}+k\boldsymbol{\beta}$；

(7)$1\boldsymbol{\alpha}=\boldsymbol{\alpha}$；

(8)$k(l\boldsymbol{\alpha})=(kl)\boldsymbol{\alpha}$.

显然 n 维行向量的相等和加法、减法及数乘运算的定义，与把它们看作 $1\times n$ 矩阵时的相等和加法、减法及数乘运算的定义是一致的.对应地，我们也可以定义列向量的加法、减法和数乘运算，这些运算与把它们看成矩阵时的加法、减法和数乘运算也是一致的.

例 1　设 $\boldsymbol{\alpha}_1=(2,-4,1,-1)^{\mathrm{T}}$，$\boldsymbol{\alpha}_2=(-3,-1,2,-2)^{\mathrm{T}}$，如果向量 $\boldsymbol{\beta}$ 满足 $3\boldsymbol{\alpha}_1-2(\boldsymbol{\beta}+\boldsymbol{\alpha}_2)=\mathbf{0}$，求 $\boldsymbol{\beta}$.

解　由题设条件　$3\boldsymbol{\alpha}_1-2(\boldsymbol{\beta}+\boldsymbol{\alpha}_2)=\mathbf{0}$，得

$$\begin{aligned}\boldsymbol{\beta}&=\frac{3}{2}\boldsymbol{\alpha}_1-\boldsymbol{\alpha}_2=\frac{3}{2}(2,-4,1,-1)^{\mathrm{T}}-(-3,-1,2,-2)^{\mathrm{T}}\\&=\left(3,-6,\frac{3}{2},-\frac{3}{2}\right)^{\mathrm{T}}-(-3,-1,2,-2)^{\mathrm{T}}=\left(6,-5,-\frac{1}{2},\frac{1}{2}\right)^{\mathrm{T}}.\end{aligned}$$

二、向量组的线性组合

以 $\widetilde{\boldsymbol{A}}=(\boldsymbol{A}\mid\boldsymbol{b})=(\boldsymbol{\alpha}_1,\boldsymbol{\alpha}_2,\cdots,\boldsymbol{\alpha}_n,\boldsymbol{\beta})$ 为增广矩阵的线性方程组 $\boldsymbol{Ax}=\boldsymbol{b}$ 的向量形式为

$$x_1\boldsymbol{\alpha}_1+x_2\boldsymbol{\alpha}_2+\cdots+x_n\boldsymbol{\alpha}_n=\boldsymbol{\beta},$$

那么常数列向量 $\boldsymbol{\beta}$ 与系数列向量组 $\boldsymbol{\alpha}_1,\boldsymbol{\alpha}_2,\cdots,\boldsymbol{\alpha}_n$ 是否存在如上的线性关系，就看是否存在一组数：$x_1=k_1,x_2=k_2,\cdots,x_n=k_n$，使如上线性关系式成立，即以 $\widetilde{\boldsymbol{A}}=(\boldsymbol{A}\mid\boldsymbol{b})=(\boldsymbol{\alpha}_1,\boldsymbol{\alpha}_2,\cdots,\boldsymbol{\alpha}_n,\boldsymbol{\beta})$ 为增广矩阵的线性方程组是否有解.

定义 6 给定向量组 $\boldsymbol{A}:\boldsymbol{\alpha}_1,\boldsymbol{\alpha}_2,\cdots,\boldsymbol{\alpha}_s$，对于任何一组实数 $k_1,k_2,\cdots,k_s$，表达式

$$k_1\boldsymbol{\alpha}_1+k_2\boldsymbol{\alpha}_2+\cdots+k_s\boldsymbol{\alpha}_s$$

称为向量组 $\boldsymbol{A}$ 的一个**线性组合**，$k_1,k_2,\cdots,k_s$ 称为这个线性组合的**系数**(或**权重**).

定义 7 给定向量组 $\boldsymbol{A}:\boldsymbol{\alpha}_1,\boldsymbol{\alpha}_2,\cdots,\boldsymbol{\alpha}_s$ 和向量 $\boldsymbol{\beta}$，若存在一组数 $k_1,k_2,\cdots,k_s$ 使

$$\boldsymbol{\beta}=k_1\boldsymbol{\alpha}_1+k_2\boldsymbol{\alpha}_2+\cdots+k_s\boldsymbol{\alpha}_s,$$

则称向量 $\boldsymbol{\beta}$ 是向量组 $\boldsymbol{A}$ 的线性组合，又称向量 $\boldsymbol{\beta}$ 能由向量组 $\boldsymbol{A}$ **线性表示**(或**线性表出**).

例 2 n 维向量组

$$\boldsymbol{\varepsilon}_1=(1,0,\cdots,0)^{\mathrm{T}},\boldsymbol{\varepsilon}_2=(0,1,\cdots,0)^{\mathrm{T}},\cdots,\boldsymbol{\varepsilon}_n=(0,0,\cdots,1)^{\mathrm{T}}$$

称为 n 维单位坐标向量组.任何一个 n 维向量 $\boldsymbol{\alpha}=(a_1,a_2,\cdots,a_n)^{\mathrm{T}}$ 都是 n 维单位向量组的线性组合，因为 $\boldsymbol{\alpha}=a_1\boldsymbol{\varepsilon}_1+a_2\boldsymbol{\varepsilon}_2+\cdots+a_n\boldsymbol{\varepsilon}_n$.

例 3 零向量是任何一组向量的线性组合.因为

$$\boldsymbol{0}=0\cdot\boldsymbol{\alpha}_1+0\cdot\boldsymbol{\alpha}_2+\cdots+0\cdot\boldsymbol{\alpha}_s.$$

例 4 向量组 $\boldsymbol{\alpha}_1,\boldsymbol{\alpha}_2,\cdots,\boldsymbol{\alpha}_s$ 中的任一向量 $\boldsymbol{\alpha}_j\,(1\leqslant j\leqslant s)$ 都是此向量组的线性组合.因为

$$\boldsymbol{\alpha}_j=0\cdot\boldsymbol{\alpha}_1+\cdots+1\cdot\boldsymbol{\alpha}_j+\cdots+0\cdot\boldsymbol{\alpha}_s.$$

例 5 证明：向量 $\boldsymbol{\beta}=(-1,1,5)$ 是向量 $\boldsymbol{\alpha}_1=(1,2,3),\boldsymbol{\alpha}_2=(0,1,4),\boldsymbol{\alpha}_3=(2,3,6)$ 的线性组合，并具体将 $\boldsymbol{\beta}$ 用 $\boldsymbol{\alpha}_1,\boldsymbol{\alpha}_2,\boldsymbol{\alpha}_3$ 表示出来.

证 先假定 $\boldsymbol{\beta}=\lambda_1\boldsymbol{\alpha}_1+\lambda_2\boldsymbol{\alpha}_2+\lambda_3\boldsymbol{\alpha}_3$，其中 $\lambda_1,\lambda_2,\lambda_3$ 为待定常数，则

$$\begin{aligned}(-1,1,5)&=\lambda_1(1,2,3)+\lambda_2(0,1,4)+\lambda_3(2,3,6)\\&=(\lambda_1,2\lambda_1,3\lambda_1)+(0,\lambda_2,4\lambda_2)+(2\lambda_3,3\lambda_3,6\lambda_3).\end{aligned}$$

由于两个向量相等的充要条件是它们的分量分别对应相等，因此可得方程组：

$$\begin{cases}\lambda_1+2\lambda_3=-1,\\2\lambda_1+\lambda_2+3\lambda_3=1,\\3\lambda_1+4\lambda_2+6\lambda_3=5.\end{cases}\Rightarrow\begin{cases}\lambda_1=1,\\\lambda_2=2,\\\lambda_3=-1.\end{cases}$$

于是 $\boldsymbol{\beta}$ 可以表示为 $\boldsymbol{\alpha}_1,\boldsymbol{\alpha}_2,\boldsymbol{\alpha}_3$ 的线性组合，它的表示式为 $\boldsymbol{\beta}=\boldsymbol{\alpha}_1+2\boldsymbol{\alpha}_2-\boldsymbol{\alpha}_3$.

注 (1)$\boldsymbol{\beta}$ 能由向量组 $\boldsymbol{\alpha}_1,\boldsymbol{\alpha}_2,\cdots,\boldsymbol{\alpha}_s$ 唯一线性表示的充分必要条件是线性方程组 $\boldsymbol{\alpha}_1x_1+\boldsymbol{\alpha}_2x_2+\cdots+\boldsymbol{\alpha}_sk_s=\boldsymbol{\beta}$ 有唯一解；

(2)$\boldsymbol{\beta}$ 能由向量组 $\boldsymbol{\alpha}_1,\boldsymbol{\alpha}_2,\cdots,\boldsymbol{\alpha}_s$ 线性表示且表示不唯一的充分必要条件是线性方程组 $\boldsymbol{\alpha}_1x_1+\boldsymbol{\alpha}_2x_2+\cdots+\boldsymbol{\alpha}_sk_s=\boldsymbol{\beta}$ 有无穷多个解；

(3)$\boldsymbol{\beta}$ 不能由向量组 $\boldsymbol{\alpha}_1,\boldsymbol{\alpha}_2,\cdots,\boldsymbol{\alpha}_s$ 线性表示的充分必要条件是线性方程组 $\boldsymbol{\alpha}_1x_1+\boldsymbol{\alpha}_2x_2+\cdots+\boldsymbol{\alpha}_sk_s=\boldsymbol{\beta}$ 无解；

定理 1　设向量 $\boldsymbol{\beta}=\begin{pmatrix}b_1\\b_2\\\vdots\\b_m\end{pmatrix}$，向量组 $\boldsymbol{\alpha}_j=\begin{pmatrix}a_{1j}\\a_{2j}\\\vdots\\a_{mj}\end{pmatrix}$ $(j=1,2,\cdots,n)$，则向量 $\boldsymbol{\beta}$ 可由向量组 $\boldsymbol{\alpha}_1,\boldsymbol{\alpha}_2,\cdots,\boldsymbol{\alpha}_n$ 线性表示的充分必要条件是：以 $\boldsymbol{\alpha}_1,\boldsymbol{\alpha}_2,\cdots,\boldsymbol{\alpha}_n$ 为列向量的矩阵与以 $\boldsymbol{\alpha}_1,\boldsymbol{\alpha}_2,\cdots,\boldsymbol{\alpha}_n,\boldsymbol{\beta}$ 为列向量的矩阵有相同的秩，即 $r(\boldsymbol{\alpha}_1,\boldsymbol{\alpha}_2,\cdots,\boldsymbol{\alpha}_n)=r(\boldsymbol{\alpha}_1,\boldsymbol{\alpha}_2,\cdots,\boldsymbol{\alpha}_n,\boldsymbol{\beta})$.

证　线性方程组

$$x_1\boldsymbol{\alpha}_1+x_2\boldsymbol{\alpha}_2+\cdots+x_n\boldsymbol{\alpha}_n=\boldsymbol{\beta}$$

有解的充分必要条件是：系数矩阵与增广矩阵的秩相同，即 $r(\mathbf{A})=r(\widetilde{\mathbf{A}})$.这就是说，向量 $\boldsymbol{\beta}$ 可由向量组 $\boldsymbol{\alpha}_1,\boldsymbol{\alpha}_2,\cdots,\boldsymbol{\alpha}_n$ 线性表示的充分必要条件是：以 $\boldsymbol{\alpha}_1,\boldsymbol{\alpha}_2,\cdots,\boldsymbol{\alpha}_n$ 为列向量的矩阵与以 $\boldsymbol{\alpha}_1,\boldsymbol{\alpha}_2,\cdots,\boldsymbol{\alpha}_n,\boldsymbol{\beta}$ 为列向量的矩阵有相同的秩，即 $r(\boldsymbol{\alpha}_1,\boldsymbol{\alpha}_2,\cdots,\boldsymbol{\alpha}_n)=r(\boldsymbol{\alpha}_1,\boldsymbol{\alpha}_2,\cdots,\boldsymbol{\alpha}_n,\boldsymbol{\beta})$.

定理 1 也可以叙述为：对于向量 $\boldsymbol{\beta}$ 和向量组 $\boldsymbol{\alpha}_1,\boldsymbol{\alpha}_2,\cdots,\boldsymbol{\alpha}_n$，其中 $\boldsymbol{\beta}=(b_1,b_2,\cdots,b_m)$，$\boldsymbol{\alpha}_j=(a_{1j},a_{2j},\cdots,a_{mj})$，$j=1,2,\cdots,n$，向量 $\boldsymbol{\beta}$ 可由向量组 $\boldsymbol{\alpha}_1,\boldsymbol{\alpha}_2,\cdots,\boldsymbol{\alpha}_n$ 线性表示的充分必要条件是：以 $\boldsymbol{\alpha}_1^{\mathrm{T}},\boldsymbol{\alpha}_2^{\mathrm{T}},\cdots,\boldsymbol{\alpha}_n^{\mathrm{T}}$ 为列向量的矩阵与以 $\boldsymbol{\alpha}_1^{\mathrm{T}},\boldsymbol{\alpha}_2^{\mathrm{T}},\cdots,\boldsymbol{\alpha}_n^{\mathrm{T}},\boldsymbol{\beta}^{\mathrm{T}}$ 为列向量的矩阵有相同的秩.

例 6　设 $\boldsymbol{\alpha}_1=(1,1,1,1)$，$\boldsymbol{\alpha}_2=(1,1,-1,-1)$，$\boldsymbol{\alpha}_3=(1,-1,1,-1)$，$\boldsymbol{\alpha}_4=(1,-1,-1,1)$，$\boldsymbol{\beta}=(1,2,1,1)$.试问 $\boldsymbol{\beta}$ 能否由 $\boldsymbol{\alpha}_1,\boldsymbol{\alpha}_2,\boldsymbol{\alpha}_3,\boldsymbol{\alpha}_4$ 线性表出？若能，写出具体表达式.

解　方法一　令　$\boldsymbol{\beta}=k_1\boldsymbol{\alpha}_1+k_2\boldsymbol{\alpha}_2+k_3\boldsymbol{\alpha}_3+k_4\boldsymbol{\alpha}_4$，
于是得线性方程组

$$\begin{cases}k_1+k_2+k_3+k_4=1\\k_1+k_2-k_3-k_4=2\\k_1-k_2+k_3-k_4=1\\k_1-k_2-k_3+k_4=1\end{cases}.$$

因为

$$\mathbf{A}=\begin{pmatrix}1&1&1&1\\1&1&-1&-1\\1&-1&1&-1\\1&-1&-1&1\end{pmatrix},\ |\mathbf{A}|=-16\neq 0,$$

由克莱姆法则求出

$$k_1=\frac{5}{4},k_2=\frac{1}{4},k_3=k_4=-\frac{1}{4}.$$

所以

$$\boldsymbol{\beta}=\frac{5}{4}\boldsymbol{\alpha}_1+\frac{1}{4}\boldsymbol{\alpha}_2-\frac{1}{4}\boldsymbol{\alpha}_3-\frac{1}{4}\boldsymbol{\alpha}_4,$$

即 $\boldsymbol{\beta}$ 能由 $\boldsymbol{\alpha}_1,\boldsymbol{\alpha}_2,\boldsymbol{\alpha}_3,\boldsymbol{\alpha}_4$ 线性表出.

方法二 根据定理 1，对矩阵 $\widetilde{\mathbf{A}}=(\boldsymbol{\alpha}_1^{\mathrm{T}},\boldsymbol{\alpha}_2^{\mathrm{T}},\boldsymbol{\alpha}_3^{\mathrm{T}},\boldsymbol{\alpha}_4^{\mathrm{T}},\boldsymbol{\beta}^{\mathrm{T}})$施以行初等变换，得

$$\widetilde{\boldsymbol{A}}=\begin{pmatrix}1&1&1&1&1\\1&1&-1&-1&2\\1&-1&1&-1&1\\1&-1&-1&1&1\end{pmatrix}\rightarrow\begin{pmatrix}1&1&1&1&1\\0&0&-2&-2&1\\0&-2&0&-2&0\\0&-2&-2&0&0\end{pmatrix}\rightarrow\begin{pmatrix}1&0&0&0&5/4\\0&1&0&0&1/4\\0&0&1&0&-1/4\\0&0&0&1&-1/4\end{pmatrix},$$

所以 $r(\boldsymbol{\alpha}_1^{\mathrm{T}},\boldsymbol{\alpha}_2^{\mathrm{T}},\boldsymbol{\alpha}_3^{\mathrm{T}},\boldsymbol{\alpha}_4^{\mathrm{T}},\boldsymbol{\beta}^{\mathrm{T}})=r(\boldsymbol{\alpha}_1^{\mathrm{T}},\boldsymbol{\alpha}_2^{\mathrm{T}},\boldsymbol{\alpha}_3^{\mathrm{T}},\boldsymbol{\alpha}_4^{\mathrm{T}})=4$,因此,$\boldsymbol{\beta}$ 能由 $\boldsymbol{\alpha}_1,\boldsymbol{\alpha}_2,\boldsymbol{\alpha}_3,\boldsymbol{\alpha}_4$ 线性表出.

由上面的行初等变换知,$k_1=\frac{5}{4},k_2=\frac{1}{4},k_3=k_4=-\frac{1}{4}$.所以

$$\boldsymbol{\beta}=\frac{5}{4}\boldsymbol{\alpha}_1+\frac{1}{4}\boldsymbol{\alpha}_2-\frac{1}{4}\boldsymbol{\alpha}_3-\frac{1}{4}\boldsymbol{\alpha}_4.$$

三、向量组间的线性表示

定义 8 如果向量组 $\boldsymbol{A}:\boldsymbol{\alpha}_1,\boldsymbol{\alpha}_2,\cdots,\boldsymbol{\alpha}_s$ 中每个向量都可由 $\boldsymbol{B}:\boldsymbol{\beta}_1,\boldsymbol{\beta}_2,\cdots,\boldsymbol{\beta}_t$ 线性表出,则称向量组 $\boldsymbol{A}:\boldsymbol{\alpha}_1,\boldsymbol{\alpha}_2,\cdots,\boldsymbol{\alpha}_s$ 可由 $\boldsymbol{B}:\boldsymbol{\beta}_1,\boldsymbol{\beta}_2,\cdots,\boldsymbol{\beta}_t$ **线性表出**,如果两个向量组互相可以线性表出,则称它们**等价**.

显然,每一个向量组都可以经它自身线性表出.

按定义,若向量组 $\boldsymbol{B}:\boldsymbol{\beta}_1,\boldsymbol{\beta}_2,\cdots,\boldsymbol{\beta}_t$ 能由向量组 $\boldsymbol{A}:\boldsymbol{\alpha}_1,\boldsymbol{\alpha}_2,\cdots,\boldsymbol{\alpha}_s$ 线性表示,则存在

$$k_{1j},k_{2j},\cdots,k_{sj}\ (j=1,2,\cdots,t)$$

使

$$\boldsymbol{\beta}_j=k_{1j}\boldsymbol{\alpha}_1+k_{2j}\boldsymbol{\alpha}_2+\cdots+k_{sj}\boldsymbol{\alpha}_s=(\boldsymbol{\alpha}_1,\boldsymbol{\alpha}_2,\cdots,\boldsymbol{\alpha}_s)\begin{pmatrix}k_{1j}\\k_{2j}\\\vdots\\k_{sj}\end{pmatrix}.$$

所以

$$(\boldsymbol{\beta}_1,\boldsymbol{\beta}_2,\cdots,\boldsymbol{\beta}_t)=(\boldsymbol{\alpha}_1,\boldsymbol{\alpha}_2,\cdots,\boldsymbol{\alpha}_s)\begin{pmatrix}k_{11}&k_{12}&\cdots&k_{1t}\\k_{21}&k_{22}&\cdots&k_{2t}\\\vdots&\vdots&&\vdots\\k_{s1}&k_{s2}&\cdots&k_{st}\end{pmatrix}.$$

即存在矩阵 $\boldsymbol{K}_{s\times t}$,使得 $\boldsymbol{B}_{n\times t}=\boldsymbol{A}_{n\times s}\boldsymbol{K}_{s\times t}$. 其中矩阵 $\boldsymbol{K}_{s\times t}=(k_{ij})_{s\times t}$ 称为这一线性表示的**系数矩阵**. 由此可得:

定理 2 若向量组 $\boldsymbol{A}$ 可由向量组 $\boldsymbol{B}$ 线性表示,向量组 $\boldsymbol{B}$ 可由向量组 $\boldsymbol{C}$ 线性表示,则向量组 $\boldsymbol{A}$ 可由向量组 $\boldsymbol{C}$ 线性表示.

由上述结论,得到向量组的等价具有下述性质:

(1)**反身性**:向量组 $\boldsymbol{\alpha}_1,\boldsymbol{\alpha}_2,\cdots,\boldsymbol{\alpha}_s$ 与它自己等价.

(2)**对称性**:如果向量组 $\boldsymbol{A}:\boldsymbol{\alpha}_1,\boldsymbol{\alpha}_2,\cdots,\boldsymbol{\alpha}_s$ 与向量组 $\boldsymbol{B}:\boldsymbol{\beta}_1,\boldsymbol{\beta}_2,\cdots,\boldsymbol{\beta}_t$ 等价,那么 $\boldsymbol{B}:\boldsymbol{\beta}_1,\boldsymbol{\beta}_2,\cdots,\boldsymbol{\beta}_t$ 也与 $\boldsymbol{A}:\boldsymbol{\alpha}_1,\boldsymbol{\alpha}_2,\cdots,\boldsymbol{\alpha}_s$ 等价.

(3)**传递性**:如果向量组 $\boldsymbol{A}:\boldsymbol{\alpha}_1,\boldsymbol{\alpha}_2,\cdots,\boldsymbol{\alpha}_s$ 与 $\boldsymbol{B}:\boldsymbol{\beta}_1,\boldsymbol{\beta}_2,\cdots,\boldsymbol{\beta}_t$ 等价,而向量组 $\boldsymbol{B}:\boldsymbol{\beta}_1,\boldsymbol{\beta}_2,\cdots,\boldsymbol{\beta}_t$ 又与 $\boldsymbol{C}:\boldsymbol{\gamma}_1,\boldsymbol{\gamma}_2,\cdots,\boldsymbol{\gamma}_s$ 等价,那么 $\boldsymbol{A}:\boldsymbol{\alpha}_1,\boldsymbol{\alpha}_2,\cdots,\boldsymbol{\alpha}_s$ 与 $\boldsymbol{C}:\boldsymbol{\gamma}_1,\boldsymbol{\gamma}_2,\cdots,\boldsymbol{\gamma}_p$ 等价.

第四节　向量组的线性相关性

对于本章第二节的齐次线性方程组 $\boldsymbol{A}\boldsymbol{x}=\boldsymbol{0}$，我们从另一观点进行研究，即从齐次线性方程组未知数的解转向对系数矩阵列向量组的研究.

以 $\boldsymbol{A}=(\boldsymbol{\alpha}_1,\boldsymbol{\alpha}_2,\cdots,\boldsymbol{\alpha}_n)$ 为系数矩阵的齐次线性方程组 $\boldsymbol{A}\boldsymbol{x}=\boldsymbol{0}$ 的向量形式为

$$x_1\boldsymbol{\alpha}_1+x_2\boldsymbol{\alpha}_2+\cdots+x_n\boldsymbol{\alpha}_n=\boldsymbol{0},$$

其中

$$\boldsymbol{\alpha}_j=\begin{pmatrix}a_{1j}\\a_{2j}\\\vdots\\a_{mj}\end{pmatrix}\ (j=1,2,\cdots,n),\quad \boldsymbol{0}=\begin{pmatrix}0\\0\\\vdots\\0\end{pmatrix}$$

都是 m 维列向量.我们知道齐次线性方程组肯定有零解，问题是是否只有唯一零解.

例如，对于齐次线性方程组

$$\begin{pmatrix}3\\-6\end{pmatrix}x_1+\begin{pmatrix}-2\\4\end{pmatrix}x_2=\begin{pmatrix}0\\0\end{pmatrix}$$

除有零解外，还有非零解，如 $x_1=2,x_2=3$.因此，其系数列向量组

$$\boldsymbol{\alpha}_1=\begin{pmatrix}3\\-6\end{pmatrix},\boldsymbol{\alpha}_2=\begin{pmatrix}-2\\4\end{pmatrix}$$

与零向量 $\boldsymbol{0}=\begin{pmatrix}0\\0\end{pmatrix}$ 之间，除有关系 $0\cdot\boldsymbol{\alpha}_1+0\cdot\boldsymbol{\alpha}_2=\boldsymbol{0}$ 之外，还有 $2\cdot\boldsymbol{\alpha}_1+3\cdot\boldsymbol{\alpha}_2=\boldsymbol{0}$ 等关系.

而齐次线性方程组

$$\begin{pmatrix}1\\3\end{pmatrix}x_1+\begin{pmatrix}-1\\4\end{pmatrix}x_2=\begin{pmatrix}0\\0\end{pmatrix}$$

仅有零解 $x_1=0,x_2=0$.因此，其系数列向量组 $\boldsymbol{\beta}_1=\begin{pmatrix}1\\3\end{pmatrix},\boldsymbol{\beta}_2=\begin{pmatrix}-1\\4\end{pmatrix}$ 与零向量 $\boldsymbol{0}=\begin{pmatrix}0\\0\end{pmatrix}$ 之间，仅有关系式 $0\cdot\boldsymbol{\beta}_1+0\cdot\boldsymbol{\beta}_2=\boldsymbol{0}$.

我们引入以下重要概念：

定义 1　对于向量组 $\boldsymbol{\alpha}_1,\boldsymbol{\alpha}_2,\cdots,\boldsymbol{\alpha}_s$，如果存在一组不全为零的数 $k_1,k_2,\cdots,k_s$，使

$$k_1\boldsymbol{\alpha}_1+k_2\boldsymbol{\alpha}_2+\cdots+k_s\boldsymbol{\alpha}_s=\boldsymbol{0} \qquad ①$$

成立，则称向量组 $\boldsymbol{\alpha}_1,\boldsymbol{\alpha}_2,\cdots,\boldsymbol{\alpha}_s$ 线性相关.反之，如果只有在 $k_1=k_2=\cdots=k_s=0$ 时，①才成立，则称向量组 $\boldsymbol{\alpha}_1,\boldsymbol{\alpha}_2,\cdots,\boldsymbol{\alpha}_s$ 线性无关.

前面例子中，$\boldsymbol{\alpha}_1=\begin{pmatrix}3\\-6\end{pmatrix},\boldsymbol{\alpha}_2=\begin{pmatrix}-2\\4\end{pmatrix}$ 线性相关，而 $\boldsymbol{\beta}_1=\begin{pmatrix}1\\3\end{pmatrix},\boldsymbol{\beta}_2=\begin{pmatrix}-1\\4\end{pmatrix}$ 线性无关.

显然　(1)一个向量组不是线性相关，就是线性无关；

(2)一个零向量线性相关，一个非零向量线性无关；

下面我们给出关于线性相关与线性组合的相关定理.

定理 1　向量组 $\boldsymbol{\alpha}_1,\boldsymbol{\alpha}_2,\cdots,\boldsymbol{\alpha}_s(s\geqslant 2)$ 线性相关的充要条件是其中至少有一个向量能

由其他向量线性表出.

证 设 $\boldsymbol{\alpha}_1,\boldsymbol{\alpha}_2,\cdots,\boldsymbol{\alpha}_s$ 中有一个向量能由其他向量线性表出，不妨设

$$\boldsymbol{\alpha}_1=k_2\boldsymbol{\alpha}_2+k_3\boldsymbol{\alpha}_3+\cdots+k_s\boldsymbol{\alpha}_s,$$

那么

$$-\boldsymbol{\alpha}_1+k_2\boldsymbol{\alpha}_2+\cdots+k_s\boldsymbol{\alpha}_s=\mathbf{0},$$

所以 $\boldsymbol{\alpha}_1,\boldsymbol{\alpha}_2,\cdots,\boldsymbol{\alpha}_s$ 线性相关.反过来，如果 $\boldsymbol{\alpha}_1,\boldsymbol{\alpha}_2,\cdots,\boldsymbol{\alpha}_s$ 线性相关，就有不全为零的数 k_1，$k_2,\cdots,k_s$，使

$$k_1\boldsymbol{\alpha}_1+k_2\boldsymbol{\alpha}_2+\cdots+k_s\boldsymbol{\alpha}_s=\mathbf{0}.$$

不妨设 $k_1\neq0$，那么

$$\boldsymbol{\alpha}_1=-\frac{k_2}{k_1}\boldsymbol{\alpha}_2-\frac{k_3}{k_1}\boldsymbol{\alpha}_3-\cdots-\frac{k_s}{k_1}\boldsymbol{\alpha}_s,$$

即 $\boldsymbol{\alpha}_1$ 能由 $\boldsymbol{\alpha}_2,\boldsymbol{\alpha}_3,\cdots,\boldsymbol{\alpha}_s$ 线性表出.

例如，对于向量组

$$\boldsymbol{\alpha}_1=(2,-1,3,1),\boldsymbol{\alpha}_2=(4,-2,5,4),\boldsymbol{\alpha}_3=(2,-1,4,-1),$$

显然，$\boldsymbol{\alpha}_3=3\boldsymbol{\alpha}_1-\boldsymbol{\alpha}_2$.所以，$\boldsymbol{\alpha}_1,\boldsymbol{\alpha}_2,\boldsymbol{\alpha}_3$ 是线性相关.

由定理 1，容易得出以下结论：

(1)仅含两个向量的向量组线性相关的充分必要条件是这两个向量的对应分量成比例；仅含两个向量的向量组线性无关的充分必要条件是这两个向量的对应分量不成比例.

(2)两个向量线性相关的几何意义是这两个向量共线，三个向量线性相关的几何意义是这三个向量共面.

由定义，列向量组 $\boldsymbol{\alpha}_1,\boldsymbol{\alpha}_2,\cdots,\boldsymbol{\alpha}_n$ 是否线性相关的问题就是齐次线性方程组

$$x_1\boldsymbol{\alpha}_1+x_2\boldsymbol{\alpha}_2+\cdots+x_n\boldsymbol{\alpha}_s=\mathbf{0}$$

是否有非零解的问题，而齐次线性方程组有非零解的充分必要条件是：系数矩阵的秩小于向量的个数 s，于是，得到如下定理：

定理 2 设有列向量组 $\boldsymbol{\alpha}_1,\boldsymbol{\alpha}_2,\cdots,\boldsymbol{\alpha}_s$，其中

$$\boldsymbol{\alpha}_j=\begin{pmatrix}a_{1j}\\a_{2j}\\\vdots\\a_{nj}\end{pmatrix},$$

则向量组 $\boldsymbol{\alpha}_1,\boldsymbol{\alpha}_2,\cdots,\boldsymbol{\alpha}_s$ 线性相关的充要条件是：以 $\boldsymbol{\alpha}_1,\boldsymbol{\alpha}_2,\cdots,\boldsymbol{\alpha}_n$ 为列向量组的矩阵的秩小于向量的个数 s，即 $r(\boldsymbol{\alpha}_1,\boldsymbol{\alpha}_2,\cdots,\boldsymbol{\alpha}_n)<s$.

推论 1 s 个 n 维列向量组 $\boldsymbol{\alpha}_1,\boldsymbol{\alpha}_2,\cdots,\boldsymbol{\alpha}_s$ 线性无关的充要条件是：以 $\boldsymbol{\alpha}_1,\boldsymbol{\alpha}_2,\cdots,\boldsymbol{\alpha}_s$ 为列向量组的矩阵 $\mathbf{A}=(\boldsymbol{\alpha}_1,\boldsymbol{\alpha}_2,\cdots,\boldsymbol{\alpha}_s)$ 的秩等于向量的个数 s.

推论 2 设 n 个 n 维向量 $\boldsymbol{\alpha}_j=(a_{1j},a_{2j},\cdots,a_{nj})(j=1,2,\cdots,n)$，则向量组 $\boldsymbol{\alpha}_1,\boldsymbol{\alpha}_2,\cdots,\boldsymbol{\alpha}_n$ 线性相关的充分必要条件是由向量组 $\boldsymbol{\alpha}_1,\boldsymbol{\alpha}_2,\cdots,\boldsymbol{\alpha}_n$ 组成的矩阵的行列式

$$\begin{vmatrix} a_{11} & a_{12} & \cdots & a_{1n} \\ a_{21} & a_{22} & \cdots & a_{2n} \\ \vdots & \vdots & & \vdots \\ a_{n1} & a_{n2} & \cdots & a_{nn} \end{vmatrix}=0.$$

向量组 $\boldsymbol{\alpha}_1,\boldsymbol{\alpha}_2,\cdots,\boldsymbol{\alpha}_n$ 线性无关的充分必要条件是

$$\begin{vmatrix} a_{11} & a_{12} & \cdots & a_{1n} \\ a_{21} & a_{22} & \cdots & a_{2n} \\ \vdots & \vdots & & \vdots \\ a_{n1} & a_{n2} & \cdots & a_{nn} \end{vmatrix}\neq 0.$$

上述结论对于矩阵的行向量组也同样成立.

推论 3　如果向量组中所含向量个数大于向量维数,则向量组线性相关.

证　设 $\boldsymbol{\alpha}_j=(a_{1j},a_{2j},\cdots,a_{mj})(j=1,2,\cdots,n)$,因为 $m<n$,即齐次线性方程组

$$x_1\boldsymbol{\alpha}_1+x_2\boldsymbol{\alpha}_2+\cdots+x_n\boldsymbol{\alpha}_n=\mathbf{0}$$

的方程个数小于未知量个数,所以有非零解.由此得证.

定理 3　如果向量组中有一部分向量(部分组)线性相关,则整个向量组线性相关.

证　设向量组 $\boldsymbol{\alpha}_1,\boldsymbol{\alpha}_2,\cdots,\boldsymbol{\alpha}_r$ 有 r 个($r\leqslant s$)向量的部分组线性相关.不妨设这个部分组为 $\boldsymbol{\alpha}_1,\boldsymbol{\alpha}_2,\cdots,\boldsymbol{\alpha}_r$,则存在不全为零的数 $k_1,k_2,\cdots,k_r$ 使

$$k_1\boldsymbol{\alpha}_1+k_2\boldsymbol{\alpha}_2+\cdots+k_r\boldsymbol{\alpha}_r=\mathbf{0}$$

成立,因而存在一组不全为零的数 $k_1,k_2,\cdots,k_r,0,0,\cdots,0$,使

$$\sum_{i=1}^{s}k_i\boldsymbol{\alpha}_i=\sum_{i=1}^{r}k_i\boldsymbol{\alpha}_i+\sum_{j=r+1}^{s}0\cdot\boldsymbol{\alpha}_j=\mathbf{0}$$

成立,因此 $\boldsymbol{\alpha}_1,\boldsymbol{\alpha}_2,\cdots,\boldsymbol{\alpha}_s$ 也线性相关.

推论 4　若向量组 $\boldsymbol{\alpha}_1,\boldsymbol{\alpha}_2,\cdots,\boldsymbol{\alpha}_s$ 含有零向量,则向量组 $\boldsymbol{\alpha}_1,\boldsymbol{\alpha}_2,\cdots,\boldsymbol{\alpha}_s$ 线性相关.

推论 5　线性无关的向量组中的任何一部分组皆线性无关.

例 1　讨论 n 维单位向量组 $\boldsymbol{\varepsilon}_1=(1,0,\cdots,0)^{\mathrm{T}},\boldsymbol{\varepsilon}_2=(0,1,\cdots,0)^{\mathrm{T}},\cdots,\boldsymbol{\varepsilon}_n=(0,0,\cdots,1)^{\mathrm{T}}$ 的线性相关性.

解　n 维单位向量组构成的矩阵

$$\boldsymbol{E}=(\boldsymbol{\varepsilon}_1,\boldsymbol{\varepsilon}_2,\cdots,\boldsymbol{\varepsilon}_n)=\begin{pmatrix} 1 & 0 & \cdots & 0 \\ 0 & 1 & \cdots & 0 \\ \vdots & \vdots & & \vdots \\ 0 & 0 & \cdots & 1 \end{pmatrix}$$

是 n 阶单位矩阵. 因为 $|\boldsymbol{E}|=1\neq0$,由推论 2 知,此向量是线性无关的.

例 2　判断向量组

$$\boldsymbol{\alpha}_1=(1,1,1),\boldsymbol{\alpha}_2=(0,2,5),\boldsymbol{\alpha}_3=(1,3,6)$$

的线性相关性.

解　方法一(定义法)　对任一常数 k_1,k_2,k_3,都有

$$k_1\boldsymbol{\alpha}_1+k_2\boldsymbol{\alpha}_2+k_3\boldsymbol{\alpha}_3=(k_1+k_3,k_1+2k_2+3k_3,k_1+5k_2+6k_3).$$

要使

$$k_1\boldsymbol{\alpha}_1+k_2\boldsymbol{\alpha}_2+k_3\boldsymbol{\alpha}_3=\mathbf{0}$$

成立,当且仅当

$$\begin{cases}k_1+k_3=0\\k_1+2k_2+3k_3=0.\\k_1+5k_2+6k_3=0\end{cases}$$

由于

$$k_1=1,k_2=1,k_3=-1$$

满足上述的方程组,因此

$$1\boldsymbol{\alpha}_1+1\boldsymbol{\alpha}_2+(-1)\boldsymbol{\alpha}_3=\mathbf{0},$$

所以 $\boldsymbol{\alpha}_1,\boldsymbol{\alpha}_2,\boldsymbol{\alpha}_3$ 线性相关.

方法二(行列式法) 因 $|\boldsymbol{\alpha}_1^{\mathrm{T}},\boldsymbol{\alpha}_2^{\mathrm{T}},\boldsymbol{\alpha}_3^{\mathrm{T}}|=\begin{vmatrix}1&0&1\\1&2&3\\1&5&6\end{vmatrix}=0$,所以 $\boldsymbol{\alpha}_1,\boldsymbol{\alpha}_2,\boldsymbol{\alpha}_3$ 线性相关.

例 3 判断向量组

$$\boldsymbol{\alpha}_1=(1,2,-1,5),\boldsymbol{\alpha}_2=(2,-1,1,1),\boldsymbol{\alpha}_3=(4,3-1,11)$$

是否线性相关.

解 对矩阵$(\boldsymbol{\alpha}_1^{\mathrm{T}},\boldsymbol{\alpha}_2^{\mathrm{T}},\boldsymbol{\alpha}_3^{\mathrm{T}})$施以行初等变换化为阶梯形矩阵:

$$A=(\boldsymbol{\alpha}_1^{\mathrm{T}},\boldsymbol{\alpha}_2^{\mathrm{T}},\boldsymbol{\alpha}_3^{\mathrm{T}})=\begin{pmatrix}1&2&4\\2&-1&3\\-1&1&-1\\5&1&11\end{pmatrix}\to\begin{pmatrix}1&2&4\\0&-5&-5\\0&3&3\\0&-9&-9\end{pmatrix}\to\begin{pmatrix}1&2&4\\0&1&1\\0&0&0\\0&0&0\end{pmatrix},$$

因为 $r(\mathbf{A})=2<3$,所以向量组 $\boldsymbol{\alpha}_1,\boldsymbol{\alpha}_2,\boldsymbol{\alpha}_3$ 线性相关.

定理 4 若向量组 $\boldsymbol{\beta}_1,\cdots,\boldsymbol{\beta}_s,\boldsymbol{\alpha}$ 线性相关,而向量组 $\boldsymbol{\beta}_1,\boldsymbol{\beta}_2,\cdots,\boldsymbol{\beta}_s$ 线性无关,则向量 $\boldsymbol{\alpha}$ 可由 $\boldsymbol{\beta}_1,\boldsymbol{\beta}_2,\cdots,\boldsymbol{\beta}_s$ 线性表示且表示法唯一.

证 由于 $\boldsymbol{\beta}_1,\boldsymbol{\beta}_2,\cdots,\boldsymbol{\beta}_t,\boldsymbol{\alpha}$ 线性相关,就有不全为零的数 $k_1,k_2,\cdots,k_t,k$ 使

$$k_1\boldsymbol{\beta}_1+k_2\boldsymbol{\beta}_2+\cdots+k_t\boldsymbol{\beta}_t+k\boldsymbol{\alpha}=\mathbf{0}.$$

由 $\boldsymbol{\beta}_1,\boldsymbol{\beta}_2,\cdots,\boldsymbol{\beta}_t$ 线性无关可知 $k\neq0$. 因此

$$\boldsymbol{\alpha}=-\frac{k_1}{k}\boldsymbol{\beta}_1-\frac{k_2}{k}\boldsymbol{\beta}_2-\cdots-\frac{k_t}{k}\boldsymbol{\beta}_t,$$

即 $\boldsymbol{\alpha}$ 可由 $\boldsymbol{\beta}_1,\boldsymbol{\beta}_2,\cdots,\boldsymbol{\beta}_t$线性表出.设

$$\boldsymbol{\alpha}=l_1\boldsymbol{\beta}_1+l_2\boldsymbol{\beta}_2+\cdots+l_t\boldsymbol{\beta}_t=h_1\boldsymbol{\beta}_1+h_2\boldsymbol{\beta}_2+\cdots+h_t\boldsymbol{\beta}_t$$

为两个表示式.由

$$\begin{aligned}\boldsymbol{\alpha}-\boldsymbol{\alpha}&=(l_1\boldsymbol{\beta}_1+\boldsymbol{\beta}_2+\cdots+l_t\boldsymbol{\beta}_t)-(h_1\boldsymbol{\beta}_1+h_2\boldsymbol{\beta}_2+\cdots+h_t\boldsymbol{\beta}_t)\\&=(l_1-h_1)\boldsymbol{\beta}_1+(l_2-h_2)\boldsymbol{\beta}_2+\cdots+(l_t-h_t)\boldsymbol{\beta}_t=\mathbf{0}\end{aligned}$$

和 $\boldsymbol{\beta}_1,\boldsymbol{\beta}_2,\cdots,\boldsymbol{\beta}_t$线性无关可以得到

$$l_1=h_1,\ l_2=h_2,\ \cdots,\ l_t=h_t.$$

因此表示法是唯一的.

定理 5 如果向量组 $\boldsymbol{\alpha}_1,\boldsymbol{\alpha}_2,\cdots,\boldsymbol{\alpha}_s$ 可由向量组 $\boldsymbol{\beta}_1,\boldsymbol{\beta}_2,\cdots,\boldsymbol{\beta}_t$ 线性表出,且 $s>t$,那么

$\boldsymbol{\alpha}_1,\boldsymbol{\alpha}_2,\cdots,\boldsymbol{\alpha}_s$ 线性相关.

证　我们不妨假定讨论的是列向量，如果 $\boldsymbol{\alpha}_1,\boldsymbol{\alpha}_2,\cdots,\boldsymbol{\alpha}_s$ 可由 $\boldsymbol{\beta}_1,\boldsymbol{\beta}_2,\cdots,\boldsymbol{\beta}_t$ 线性表出，那么

$$\boldsymbol{\alpha}_i=(\boldsymbol{\beta}_1,\boldsymbol{\beta}_2,\cdots,\boldsymbol{\beta}_t)\begin{pmatrix}p_{i1}\\p_{i2}\\\vdots\\p_{it}\end{pmatrix}=(\boldsymbol{\beta}_1,\boldsymbol{\beta}_2,\cdots,\boldsymbol{\beta}_t)\cdot\boldsymbol{\gamma}_i.$$

令

$$\boldsymbol{A}=(\boldsymbol{\gamma}_1,\boldsymbol{\gamma}_2,\cdots,\boldsymbol{\gamma}_s)\text{，有}$$

$$(\boldsymbol{\alpha}_1,\boldsymbol{\alpha}_2,\cdots,\boldsymbol{\alpha}_s)=(\boldsymbol{\beta}_1,\boldsymbol{\beta}_2,\cdots,\boldsymbol{\beta}_t)\boldsymbol{A},$$

这里 $\boldsymbol{\gamma}_1,\boldsymbol{\gamma}_2,\cdots,\boldsymbol{\gamma}_s$ 为由 s 个向量组成的 t 维列向量组.注意到 $s>t$，因此它们必线性相关.因此有非零 $s\times1$ 矩阵

$$(k_1,k_2,\cdots,k_s)^{\mathrm{T}}$$

使得

$$\boldsymbol{A}\begin{pmatrix}k_1\\k_2\\\vdots\\k_s\end{pmatrix}=(\boldsymbol{\gamma}_1,\boldsymbol{\gamma}_2,\cdots,\boldsymbol{\gamma}_s)\begin{pmatrix}k_1\\k_2\\\vdots\\k_s\end{pmatrix}=\mathbf{0}.$$

从而

$$(\boldsymbol{\alpha}_1,\boldsymbol{\alpha}_2,\cdots,\boldsymbol{\alpha}_s)\begin{pmatrix}k_1\\k_2\\\vdots\\k_s\end{pmatrix}=(\boldsymbol{\beta}_1,\boldsymbol{\beta}_2,\cdots,\boldsymbol{\beta}_s)\boldsymbol{A}\begin{pmatrix}k_1\\k_2\\\vdots\\k_s\end{pmatrix}=\mathbf{0}.$$

即有 $\boldsymbol{\alpha}_1,\boldsymbol{\alpha}_2,\cdots,\boldsymbol{\alpha}_s$ 线性相关.

推论 6　如果向量组 $\boldsymbol{\alpha}_1,\boldsymbol{\alpha}_2,\cdots,\boldsymbol{\alpha}_s$ 可由向量组 $\boldsymbol{\beta}_1,\boldsymbol{\beta}_2,\cdots,\boldsymbol{\beta}_t$ 线性表出，且 $\boldsymbol{\alpha}_1,\boldsymbol{\alpha}_2,\cdots,\boldsymbol{\alpha}_s$ 线性无关，那么 $s\leqslant t$.

推论 7　两个线性无关的等价的向量组必含有相同个数的向量.

例 4　证明：若向量组 $\boldsymbol{\alpha},\boldsymbol{\beta},\boldsymbol{\gamma}$ 线性无关，则向量组 $\boldsymbol{\alpha}+\boldsymbol{\beta},\boldsymbol{\beta}+\boldsymbol{\gamma},\boldsymbol{\gamma}+\boldsymbol{\alpha}$ 亦线性无关.

证　设有一组数 k_1,k_2,k_3，使

$$k_1(\boldsymbol{\alpha}+\boldsymbol{\beta})+k_2(\boldsymbol{\beta}+\boldsymbol{\gamma})+k_3(\boldsymbol{\gamma}+\boldsymbol{\alpha})=\mathbf{0} \tag{①}$$

成立，整理得

$$(k_1+k_3)\boldsymbol{\alpha}+(k_1+k_2)\boldsymbol{\beta}+(k_2+k_3)\boldsymbol{\gamma}=\mathbf{0}.$$

由 $\boldsymbol{\alpha},\boldsymbol{\beta},\boldsymbol{\gamma}$ 线性无关，故

$$\begin{cases}k_1+k_3=0\\k_1+k_2=0.\\k_2+k_3=0\end{cases} \tag{②}$$

因为 $\begin{vmatrix}1&0&1\\1&1&0\\0&1&1\end{vmatrix}=2\neq0$，故方程组②仅有零解.即只有 $k_1=k_2=k_3=0$ 时①式才成立.

因而向量组 $\boldsymbol{\alpha}+\boldsymbol{\beta},\boldsymbol{\beta}+\boldsymbol{\gamma},\boldsymbol{\gamma}+\boldsymbol{\alpha}$ 线性无关.

例 5 设向量组 $\boldsymbol{a}_1,\boldsymbol{a}_2,\boldsymbol{a}_3$ 线性相关，向量组 $\boldsymbol{a}_2,\boldsymbol{a}_3,\boldsymbol{a}_4$ 线性无关，证明：

(1)$\boldsymbol{a}_1$ 能由 $\boldsymbol{a}_2,\boldsymbol{a}_3$ 线性表示；

(2)$\boldsymbol{a}_4$ 不能由 $\boldsymbol{a}_1,\boldsymbol{a}_2,\boldsymbol{a}_3$ 线性表示.

证 (1)因 $\boldsymbol{a}_2,\boldsymbol{a}_3,\boldsymbol{a}_4$ 线性无关，故 $\boldsymbol{a}_2,\boldsymbol{a}_3$ 线性无关，又 $\boldsymbol{a}_1,\boldsymbol{a}_2,\boldsymbol{a}_3$ 线性相关，从而 $\boldsymbol{a}_1$ 能由 $\boldsymbol{a}_2,\boldsymbol{a}_3$ 线性表示；

(2)用反证法. 假设 $\boldsymbol{a}_4$ 能由 $\boldsymbol{a}_1,\boldsymbol{a}_2,\boldsymbol{a}_3$ 线性表示，而由(1)知 $\boldsymbol{a}_1$ 能由 $\boldsymbol{a}_2,\boldsymbol{a}_3$ 线性表示，因此 $\boldsymbol{a}_4$ 能由 $\boldsymbol{a}_2,\boldsymbol{a}_3$ 表示，这与 $\boldsymbol{a}_2,\boldsymbol{a}_3,\boldsymbol{a}_4$ 线性无关矛盾.

证毕.

第五节 向量组的秩

本节我们考察向量组 $\boldsymbol{A}:\boldsymbol{\alpha}_1,\boldsymbol{\alpha}_2,\cdots,\boldsymbol{\alpha}_s$ 中含向量个数最大的线性无关的部分组——极大线性无关向量组，确定 $\boldsymbol{A}:\boldsymbol{\alpha}_1,\boldsymbol{\alpha}_2,\cdots,\boldsymbol{\alpha}_s$ 中极大线性无关向量组所含向量的个数，即向量组的秩. 并进一步讨论向量组的秩与矩阵的秩之间的关系，这个关系是我们研究线性方程组解的结构的一个强有力的工具.

一、极大线性无关向量组

定义 1 设有向量组 $\boldsymbol{A}:\boldsymbol{\alpha}_1,\boldsymbol{\alpha}_2,\cdots,\boldsymbol{\alpha}_s$，若在向量组 $\boldsymbol{A}$ 中能选出 r 个向量 $\boldsymbol{\alpha}_1,\boldsymbol{\alpha}_2,\cdots,\boldsymbol{\alpha}_r$，满足

(1)向量组 $\boldsymbol{A}_0:\boldsymbol{\alpha}_1,\boldsymbol{\alpha}_2,\cdots,\boldsymbol{\alpha}_r$ 线性无关；

(2)向量组 $\boldsymbol{A}$ 中任意 $r+1$ 个向量(若有的话)都线性相关.

则称向量组 $\boldsymbol{A}_0$ 是向量组 $\boldsymbol{A}$ 的一个**极大线性无关向量组**(简称为**极大无关组**).

例 1 在向量组 $\boldsymbol{\alpha}_1=(2,-1,3,1),\boldsymbol{\alpha}_2=(4,-2,5,4),\boldsymbol{\alpha}_3=(2,-1,4,-1)$ 中，$\boldsymbol{\alpha}_1,\boldsymbol{\alpha}_2$ 为它的一个极大线性无关组. 首先，由 $\boldsymbol{\alpha}_1$ 与 $\boldsymbol{\alpha}_2$ 的分量不成比例，所以 $\boldsymbol{\alpha}_1,\boldsymbol{\alpha}_2$ 线性无关，再添入 $\boldsymbol{\alpha}_3$ 以后，由

$$\boldsymbol{\alpha}_3=3\boldsymbol{\alpha}_1-\boldsymbol{\alpha}_2$$

可知所得部分组 $\alpha_1,\alpha_2,\alpha_3$ 线性相关，根据定义，$\boldsymbol{\alpha}_1,\boldsymbol{\alpha}_2$ 为它的一个极大线性无关组.

不难验证 $\boldsymbol{\alpha}_2,\boldsymbol{\alpha}_3$ 也为一个极大线性无关组. 由此可见，向量组的极大无关组可能不止一个，但由上节推论 7 知，其向量的个数是相同的.

若向量组 $\boldsymbol{A}_0$：$\boldsymbol{\alpha}_1,\boldsymbol{\alpha}_2,\cdots,\boldsymbol{\alpha}_r$ 为向量组 $\boldsymbol{A}$ 的一个极大无关组，显然，$\boldsymbol{A}_0$ 中每个向量可由 $\boldsymbol{A}_0$ 线性表示. 设 $\boldsymbol{\alpha}$ 为 $\boldsymbol{A}$ 中不属于 $\boldsymbol{A}_0$ 的任一向量，在向量组 $\boldsymbol{A}_0$ 中添加 $\boldsymbol{\alpha}$，则 $\boldsymbol{\alpha}_1,\boldsymbol{\alpha}_2,\cdots,\boldsymbol{\alpha}_r,\boldsymbol{\alpha}$ 必线性相关，显然 $\boldsymbol{\alpha}$ 可由 $\boldsymbol{A}_0$ 线性表示，故我们得到与定义 1 等价的定义 1′.

定义 1′ 一向量组的一个部分组称为一个极大线性无关组，如果这个部分组本身是线性无关的，并且这向量组中任意向量都可由这部分组线性表出.

显然，只含有一个零向量的向量组没有极大无关组.

根据极大无关组的定义 1′及上节推论 7，我们不难得到向量组的极大线性无关组具有如下性质：

性质 1　一向量组的极大线性无关组与向量组本身等价.

性质 2　一向量组的任意两个极大线性无关组都等价.

性质 3　一向量组的极大线性无关组都含有相同个数的向量.

性质 3 表明向量组的极大线性无关组所含向量的个数与极大线性无关组的选择无关,它反映了向量组本身的特征.

二、向量组的秩与矩阵的秩

定义 2　向量组 $\boldsymbol{\alpha}_1,\boldsymbol{\alpha}_2,\cdots,\boldsymbol{\alpha}_s$ 的极大无关组所含向量的个数称为该向量组的**秩**,记为$r(\boldsymbol{\alpha}_1,\boldsymbol{\alpha}_2,\cdots,\boldsymbol{\alpha}_s)$或 $R(\boldsymbol{\alpha}_1,\boldsymbol{\alpha}_2,\cdots,\boldsymbol{\alpha}_s)$.

规定:由零向量组成的向量组的秩为 0.

例如,例 1 中向量组 $\boldsymbol{\alpha}_1,\boldsymbol{\alpha}_2,\boldsymbol{\alpha}_3$的极大无关组所含向量个数为 2,所以 $r(\boldsymbol{\alpha}_1,\boldsymbol{\alpha}_2,\boldsymbol{\alpha}_3)=2$.

由于线性无关向量组本身就是它的极大线性无关组,所以我们有

结论　(1)一向量组线性无关的充要条件为它的秩与它所含向量的个数相同.

(2)秩为 r 的向量组中任意含 r 个向量的线性无关的部分组都是极大线性无关组.

定义 3　矩阵的**行秩**是指它的行向量组的秩,矩阵的**列秩**是指它的列向量组的秩.

定理 1　设 $\boldsymbol{A}$ 为 $m\times n$ 矩阵,则矩阵 $\boldsymbol{A}$ 的行秩等于矩阵 $\boldsymbol{A}$ 的列秩,也等于矩阵的秩$r(\boldsymbol{A})$.

证　设 $r(\boldsymbol{A})=r$,则由矩阵的秩的定义知,存在 r 阶非零子式,而任意 $r+1$ 阶的子式都等于 0.设 $\boldsymbol{D}_r$ 是矩阵 $\boldsymbol{A}$ 的一个最高阶非零子式,则 $\boldsymbol{D}_r$ 所在的 r 列列向量线性无关,而矩阵 $\boldsymbol{A}$ 的列向量组中所有 $r+1$ 列列向量都线性相关,故 $\boldsymbol{D}_r$ 所在的 r 列列向量就是 $\boldsymbol{A}$ 的列向量组的一个极大线性无关组,所以矩阵 $\boldsymbol{A}$ 的列秩为 $r(\boldsymbol{A})=r$.

同理可证,矩阵 $\boldsymbol{A}$ 的行秩也为 $r(\boldsymbol{A})=r$.

从定理 1 的证明中可见:矩阵 $\boldsymbol{A}$ 的一个最高阶非零子式 $\boldsymbol{D}_r$ 所在的 r 列列向量就是 $\boldsymbol{A}$ 的列向量组的一个极大线性无关组,$\boldsymbol{D}_r$ 所在的 r 行行向量就是 $\boldsymbol{A}$ 的行向量组的一个极大线性无关组.

如,行阶梯形矩阵$\begin{pmatrix}1&1&-2&1&4\\0&1&-1&1&0\\0&0&0&1&-3\\0&0&0&0&0\end{pmatrix}$,显然,其三个非零首元所在的第 1,2,4 三列 $\boldsymbol{\alpha}_1,\boldsymbol{\alpha}_2,\boldsymbol{\alpha}_4$ 一定为其列向量组的一个极大无关组,因为它们所拼成的矩阵的秩等于 3.当然,第 1,2,5 列,第 1,3,4 列,第 1,3,5 列也都分别是其列向量组的一个极大无关组.

设对矩阵 $\boldsymbol{A}$ 只作行初等变换将该矩阵化为行阶梯形矩阵 $\boldsymbol{B}$,则以 $\boldsymbol{A}$ 为系数矩阵的齐次线性方程组与以 $\boldsymbol{B}$ 为系数矩阵的齐次线性方程组具有相同的解,故矩阵 $\boldsymbol{A}$ 的列向量组与矩阵 $\boldsymbol{B}$ 的列向量组具有相同的线性关系,矩阵 $\boldsymbol{A}$ 的行向量组与矩阵 $\boldsymbol{B}$ 的行向量组等价.

由此,我们得到求极大无关组的方法:

以向量组中各向量为列向量组成矩阵,对该矩阵只作行初等变换化为行阶梯形矩阵,则可直接写出所求向量组的极大无关组.

例 2 设矩阵 $\boldsymbol{A}=\begin{pmatrix}2 & -1 & -1 & 1 & 2\\ 1 & 1 & -2 & 1 & 4\\ 4 & -6 & 2 & -2 & 4\\ 3 & 6 & -9 & 7 & 9\end{pmatrix}$，求矩阵 $\boldsymbol{A}$ 的列向量组的一个极大无关组，并把不属于极大无关组的列向量用极大无关组线性表示.

解 对 $\boldsymbol{A}$ 施行行初等变换化为行阶梯形矩阵，得

$$\boldsymbol{A}\longrightarrow\begin{pmatrix}1 & 1 & -2 & 1 & 4\\ 0 & 1 & -1 & 1 & 0\\ 0 & 0 & 0 & 1 & -3\\ 0 & 0 & 0 & 0 & 0\end{pmatrix}\longrightarrow\begin{pmatrix}1 & 0 & -1 & 0 & 4\\ 0 & 1 & -1 & 0 & 3\\ 0 & 0 & 0 & 1 & -3\\ 0 & 0 & 0 & 0 & 0\end{pmatrix}.$$

知 $r(\boldsymbol{A})=3$，故 $\boldsymbol{A}$ 的列向量组的极大无关组含 3 个向量.

而 $\boldsymbol{A}$ 的行阶梯形矩阵 $\boldsymbol{B}$ 的主元列为第 1，2，4 三列，故行阶梯形矩阵 $\boldsymbol{B}$ 的第 1，2，4 列就是 $\boldsymbol{B}$ 的列向量组的一个极大无关组，由于矩阵 $\boldsymbol{A}$ 与 $\boldsymbol{B}$ 的列向量组具有相同的线性关系，所以 $\boldsymbol{\alpha}_1,\boldsymbol{\alpha}_2,\boldsymbol{\alpha}_4$ 为 $\boldsymbol{A}$ 的列向量组的一个极大无关组.并且，由 $\boldsymbol{A}$ 的行最简形矩阵有

$$\begin{cases}\boldsymbol{\alpha}_3=-\boldsymbol{\alpha}_1-\boldsymbol{\alpha}_2,\\ \boldsymbol{\alpha}_5=4\boldsymbol{\alpha}_1+3\boldsymbol{\alpha}_2-3\boldsymbol{\alpha}_4.\end{cases}$$

例 3 求向量组

$\boldsymbol{\alpha}_1=(1,2,-1,1)^{\mathrm{T}},\boldsymbol{\alpha}_2=(2,0,t,0)^{\mathrm{T}},\boldsymbol{\alpha}_3=(0,-4,5,-2)^{\mathrm{T}},\boldsymbol{\alpha}_4=(3,-2,t+4,-1)^{\mathrm{T}}$
的秩和一个极大无关组.

解 向量的分量中含参数 t，向量组的秩和极大无关组与 t 的取值有关. 对下列矩阵作行初等变换：

$$(\boldsymbol{\alpha}_1\ \boldsymbol{\alpha}_2\ \boldsymbol{\alpha}_3\ \boldsymbol{\alpha}_4)=\begin{pmatrix}1 & 2 & 0 & 3\\ 2 & 0 & -4 & -2\\ -1 & t & 5 & t+4\\ 1 & 0 & -2 & -1\end{pmatrix}\longrightarrow\begin{pmatrix}1 & 2 & 0 & 3\\ 0 & -4 & -4 & -8\\ 0 & t+2 & 5 & t+7\\ 0 & -2 & -2 & -4\end{pmatrix}$$

$$\longrightarrow\begin{pmatrix}1 & 2 & 0 & 3\\ 0 & 1 & 1 & 2\\ 0 & 0 & 3-t & 3-t\\ 0 & 0 & 0 & 0\end{pmatrix}.$$

显然，$\boldsymbol{\alpha}_1,\boldsymbol{\alpha}_2$ 线性无关，且

(1)当 $t=3$ 时，$r(\boldsymbol{\alpha}_1,\boldsymbol{\alpha}_2,\boldsymbol{\alpha}_3,\boldsymbol{\alpha}_4)=2$，且 $\boldsymbol{\alpha}_1,\boldsymbol{\alpha}_2$ 是极大无关组；

(2)当 $t\neq3$ 时，$r(\boldsymbol{\alpha}_1,\boldsymbol{\alpha}_2,\boldsymbol{\alpha}_3,\boldsymbol{\alpha}_4)=3$，且 $\boldsymbol{\alpha}_1,\boldsymbol{\alpha}_2,\boldsymbol{\alpha}_3$ 是极大无关组.

例 4 设 $\boldsymbol{A}_{m\times n}$ 及 $\boldsymbol{B}_{n\times s}$ 为两个矩阵，证明：$\boldsymbol{A}$ 与 $\boldsymbol{B}$ 乘积的秩不大于 $\boldsymbol{A}$ 的秩和 $\boldsymbol{B}$ 的秩，即 $r(\boldsymbol{AB})\leqslant\min(r(\boldsymbol{A}),r(\boldsymbol{B}))$.

证 设 $\boldsymbol{A}=(a_{ij})_{m\times n}=(\boldsymbol{\alpha}_1\ \boldsymbol{\alpha}_2\cdots\ \boldsymbol{\alpha}_n)$，$\boldsymbol{B}=(b_{ij})_{n\times s}$，$\boldsymbol{AB}=\boldsymbol{C}=(c_{ij})_{m\times s}=(\boldsymbol{\gamma}_1\ \boldsymbol{\gamma}_2\cdots\ \boldsymbol{\gamma}_s)$，

即
$$(\boldsymbol{\gamma}_1\ \boldsymbol{\gamma}_2\cdots\ \boldsymbol{\gamma}_s)=(\boldsymbol{\alpha}_1\ \boldsymbol{\alpha}_2\cdots\ \boldsymbol{\alpha}_n)\begin{pmatrix}b_{11} & \cdots & b_{1j} & \cdots & b_{1s}\\ b_{21} & \cdots & b_{2j} & \cdots & b_{2s}\\ \vdots & & \vdots & & \vdots\\ b_{n1} & \cdots & b_{nj} & \cdots & b_{ns}\end{pmatrix}.$$

因此有 $$\boldsymbol{\gamma}_j = b_{1j}\boldsymbol{\alpha}_1 + b_{2j}\boldsymbol{\alpha}_2 + \cdots + b_{nj}\boldsymbol{\alpha}_n \quad (j = 12\cdots s).$$
即 $\boldsymbol{AB}$ 的列向量组 $\boldsymbol{\gamma}_1,\boldsymbol{\gamma}_2,\cdots,\boldsymbol{\gamma}_s$ 可由 $\boldsymbol{A}$ 的列向量组 $\boldsymbol{\alpha}_1,\boldsymbol{\alpha}_2,\cdots,\boldsymbol{\alpha}_n$ 线性表示，故 $\boldsymbol{\gamma}_1,\boldsymbol{\gamma}_2,\cdots,\boldsymbol{\gamma}_s$ 的极大无关组可由 $\boldsymbol{\alpha}_1,\boldsymbol{\alpha}_2,\cdots,\boldsymbol{\alpha}_n$ 的极大无关组线性表示，由上节推论 6 可知
$$r(\boldsymbol{AB}) \leqslant r(\boldsymbol{A}).$$

类似地：设 $\boldsymbol{B} = (b_{ij}) = \begin{pmatrix} \boldsymbol{\beta}_1 \\ \boldsymbol{\beta}_2 \\ \vdots \\ \boldsymbol{\beta}_n \end{pmatrix}$，$\boldsymbol{AB} = (a_{ij})\begin{pmatrix} \boldsymbol{\beta}_1 \\ \boldsymbol{\beta}_2 \\ \vdots \\ \boldsymbol{\beta}_n \end{pmatrix}$，可以证明 $r(\boldsymbol{AB}) \leqslant r(\boldsymbol{B})$.

因此，$r(\boldsymbol{AB}) \leqslant \min(r(\boldsymbol{A}), r(\boldsymbol{B}))$.

据此，再由本章第三节知，若向量组 $\boldsymbol{B}:\boldsymbol{\beta}_1,\boldsymbol{\beta}_2,\cdots,\boldsymbol{\beta}_t$ 能由向量组 $\boldsymbol{A}:\boldsymbol{\alpha}_1,\boldsymbol{\alpha}_2,\cdots,\boldsymbol{\alpha}_s$ 线性表示，则存在系数矩阵 $\boldsymbol{K}_{s\times t}$，使得 $\boldsymbol{B}_{n\times t} = \boldsymbol{A}_{n\times s}\boldsymbol{K}_{s\times t}$，于是有定理：

定理 2　若向量组 B 能由向量组 $\boldsymbol{A}$ 线性表示，则 $r(\boldsymbol{B}) \leqslant r(\boldsymbol{A})$.

推论 1　等价的向量组的秩相等.

第六节　线性方程组解的结构

线性方程组的解集是线性代数研究的重要内容.由本章第二节知道，对于一般的线性方程组 $\boldsymbol{Ax} = \boldsymbol{b}$，当 $r(\boldsymbol{A} \mid \boldsymbol{b}) = r(\boldsymbol{A}) = r$ 小于未知量个数时，方程组有无穷多组解，且这无穷多组解可以用向量表示.本节将进一步从向量角度揭示这无穷多组解向量之间的关系，即解的结构.

一、齐次线性方程组解的结构

对于齐次线性方程组 $\boldsymbol{Ax} = \boldsymbol{0}$，其中 $\boldsymbol{A} = (a_{ij})_{m\times n}$ 为系数矩阵，$\boldsymbol{x} = \begin{pmatrix} x_1 \\ x_2 \\ \vdots \\ x_n \end{pmatrix}$ 为未知量向量，称满足 $\boldsymbol{Ax} = \boldsymbol{0}$ 的向量 $\boldsymbol{x} = \begin{pmatrix} x_1 \\ x_2 \\ \vdots \\ x_m \end{pmatrix}$ 为方程组 $\boldsymbol{Ax} = \boldsymbol{0}$ 的解向量.显然零向量肯定是齐次线性方程组的解，称为零解.

$\boldsymbol{Ax} = \boldsymbol{0}$ 的解向量具有如下性质：

性质 1　若 $\boldsymbol{\xi}_1,\boldsymbol{\xi}_2$ 为方程组 $\boldsymbol{Ax} = \boldsymbol{0}$ 的解，则 $\boldsymbol{\xi}_1 + \boldsymbol{\xi}_2$ 也是该方程组的解.

证　因为 $\boldsymbol{\xi}_1,\boldsymbol{\xi}_2$ 为方程组 $\boldsymbol{Ax} = \boldsymbol{0}$ 的解，所以
$$\boldsymbol{A\xi}_1 = \boldsymbol{0}, \boldsymbol{A\xi}_2 = \boldsymbol{0},$$
$$\boldsymbol{A}(\boldsymbol{\xi}_1 + \boldsymbol{\xi}_2) = \boldsymbol{0},$$
即 $\boldsymbol{\xi}_1 + \boldsymbol{\xi}_2$ 也是该方程组的解.

性质 2　若 $\boldsymbol{\xi}_1$ 为方程组 $\boldsymbol{Ax} = \boldsymbol{0}$ 的解，k 为实数，则 $k\boldsymbol{\xi}_1$ 也是 $\boldsymbol{Ax} = \boldsymbol{0}$ 的解.

证 因为 $\boldsymbol{\xi}_1$ 为方程组 $\boldsymbol{Ax}=\boldsymbol{0}$ 的解，所以

$$\boldsymbol{A\xi}_1=\boldsymbol{0},\boldsymbol{A}(k\boldsymbol{\xi}_1)=\boldsymbol{0},$$

即 $k\boldsymbol{\xi}_1$ 也是 $\boldsymbol{Ax}=\boldsymbol{0}$ 的解.

由此可知,齐次线性方程组的解向量的线性组合也是该齐次线性方程组的解,即设 $\boldsymbol{\xi}_1,\boldsymbol{\xi}_2,\cdots,\boldsymbol{\xi}_s$ 为齐次线性方程组 $\boldsymbol{Ax}=\boldsymbol{0}$ 的解向量,$c_1,c_2,\cdots,c_s$ 为任意常数,则

$$\boldsymbol{\xi}=c_1\boldsymbol{\xi}_1+c_2\boldsymbol{\xi}_2+\cdots+c_s\boldsymbol{\xi}_s$$

也是 $\boldsymbol{Ax}=\boldsymbol{0}$ 的解.

由本章第二节知道,当 $r(\boldsymbol{A})<n$(其中 n 为未知数个数),齐次线性方程组 $\boldsymbol{Ax}=\boldsymbol{0}$ 有无穷多组解,除零解外,还有非零解.那么这无穷多组解向量之间有什么关系,又如何表示呢?

例如,考察齐次线性方程组 $\begin{cases}3x_1-2x_2+x_3=0\\-6x_1+4x_2-2x_3=0\end{cases}$,由消元法得到其全部解

$$\begin{cases}x_1=\dfrac{2}{3}x_2-\dfrac{1}{3}x_3\\x_2=x_2\\x_3=x_3\end{cases},$$

其中 x_2, x_3为自由未知量.设 $x_2=c_1,x_3=c_2,c_1,c_2$ 为任意常数,则方程组的全部解可以写成如下参数向量形式

$$\begin{pmatrix}x_1\\x_2\\x_3\end{pmatrix}=c_1\begin{pmatrix}\dfrac{2}{3}\\1\\0\end{pmatrix}+c_2\begin{pmatrix}-\dfrac{1}{3}\\0\\1\end{pmatrix},$$

即
$$\boldsymbol{x}=c_1\boldsymbol{\eta}_1+c_2\boldsymbol{\eta}_2\quad(c_1,c_2\text{ 为任意常数}).$$

称 $\boldsymbol{\eta}_1,\boldsymbol{\eta}_2$ 为该齐次线性方程组的一个基础解系.上式为齐次线性方程组的全部解,称为通解.

定义 1 齐次线性方程组 $\boldsymbol{Ax}=\boldsymbol{0}$ 的有限个解 $\boldsymbol{\eta}_1,\boldsymbol{\eta}_2,\cdots,\boldsymbol{\eta}_t$ 满足:

(1)$\boldsymbol{\eta}_1,\boldsymbol{\eta}_2,\cdots,\boldsymbol{\eta}_t$ 线性无关;

(2)$\boldsymbol{Ax}=\boldsymbol{0}$ 的任意一个解均可由 $\boldsymbol{\eta}_1,\boldsymbol{\eta}_2,\cdots,\boldsymbol{\eta}_t$ 线性表示.

则称 $\boldsymbol{\eta}_1,\boldsymbol{\eta}_2,\cdots,\boldsymbol{\eta}_t$ 是齐次线性方程组 $\boldsymbol{Ax}=\boldsymbol{0}$ 的一个基础解系.

显然,若齐次线性方程组只有零解,则没有基础解系;若有非零解,则基础解系就是解向量组的一个极大线性无关组,基础解系的任意线性组合都是齐次线性方程组的解.

若 $\boldsymbol{\eta}_1,\boldsymbol{\eta}_2,\cdots,\boldsymbol{\eta}_t$ 是齐次线性方程组 $\boldsymbol{Ax}=\boldsymbol{0}$ 的一个基础解系,则 $\boldsymbol{Ax}=\boldsymbol{0}$ 的全部解可表示为

$$c_1\boldsymbol{\eta}_1+c_2\boldsymbol{\eta}_2+\cdots+c_t\boldsymbol{\eta}_t,$$

也称其为齐次线性方程组 $\boldsymbol{Ax}=\boldsymbol{0}$ 的通解,其中 $c_1,c_2,\cdots,c_t$ 为任意实数.

显然,基础解系不是唯一的,但其所含解向量的个数唯一,即其自由未知量个数.

定理 1 对齐次线性方程组 $\boldsymbol{Ax}=\boldsymbol{0}$,若 $r(\boldsymbol{A})=r<n$, 则该方程组的基础解系一定存在,且每个基础解系中所含解向量的个数均等于 $n-r$, 其中 n 是方程组所含未知量的

个数.

证　由第二节知道,当 $r(\boldsymbol{A})=r<n$ 时,由消元法得到齐次线性方程组 $\boldsymbol{Ax}=\boldsymbol{0}$ 的同解方程组

$$\begin{cases} x_1=-k_{1r+1}x_{r+1}-\cdots-k_{1n}x_n \\ x_2=-k_{2r+1}x_{r+1}-\cdots-k_{2n}x_n \\ \qquad\cdots \\ x_r=-k_{rr+1}x_{r+1}-\cdots-k_{rn}x_n \end{cases},$$

其中 $x_{r+1},x_{r+2},\cdots,x_n$ 为自由未知量,分别取

$$\begin{pmatrix} x_{r+1} \\ x_{r+2} \\ \vdots \\ x_n \end{pmatrix}=\begin{pmatrix} 1 \\ 0 \\ \vdots \\ 0 \end{pmatrix},\begin{pmatrix} 0 \\ 1 \\ \vdots \\ 0 \end{pmatrix},\cdots,\begin{pmatrix} 0 \\ 0 \\ \vdots \\ 1 \end{pmatrix},$$

代入到上述同解方程组,得

$$\begin{pmatrix} x_1 \\ x_2 \\ \vdots \\ x_r \end{pmatrix}=\begin{pmatrix} -k_{1,r+1} \\ -k_{2,r+1} \\ \vdots \\ -k_{r,r+1} \end{pmatrix},\begin{pmatrix} -k_{1,r+2} \\ -k_{2,r+2} \\ \vdots \\ -k_{r,r+2} \end{pmatrix},\cdots,\begin{pmatrix} -k_{1n} \\ -k_{2n} \\ \vdots \\ -k_{rn} \end{pmatrix}.$$

从而得到方程组 $\boldsymbol{Ax}=\boldsymbol{0}$ 的 $n-r$ 个解为

$$\boldsymbol{\eta}_1=\begin{pmatrix} -k_{1,r+1} \\ \vdots \\ -k_{r,r+1} \\ 1 \\ 0 \\ \vdots \\ 0 \end{pmatrix},\boldsymbol{\eta}_2=\begin{pmatrix} -k_{1,r+2} \\ \vdots \\ -k_{r,r+2} \\ 0 \\ 1 \\ \vdots \\ 0 \end{pmatrix},\cdots,\boldsymbol{\eta}_{n-r}=\begin{pmatrix} -k_{1n} \\ \vdots \\ -k_{rn} \\ 0 \\ 0 \\ \vdots \\ 1 \end{pmatrix}.$$

下面我们证明 $\boldsymbol{\eta}_1,\boldsymbol{\eta}_2,\cdots,\boldsymbol{\eta}_{n-r}$ 就是 $\boldsymbol{Ax}=\boldsymbol{0}$ 的一个基础解系.

首先,这 $n-r$ 个解向量显然线性无关.

其次,由上述同解方程组有

$$\boldsymbol{x}=x_{r+1}\begin{pmatrix} -k_{1,r+1} \\ \vdots \\ -k_{r,r+1} \\ 1 \\ 0 \\ \vdots \\ 0 \end{pmatrix}+x_{r+2}\begin{pmatrix} -k_{1,r+2} \\ \vdots \\ -k_{r,r+2} \\ 0 \\ 1 \\ \vdots \\ 0 \end{pmatrix}+\cdots+x_n\begin{pmatrix} -k_{1n} \\ \vdots \\ -k_{rn} \\ 0 \\ 0 \\ \vdots \\ 1 \end{pmatrix}$$

$$=\boldsymbol{\eta}_1x_{r+1}+\boldsymbol{\eta}_2x_{r+2}+\cdots\boldsymbol{\eta}_{n-r}x_n,$$

即任一解向量 $\boldsymbol{x}$ 都可表示为 $\boldsymbol{\eta}_1,\boldsymbol{\eta}_2,\cdots,\boldsymbol{\eta}_{n-r}$ 的线性组合.

综上所述，$\boldsymbol{\eta}_1,\boldsymbol{\eta}_2,\cdots,\boldsymbol{\eta}_{n-r}$ 就是 $\boldsymbol{Ax}=\boldsymbol{0}$ 的一个基础解系.

注 定理1的证明过程实际上给出了求齐次线性方程组的基础解系的一般方法.

推论1(齐次线性方程组解的结构定理) 齐次线性方程组 $\boldsymbol{Ax}=\boldsymbol{0}$ 若有非零解，则它的通解就是基础解系的线性组合.

例1 求齐次线性方程组 $\begin{cases}x_1+x_2-x_3-x_4=0\\2x_1-5x_2+3x_3+2x_4=0\\7x_1-7x_2+3x_3+x_4=0\end{cases}$

的一个基础解系与通解.

解 对系数矩阵 $\boldsymbol{A}$ 作行初等变换，化为行最简矩阵：

$$\boldsymbol{A}=\begin{pmatrix}1&1&-1&-1\\2&-5&3&2\\7&-7&3&1\end{pmatrix}\longrightarrow\begin{pmatrix}1&0&-2/7&-3/7\\0&1&-5/7&-4/7\\0&0&0&0\end{pmatrix},$$

得到原方程组的同解方程组

$$\begin{cases}x_1=(2/7)x_3+(3/7)x_4\\x_2=(5/7)x_3+(4/7)x_4\end{cases}. \qquad ①$$

令 $\begin{pmatrix}x_3\\x_4\end{pmatrix}=\begin{pmatrix}1\\0\end{pmatrix},\begin{pmatrix}0\\1\end{pmatrix}$，即得基础解系

$$\boldsymbol{\eta}_1=\begin{pmatrix}2/7\\5/7\\1\\0\end{pmatrix},\boldsymbol{\eta}_2=\begin{pmatrix}3/7\\4/7\\0\\1\end{pmatrix},$$

并由此得到通解

$$\begin{pmatrix}x_1\\x_2\\x_3\\x_4\end{pmatrix}=c_1\begin{pmatrix}2/7\\5/7\\1\\0\end{pmatrix}+c_2\begin{pmatrix}3/7\\4/7\\0\\1\end{pmatrix},(c_1,c_2\in\mathbf{R}).$$

注 在第二节中，线性方程组的解法是从①式直接写出方程组的全部解(通解). 实际上也可从①式先取基础解系，再写出通解，两种解法其实没有多少区别.

例2 λ 取何值时，方程组

$$\begin{cases}x_1+x_2+\lambda x_3=0\\-x_1+\lambda x_2+x_3=0\\x_1-x_2+2x_3=0\end{cases}$$

有非零解，并求其通解.

解 由于所给方程组是属于方程个数与未知量的个数相同的特殊情形，可以通过判断其系数行列式是否为零，来确定方程组是否有零解.其系数行列式为

$$|\boldsymbol{A}|=\begin{vmatrix}1 & 1 & \lambda\\ -1 & \lambda & 1\\ 1 & -1 & 2\end{vmatrix}=(\lambda+1)(4-\lambda),$$

当$|\boldsymbol{A}|=0$,即$\lambda=-1$或4时,有非零解.

将$\lambda=-1$代入原方程,得

$$\begin{cases}x_1+x_2-x_3=0\\ -x_1-x_2+x_3=0.\\ x_1-x_2+2x_3=0\end{cases}$$

方程组的系数矩阵

$$\boldsymbol{A}=\begin{pmatrix}1 & 1 & -1\\ -1 & -1 & 1\\ 1 & -1 & 2\end{pmatrix}\to\begin{pmatrix}1 & 1 & -1\\ 0 & 0 & 0\\ 0 & -2 & 3\end{pmatrix}\to\begin{pmatrix}1 & 0 & \frac{1}{2}\\ 0 & 1 & -\frac{3}{2}\\ 0 & 0 & 0\end{pmatrix}.$$

得同解方程组

$$\begin{cases}x_1+\dfrac{1}{2}x_3=0\\ x_2-\dfrac{3}{2}x_3=0\end{cases}.$$

把x_3看作自由未知量,令$x_3=2$得

$$x_1=-1,x_2=3,$$

从而得基础解系

$$\boldsymbol{\xi}=\begin{pmatrix}-1\\ 3\\ 2\end{pmatrix}.$$

所以,方程组的通解为$\boldsymbol{x}=k\boldsymbol{\xi}$,($k$为任意实数).

同理,当$\lambda=4$时,可求得方程组的通解为

$$\boldsymbol{x}=k\begin{pmatrix}-3\\ -1\\ 1\end{pmatrix}\ (k\text{ 为任意实数}).$$

例3　求出一个齐次线性方程组,使它的基础解系由下列向量组成:

$$\boldsymbol{\xi}_1=\begin{pmatrix}1\\ 2\\ 3\\ 4\end{pmatrix},\qquad \boldsymbol{\xi}_2=\begin{pmatrix}4\\ 3\\ 2\\ 1\end{pmatrix}.$$

解　设所求得齐次线性方程组为$\boldsymbol{Ax}=\boldsymbol{0}$,矩阵$\boldsymbol{A}$的行向量形如$\boldsymbol{\alpha}^{\mathrm{T}}=(a_1,a_2,a_3,a_4)$,根据题意,有$\boldsymbol{\alpha}^{\mathrm{T}}\boldsymbol{\xi}_1=0,\boldsymbol{\alpha}^{\mathrm{T}}\boldsymbol{\xi}_2=0$,即$\begin{cases}a_1+2a_2+3a_3+4a_4=0\\ 4a_1+3a_2+2a_3+a_4=0\end{cases}.$

设这个方程组系数矩阵为 $\boldsymbol{B}$，对 $\boldsymbol{B}$ 进行行初等变换，得

$$\boldsymbol{B}=\begin{pmatrix}1&2&3&4\\4&3&2&1\end{pmatrix}\longrightarrow\begin{pmatrix}1&2&3&4\\0&-5&-10&-15\end{pmatrix}\longrightarrow\begin{pmatrix}1&0&-1&-2\\0&1&2&3\end{pmatrix}.$$

这个方程组的同解方程组为

$$\begin{cases}a_1-a_3-2a_4=0\\a_2+2a_3+3a_4=0\end{cases}.$$

其基础解系为 $\begin{pmatrix}1\\-2\\1\\0\end{pmatrix},\begin{pmatrix}2\\-3\\0\\1\end{pmatrix}$，故可取矩阵 $\boldsymbol{A}$ 的行向量为 $\boldsymbol{\alpha}_1^{\mathrm{T}}=(1,-2,1,0)$，$\boldsymbol{\alpha}_2^{\mathrm{T}}=(2,-3,0,1)$，故所求齐次线性方程组的系数矩阵 $\boldsymbol{A}=\begin{pmatrix}1&-2&1&0\\2&-3&0&1\end{pmatrix}$.

所求齐次线性方程组为 $\begin{cases}x_1-2x_2+x_3=0\\2x_1-3x_2+x_4=0\end{cases}$.

例 4 证明：若 $\boldsymbol{A}_{m\times n}\boldsymbol{B}_{n\times l}=\boldsymbol{O}$，则 $r(\boldsymbol{A})+r(\boldsymbol{B})\leqslant n$.

证 设 $\boldsymbol{B}=(\boldsymbol{b}_1,\boldsymbol{b}_2,\cdots,\boldsymbol{b}_l)$，则

$$\boldsymbol{A}(\boldsymbol{b}_1,\boldsymbol{b}_2,\cdots,\boldsymbol{b}_l)=(0,0,\cdots,0),$$

即

$$\boldsymbol{A}\boldsymbol{b}_i=\boldsymbol{0}(i=1,2,\cdots,l).$$

上式表明矩阵 $\boldsymbol{B}$ 的 l 个列向量都是齐次方程 $\boldsymbol{Ax}=\boldsymbol{0}$ 的解.

设方程 $\boldsymbol{Ax}=\boldsymbol{0}$ 的解集为 S，由 $b_i\in S$ 可知有

$$r(\boldsymbol{b}_1,\boldsymbol{b}_2,\cdots,\boldsymbol{b}_l)\leqslant r_s，即\ r(\boldsymbol{B})\leqslant r_s.$$

而由定理 1 有 $r(\boldsymbol{A})+r_s=n$，故

$$r(\boldsymbol{A})+r(\boldsymbol{B})\leqslant n.$$

二、非齐次线性方程组解的结构

设有非齐次线性方程组 $\boldsymbol{Ax}=\boldsymbol{b}$，取 $\boldsymbol{b}=\boldsymbol{0}$，得到齐次线性方程组 $\boldsymbol{Ax}=\boldsymbol{0}$，称之为非齐次线性方程组 $\boldsymbol{Ax}=\boldsymbol{b}$ 对应的齐次线性方程组(也称为 $\boldsymbol{Ax}=\boldsymbol{b}$ 的导出组).

非齐次线性方程组 $\boldsymbol{Ax}=\boldsymbol{b}$ 的解与其导出组的解之间有如下性质：

性质 3 设 $\boldsymbol{\eta}_1,\boldsymbol{\eta}_2$ 是非齐次线性方程组 $\boldsymbol{Ax}=\boldsymbol{b}$ 的解，则 $\boldsymbol{\eta}_1-\boldsymbol{\eta}_2$ 是对应的齐次线性方程组 $\boldsymbol{Ax}=\boldsymbol{0}$ 的解.

证 因为 $\boldsymbol{\eta}_1,\boldsymbol{\eta}_2$ 是非齐次线性方程组 $\boldsymbol{Ax}=\boldsymbol{b}$ 的解，所以 $\boldsymbol{A\eta}_1=\boldsymbol{b}$，$\boldsymbol{A\eta}_2=\boldsymbol{b}$，

$$\boldsymbol{A}(\boldsymbol{\eta}_1-\boldsymbol{\eta}_2)=\boldsymbol{A\eta}_1-\boldsymbol{A\eta}_2=\boldsymbol{0}.$$

故 $\boldsymbol{\eta}_1-\boldsymbol{\eta}_2$ 是对应的齐次线性方程组 $\boldsymbol{Ax}=\boldsymbol{0}$ 的解.

性质 4 设 $\boldsymbol{\eta}$ 是非齐次线性方程组 $\boldsymbol{Ax}=\boldsymbol{b}$ 的解，$\boldsymbol{\xi}$ 为对应的齐次线性方程组 $\boldsymbol{Ax}=\boldsymbol{0}$ 的解，则 $\boldsymbol{\xi}+\boldsymbol{\eta}$ 是非齐次线性方程组 $\boldsymbol{Ax}=\boldsymbol{b}$ 的解.

证 $\boldsymbol{A}(\boldsymbol{\xi}+\boldsymbol{\eta})=\boldsymbol{A}(\boldsymbol{\xi})+\boldsymbol{A}(\boldsymbol{\eta})=\boldsymbol{0}+\boldsymbol{b}=\boldsymbol{b}$.

故 $\boldsymbol{\xi}+\boldsymbol{\eta}$ 是非齐次线性方程组 $\boldsymbol{A}x=\boldsymbol{b}$ 的解.

定理 2 (非齐次线性方程组解的结构定理)设 $\boldsymbol{\eta}^*$ 是非齐次线性方程组 $\boldsymbol{Ax}=\boldsymbol{b}$ 的一

个解(称之为特解),ξ 是对应齐次线性方程组 $\boldsymbol{Ax}=\boldsymbol{0}$ 的通解,则 $\boldsymbol{x}=\xi+\boldsymbol{\eta}^*$ 是非齐次线性方程组 $\boldsymbol{Ax}=\boldsymbol{b}$ 的通解.

证　由性质 4 知,$\boldsymbol{x}=\xi+\boldsymbol{\eta}^*$ 一定是非齐次线性方程组的解;另一方面,设 $\boldsymbol{\eta}$ 为非齐次线性方程组 $\boldsymbol{Ax}=\boldsymbol{b}$ 的任一解,则 $\boldsymbol{\eta}$ 可以表示为特解 $\boldsymbol{\eta}^*$ 与该非齐次线性方程组的导出组的某个解的和.

事实上,由性质 3 知,$\boldsymbol{\eta}-\boldsymbol{\eta}^*$ 是导出组 $\boldsymbol{Ax}=\boldsymbol{0}$ 的解,而 $\boldsymbol{\eta}=(\boldsymbol{\eta}-\boldsymbol{\eta}^*)+\boldsymbol{\eta}^*$.

综合这两方面,得证.

注　非齐次线性方程组若有无穷多组解,则其通解就是非齐次线性方程组的一个解(我们称之为特解)与其导出组的通解之和,即非齐次线性方程组的一个特解加上其导出组的一个基础解系的线性组合.

一般求 $\boldsymbol{Ax}=\boldsymbol{b}$ 的一个特解与求它的导出组 $\boldsymbol{Ax}=\boldsymbol{0}$ 的通解可同时进行.

例 5　求下列方程组的通解

$$\begin{cases}x_1+x_2+x_3+x_4+x_5=7\\3x_1+x_2+2x_3+x_4-3x_5=-2.\\2x_2+x_3+2x_4+6x_5=23\end{cases}$$

解　$$\widetilde{\boldsymbol{A}}=\begin{pmatrix}1&1&1&1&1&7\\3&1&2&1&-3&-2\\0&2&1&2&6&23\end{pmatrix}\longrightarrow\begin{pmatrix}1&0&1/2&0&-2&-9/2\\0&1&1/2&1&3&23/2\\0&0&0&0&0&0\end{pmatrix}.$$

由 $r(\boldsymbol{A})=r(\widetilde{\boldsymbol{A}})=2<5$ 知,方程组有无穷多组解. 且原方程组等价于方程组

$$\begin{cases}x_1=-x_3/2+2x_5-9/2,\\x_2=-x_3/2-x_4-3x_5+23/2,\end{cases}$$

其中 x_3,x_4,x_5 为自由未知量.

令 $\begin{pmatrix}x_3\\x_4\\x_5\end{pmatrix}=\begin{pmatrix}1\\0\\0\end{pmatrix},\begin{pmatrix}0\\1\\0\end{pmatrix},\begin{pmatrix}0\\0\\1\end{pmatrix}$,分别代入上面等价方程组的导出组中求得基础解系

$$\boldsymbol{\xi}_1=\begin{pmatrix}-1/2\\-1/2\\1\\0\\0\end{pmatrix},\boldsymbol{\xi}_2=\begin{pmatrix}0\\-1\\0\\1\\0\end{pmatrix},\boldsymbol{\xi}_3=\begin{pmatrix}2\\-3\\0\\0\\1\end{pmatrix}.$$

求特解:令 $x_3=x_4=x_5=0$,代入等价方程组,得 $x_1=-9/2,x_2=23/2$.
故所求通解为

$$\boldsymbol{x}=c_1\begin{pmatrix}-1/2\\-1/2\\1\\0\\0\end{pmatrix}+c_2\begin{pmatrix}0\\-1\\0\\1\\0\end{pmatrix}+c_3\begin{pmatrix}2\\-3\\0\\0\\1\end{pmatrix}+\begin{pmatrix}-9/2\\23/2\\0\\0\\0\end{pmatrix},$$

其中 c_1,c_2,c_3 为任意常数.

在求方程组的特解与它的导出组的基础解系时,一定要小心常数列(项)的处理.最好把特解与基础解系中的解分别代入原方程组与其导出组进行验证.

也可以如第二节所述,直接写出方程组的全部解(通解),然后表示成向量形式即可.

例 6 用基础解系表示如下线性方程组的全部解:

$$\begin{cases}x_1+x_2-3x_3-x_4=1\\3x_1-x_2-3x_3+4x_4=4.\\x_1+5x_2-9x_3-8x_4=0\end{cases}$$

解 对方程组的增广矩阵作如下初等变换:

$$\widetilde{\boldsymbol{A}}=(\boldsymbol{A}\mid\boldsymbol{b})=\begin{pmatrix}1&1&-3&-1&1\\3&-1&-3&4&4\\1&5&-9&-8&0\end{pmatrix}\xrightarrow[r_3-r_1]{r_2-3r_1}\begin{pmatrix}1&1&-3&-1&1\\0&-4&6&7&1\\0&4&-6&-7&-1\end{pmatrix}$$

$$\xrightarrow{r_3+r_2}\begin{pmatrix}1&1&-3&-1&1\\0&-4&6&7&1\\0&0&0&0&0\end{pmatrix}\xrightarrow{\left(-\frac{1}{4}\right)r_2}\begin{pmatrix}1&1&-3&-1&1\\0&1&-3/2&-7/4&-1/4\\0&0&0&0&0\end{pmatrix}$$

$$\xrightarrow{r_1-r_2}\begin{pmatrix}1&0&-3/2&3/4&5/4\\0&1&-3/2&-7/4&-1/4\\0&0&0&0&0\end{pmatrix}.$$

得原方程组等价方程组:

$$\begin{cases}x_1=\dfrac{3}{2}x_3-\dfrac{3}{4}x_4+\dfrac{5}{4}\\x_2=\dfrac{3}{2}x_3+\dfrac{7}{4}x_4-\dfrac{1}{4}\end{cases},$$

其中 x_3,x_4 为自由未知量.

令 $x_3=c_1,x_4=c_2$(c_1,c_2 为任意数),得到原方程组的通解

$$\boldsymbol{x}=\begin{pmatrix}x_1\\x_2\\x_3\\x_4\end{pmatrix}=c_1\begin{pmatrix}3/2\\3/2\\1\\0\end{pmatrix}+c_2\begin{pmatrix}-3/4\\7/4\\0\\1\end{pmatrix}+\begin{pmatrix}5/4\\-1/4\\0\\0\end{pmatrix},$$

其中 c_1,c_2 为任意常数.

由以上通解,可以写出对应特解与导出组的一个基础解系.

若记

$$\boldsymbol{\eta}^*=\begin{pmatrix}5/4\\-1/4\\0\\0\end{pmatrix},\boldsymbol{\xi}_1=\begin{pmatrix}3/2\\3/2\\1\\0\end{pmatrix},\boldsymbol{\xi}_2=\begin{pmatrix}-3/4\\7/4\\0\\1\end{pmatrix},$$

则原方程组的通解为 $\boldsymbol{x}=c_1\boldsymbol{\xi}_1+c_2\boldsymbol{\xi}_2+\boldsymbol{\eta}^*$,其中 c_1,c_2 为任意常数.其中 $\boldsymbol{\eta}^*$ 为原方程组的一个特解,$\boldsymbol{\xi}_1,\boldsymbol{\xi}_2$ 为对应齐次线性方程组的一个基础解系.

例 7　设四元非齐次线性方程组 $\boldsymbol{Ax}=\boldsymbol{b}$ 的系数矩阵 $\boldsymbol{A}$ 的秩为 3，已知它的三个解向量为 $\boldsymbol{\eta}_1,\boldsymbol{\eta}_2,\boldsymbol{\eta}_3$，其中

$$\boldsymbol{\eta}_1=\begin{pmatrix}3\\-4\\1\\2\end{pmatrix},\quad \boldsymbol{\eta}_2+\boldsymbol{\eta}_3=\begin{pmatrix}4\\6\\8\\0\end{pmatrix},$$

求该方程组的通解.

解　依题意，方程组 $\boldsymbol{Ax}=\boldsymbol{b}$ 的导出组的基础解系含 $4-3=1$ 个向量，于是导出组的任何一个非零解都可作为其基础解系.

显然

$$\xi=\boldsymbol{\eta}_1-\frac{1}{2}(\boldsymbol{\eta}_2+\boldsymbol{\eta}_3)=\begin{pmatrix}1\\-7\\-3\\2\end{pmatrix}\neq 0$$

是导出组的非零解，可作为其基础解系.

故方程组 $\boldsymbol{Ax}=\boldsymbol{b}$ 的通解为

$$\boldsymbol{x}=\boldsymbol{\eta}_1+c\xi=\begin{pmatrix}3\\-4\\1\\2\end{pmatrix}+c\begin{pmatrix}1\\-7\\-3\\2\end{pmatrix}(c\text{ 为任意常数}).$$

在本章的最后,我们介绍一个很有用的定理.

定理 3　设有非齐次线性方程组 $\boldsymbol{Ax}=\boldsymbol{b}$,而 $\boldsymbol{\alpha}_1,\boldsymbol{\alpha}_2,\cdots,\boldsymbol{\alpha}_n$ 是系数矩阵 $\boldsymbol{A}$ 的列向量组，则下列四个命题等价：

(1)非齐次线性方程组 $\boldsymbol{Ax}=\boldsymbol{b}$ 有解；

(2)向量 $\boldsymbol{b}$ 能由向量组 $\boldsymbol{\alpha}_1,\boldsymbol{\alpha}_2,\cdots,\boldsymbol{\alpha}_n$ 线性表示；

(3)向量组 $\boldsymbol{\alpha}_1,\boldsymbol{\alpha}_2,\cdots,\boldsymbol{\alpha}_n$ 与向量组 $\boldsymbol{\alpha}_1,\boldsymbol{\alpha}_2,\cdots,\boldsymbol{\alpha}_n,\boldsymbol{b}$ 等价；

(4)$r(\boldsymbol{A})=r(\boldsymbol{A}\mid\boldsymbol{b})$.

*第七节　投入产出数学模型

投入产出分析是线性代数理论在经济分析与管理中的一个重要应用,它从数量上考察经济系统内部各部门间生产和分配的线性关系.

一、价值型投入产出数学模型

经济系统是由许多经济部门组成的一个有机总体,每一经济部门的活动,可以分为两个方面:一方面,作为消耗部门,为了完成其经济活动,需要供给它所需要的物质,叫做**投入**;另一方面,作为生产部门,把它的产品分配给各个部门作为生产资料或提供社会消费和留作积累,叫做**产出**.

我们把一个经济系统分成 n 个物质生产部门，将这 n 个部门同时作为生产(产出)部门和消耗(投入)部门，按一定顺序列出一张表称为**投入产出表**.投入产出表分为实物型表和价值型表两种类型.实物型表采用实物计量单位编制，其特点是经济意义明确，适合于实际工作的需要；价值型表采用货币计量单位编制，其特点是单位统一，适合于对经济系统进行全面的分析研究.本节仅介绍价值型投入产出表的结构，我们将统一货币计量单位编制的投入产出表，称为**价值型投入产出表**，如表 3-2 所示.将投入产出表及由此得出的平衡方程组，统称为**投入产出数学模型**.

表 3-2　价值型投入产出表

产出 投入		消耗部门				最终产品				总产品
		1	2	…	n	消费	积累	…	合计	
生	1	x_{11}	x_{12}	…	x_{1n}				y_1	x_1
产	2	x_{21}	x_{22}	…	x_{2n}				y_2	x_2
部	⋮	⋮			⋮				⋮	⋮
门	n	x_{n1}	x_{n2}	…	x_{nn}				y_n	x_n
新创	报酬	v_1	v_2	…	v_n					
造价	利润	m_1	m_2	…	m_n					
值	合计	z_1	z_2	…	z_n					
总产品价值		x_1	x_2	…	x_n					

注：$x_i(i=1,2,\cdots,n)$表示第 i 个生产部门的总产品或相应消耗部门的总产品价值.

在表 3-2 中，由双线将表分成四部分，左上角的(Ⅰ)部分由 n 个部门交叉组成，其中 x_{ij} 称为部门间的流量，它既表示第 j 个部门消耗第 i 个部门的产品数量，也表示第 i 个部门分配给第 j 个部门的产品的数量.(Ⅰ)反映了各部门之间生产技术联系，它是投入产出表的基本部分.

表中右上角(Ⅱ)部分反映各生产部门从总产品中扣除生产消耗后的最终产品的分配情况，其中 y_i 表示第 i 个部门的最终产品.

表中左下角(Ⅲ)部分反映各部门的新创造价值，它包括劳动报酬、利润等.其中 v_j，m_j，z_j 分别表示第 j 个部门的劳动报酬、利润和净产值.

$$z_j=v_j+m_j,\ j=1,2,\cdots,n. \qquad ①$$

表中右下角(Ⅳ)部分反映国民收入的再分配情况，如非生产部门工作者的工资、非生产性事业单位和组织的收入等，由于再分配过程非常复杂，故常常空出不用.

表 3-2 中(Ⅰ)(Ⅱ)部分的每一行有一个等式，即每一个生产部门分配给各部门的生产消耗加上该部门的最终产品等于它的总产品.可用方程组

$$\begin{cases} x_1=x_{11}+x_{12}+\cdots+x_{1n}+y_1 \\ x_2=x_{21}+x_{22}+\cdots+x_{2n}+y_2 \\ \cdots \\ x_n=x_{n1}+x_{n2}+\cdots+x_{nn}+y_n \end{cases}, \qquad ②$$

表示，或者简写为

$$x_i=\sum_{j=1}^{n}x_{ij}+y_i(i=1,2,\cdots n). \qquad ③$$

称式②或③为**分配平衡方程组**.

表 3-2 中(Ⅰ)(Ⅲ)部分的每一列也有一个等式,即每一个消耗部门对各部门的生产消耗加上该部门新创造的价值等于它的总产品价值.可用方程组

$$\begin{cases} x_1 = x_{11} + x_{21} + \cdots + x_{n1} + z_1 \\ x_2 = x_{12} + x_{22} + \cdots + x_{n2} + z_2 \\ \quad\cdots \\ x_n = x_{1n} + x_{2n} + \cdots + x_{nn} + z_n \end{cases}, \qquad ④$$

表示,或简写成

$$x_j = \sum_{i=1}^{n} x_{ij} + z_j (j = 1,2,\cdots,n). \qquad ⑤$$

称式④或⑤为**消耗平衡方程组**.

一般地,

$$\sum_{j=1}^{n} x_{kj} + y_k = \sum_{i=1}^{n} x_{ik} + z_k \qquad (k = 1,2,\cdots,n). \qquad ⑥$$

即第 k 部门的总产出等于第 k 部门的总投入,且

$$\sum_{i=1}^{n} y_i = \sum_{j=1}^{n} z_j.$$

即整个经济系统的最终产品价值等于该系统新创造的价值,但

$$\sum_{j=1}^{n} x_{kj} \neq \sum_{i=1}^{n} x_{ik} \quad (k = 1,2,\cdots,n),\text{即 } y_k \neq z_k \quad (k = 1,2,\cdots n).$$

例 1　设三个经济部门某年的投入产出情况如表 3-3 所示.

表 3-3　价值型投入产出表　(单位:万元)

投入＼产出		消耗部门 Ⅰ	消耗部门 Ⅱ	消耗部门 Ⅲ	最终产品	总产品
生产部门	Ⅰ	196	102	70	192	x_1
	Ⅱ	84	68	42	146	x_2
	Ⅲ	112	34	28	106	x_3
新创造价值		z_1	z_2	z_3		
总价值		x_1	x_2	x_3		

求:(1)各部门的总产品 x_1,x_2,x_3;

(2)各部门的新创造价值 z_1,z_2,z_3;

解　(1)将表 3-3 中 x_{ij},y_i 的值分别代入分配平衡方程组

$$x_i = \sum_{j=1}^{3} x_{ij} + y_i (i = 1,2,3),$$

得

$$\begin{cases} x_1 = [(196 + 102 + 70) + 192]\text{ 万元} = 560\text{ 万元}, \\ x_2 = [(84 + 68 + 42) + 146]\text{ 万元} = 340\text{ 万元}, \\ x_3 = [(112 + 34 + 28) + 106]\text{ 万元} = 280\text{ 万元}, \end{cases}$$

即三个部门的总产品分别为 560 万元，340 万元，280 万元.

(2)将表 3-3 中的 x_{ij} 和(1)中所求 x_j 的值代入消耗平衡方程组

$$x_j = \sum_{i=1}^{3} x_{ij} + z_j \ (j=1,2,3),$$

得

$$\begin{cases} z_1 = [560-(196+84+112)] \text{万元} = 168 \text{万元} \\ z_2 = [340-(102+68+34)] \text{万元} = 136 \text{万元} \\ z_3 = [280-(70+42+28)] \text{万元} = 140 \text{万元} \end{cases}$$

即三个部门新创造的价值分别为 168 万元，136 万元，140 万元.

二、直接消耗系数

为了确定经济系统各部门间在生产消耗上的数量依存关系，我们直接引入消耗系数的概念.

定义 1 第 j 部门生产单位价值产品直接消耗第 i 部门的产品价值量，称为第 j 部门对第 i 部门的**直接消耗系数**，记作 a_{ij}，即

$$a_{ij} = \frac{x_{ij}}{x_j} \qquad (i,j=1,2,\cdots,n). \tag{⑦}$$

直接计算可求得例 1 中第Ⅱ部门每生产一个单位价值产品要消耗第Ⅲ个部门的产品价值量为

$$a_{32} = \frac{x_{32}}{x_2} = \frac{34}{340} = 0.1.$$

同理可求

$$a_{11} = \frac{x_{11}}{x_1} = \frac{196}{560} = 0.35, a_{21} = \frac{x_{21}}{x_1} = \frac{84}{560} = 0.15,$$

$$a_{31} = \frac{x_{31}}{x_1} = \frac{112}{560} = 0.20, a_{12} = \frac{x_{12}}{x_2} = \frac{102}{340} = 0.30,$$

$$a_{22} = \frac{x_{22}}{x_2} = \frac{68}{340} = 0.20, a_{13} = \frac{x_{13}}{x_3} = \frac{70}{280} = 0.25,$$

$$a_{23} = \frac{x_{23}}{x_3} = \frac{42}{280} = 0.15, a_{33} = \frac{x_{33}}{x_3} = \frac{28}{280} = 0.10,$$

直接消耗系数是以生产技术性联系为基础的，因而是相对稳定的，通常也叫技术系数，各部门之间的消耗系数构成的 n 阶矩阵

$$\boldsymbol{A} = \begin{pmatrix} a_{11} & a_{12} & \cdots & a_{1n} \\ a_{21} & a_{22} & \cdots & a_{2n} \\ \vdots & \vdots & & \vdots \\ a_{n1} & a_{n2} & \cdots & a_{nn} \end{pmatrix}$$

称为**直接消耗系数矩阵(或技术系数矩阵)**.

经上述计算可知例 1 中所示系统的直接消耗系数矩阵为

$$\boldsymbol{A}=\begin{pmatrix}0.35 & 0.30 & 0.25\\0.15 & 0.20 & 0.15\\0.20 & 0.10 & 0.10\end{pmatrix}.$$

容易证明直接消耗系数 a_{ij} 具有下列性质：

性质 1　$0\leqslant a_{ij}\leqslant 1(i,j=1,2,\cdots,n)$.

性质 2　$\sum\limits_{i=1}^{n}a_{ij}<1(j=1,2,\cdots,n)$.

由 $x_{ij}=a_{ij}x_j$ 及 $x_j=\sum\limits_{i=1}^{n}a_{ij}x_j+z_j(j=1,2,\cdots,n)$整理得

$$(1-\sum_{i=1}^{n}a_{ij})\cdot x_j=z_j\quad(j=1,2,\cdots,n)$$

又 $x_j>0,z_j>0$,所以

$$\sum_{i=1}^{n}a_{ij}<1\quad(j=1,2,\cdots,n).$$

三、投入产出分析

1. 分配平衡方程组的解

将 $x_{ij}=a_{ij}x_j(i,j=1,2,\cdots n)$代入分配平衡方程组②得

$$\begin{cases}x_1=a_{11}x_1+a_{12}x_2+\cdots+a_{1n}x_n+y_1\\x_2=a_{21}x_1+a_{22}x_2+\cdots+a_{2n}x_n+y_2\\\qquad\cdots\\x_n=a_{n1}x_1+a_{n2}x_2+\cdots+a_{nn}x_n+y_n\end{cases},\qquad ⑧$$

设

$$\boldsymbol{X}=\begin{pmatrix}x_1\\x_2\\\vdots\\x_n\end{pmatrix},\qquad \boldsymbol{Y}=\begin{pmatrix}y_1\\y_2\\\vdots\\y_n\end{pmatrix},$$

则方程组⑧可写成矩阵形式

$$\boldsymbol{X}=\boldsymbol{AX}+\boldsymbol{Y},$$

或

$$(\boldsymbol{E}-\boldsymbol{A})\boldsymbol{X}=\boldsymbol{Y},\qquad ⑨$$

其中 $\boldsymbol{A}$ 为直接消耗系数矩阵.

定理 1　如果 n 阶方阵 $\boldsymbol{A}=(a_{ij})$具有以下性质：$0\leqslant a_{ij}\leqslant 1(i,j=1,2,\cdots,n)$及 $\sum\limits_{i=1}^{n}a_{ij}<1(j=1,2,\cdots,n)$，那么方程$(\boldsymbol{E}-\boldsymbol{A})\boldsymbol{X}=\boldsymbol{Y}$,当 $\boldsymbol{Y}$ 为已知且为非负时,存在非负解

$$\boldsymbol{X}=(\boldsymbol{E}-\boldsymbol{A})^{-1}\boldsymbol{Y}.\qquad ⑩$$

本定理不予证明.(提示：$(\boldsymbol{E}-\boldsymbol{A})^{-1}=\boldsymbol{A}+\boldsymbol{A}^2+\boldsymbol{A}^3+\cdots+\boldsymbol{A}^k+\cdots$).

根据定理 1,关系式⑨和⑩建立了分配平衡方程组总产量 $\boldsymbol{X}$ 与最终产品 $\boldsymbol{Y}$ 之间的关系,若已知 $\boldsymbol{X},\boldsymbol{Y}$ 中的某一个,就可以由式⑨或⑩求出另外一个.

例 2　已知三个部门在某一生产周期内,直接消耗系数矩阵为

$$A=\begin{pmatrix}0.3 & 0.4 & 0.1\\0.5 & 0.2 & 0.6\\0.1 & 0.3 & 0.1\end{pmatrix},$$

(1)已知三个部门的总产值分别是 200 亿元，240 亿元，140 亿元，求各部门的最终产品；

(2)已知各部门的最终产品分别是 20 亿元，10 亿元，30 亿元，求各部门的总产值.

解 (1)已知 $\boldsymbol{X}=\begin{pmatrix}200\\240\\140\end{pmatrix}$，将 $\boldsymbol{A},\boldsymbol{X}$ 代入 $(\boldsymbol{E}-\boldsymbol{A})\boldsymbol{X}=\boldsymbol{Y}$ 得

$$\begin{pmatrix}y_1\\y_2\\y_3\end{pmatrix}=\begin{pmatrix}0.7 & -0.4 & -0.1\\-0.5 & 0.8 & -0.6\\-0.1 & -0.3 & 0.9\end{pmatrix}\begin{pmatrix}200\\240\\140\end{pmatrix}=\begin{pmatrix}30\\8\\34\end{pmatrix},$$

即各部门的最终产品分别为 30 亿元，8 亿元，34 亿元.

(2)已知 $\boldsymbol{Y}=\begin{pmatrix}20\\10\\30\end{pmatrix}$，将 $\boldsymbol{A},\boldsymbol{Y}$ 代入 $\boldsymbol{X}=(\boldsymbol{E}-\boldsymbol{A})^{-1}\boldsymbol{Y}$，其中

$$(\boldsymbol{E}-\boldsymbol{A})^{-1}=\frac{1}{0.151}\begin{pmatrix}0.54 & 0.39 & 0.32\\0.51 & 0.62 & 0.47\\0.23 & 0.25 & 0.36\end{pmatrix},$$

于是

$$\boldsymbol{X}=\frac{1}{0.151}\begin{pmatrix}0.54 & 0.39 & 0.32\\0.51 & 0.62 & 0.47\\0.23 & 0.25 & 0.36\end{pmatrix}\begin{pmatrix}20\\10\\30\end{pmatrix}=\begin{pmatrix}160.93\\201.99\\118.54\end{pmatrix},$$

所以各部门的总产值为 160.93 亿元，201.99 亿元，118.54 亿元.

2. 消耗平衡方程组解

将 $x_{ij}=a_{ij}x_j(i,j=1,2,\cdots,n)$ 代入消耗平衡方程组⑤得

$$x_j=\sum_{i=1}^{n}a_{ij}x_j+z_j\quad(j=1,2,\cdots,n),$$

于是当 $x_j(j=1,2,\cdots,n)$ 为已知时，可求出新创造的价值

$$z_j=(1-\sum_{i=1}^{n}a_{ij})x_j\quad(j=1,2,\cdots,n),\tag{11}$$

当 $z_j(j=1,2,\cdots,n)$ 为已知时，可求出总产品价值

$$x_j=\frac{z_j}{(1-\sum_{i=1}^{n}a_{ij})}\quad(j=1,2,\cdots,n).\tag{12}$$

在例 2 中，已知三个部门的总产品价值分别为 200 亿元，240 亿元，140 亿元时，根据公式⑪可求出三部门新创造的价值分别是

$$z_1=(1-0.3-0.5-0.1)\cdot 200=20\text{ 亿元},$$
$$z_2=(1-0.4-0.2-0.3)\cdot 240=24\text{ 亿元},$$
$$z_3=(1-0.1-0.6-0.1)\cdot 140=28\text{ 亿元}.$$

3. 完全消耗系数

经济系统各部门之间的生产与消耗，除了直接消耗外，还有间接消耗.如汽车制造需要消耗电力、钢铁、橡胶等，而生产钢铁和橡胶也需要消耗电力，生产钢铁又需要矿石，生产矿石也需要电力，….依次类推，汽车制造部门对电力的消耗包括直接和一次（透过钢铁）甚至多次（透过矿石）的间接消耗.我们把第 j 部门生产产品时，通过其他部门间接消耗第 i 部门的产品，称为第 j 部门对第 i 部门的**间接消耗**.直接消耗和间接消耗之和称为**完全消耗**.

由 $\boldsymbol{X}=(\boldsymbol{E}-\boldsymbol{A})^{-1}\boldsymbol{Y}$，令 $(\boldsymbol{E}-\boldsymbol{A})^{-1}=\boldsymbol{B}=(b_{ij})\qquad(i,j=1,2,\cdots n)$，

则

$$\boldsymbol{X}=(\boldsymbol{E}-\boldsymbol{A})^{-1}\boldsymbol{Y}=\boldsymbol{B}\boldsymbol{Y},$$

可写成

$$\begin{cases}x_1=b_{11}y_1+b_{12}y_2+\cdots+b_{1n}y_n\\ x_2=b_{21}y_1+b_{22}y_2+\cdots+b_{2n}y_n\\ \qquad\cdots\\ x_n=b_{n1}y_1+b_{n2}y_2+\cdots+b_{nn}y_n\end{cases},\qquad ⑬$$

由式⑬可以看出，当 y_1 增加一个单位产品时，$x_1,x_2,\cdots,x_n$ 相应增加 $b_{11},b_{21},\cdots,b_{n1}$ 个单位产品，所以第一部门实际增加的消耗为 $b_{11}-1$ 个产品.同理，当 y_2 增加一个单位产品时，$x_1,x_2,\cdots,x_n$ 相应增加 $b_{12},b_{22},\cdots,b_{n2}$ 个单位产品，所以第一部门实际增加的消耗为 $b_{22}-1$ 个产品，我们把矩阵

$$\begin{pmatrix}b_{11}-1 & b_{12} & b_{13} & \cdots & b_{1n}\\ b_{21} & b_{22}-1 & b_{23} & \cdots & b_{2n}\\ \vdots & \vdots & \vdots & & \vdots\\ b_{n1} & b_{n2} & b_{n3} & \cdots & b_{nn}-1\end{pmatrix}$$

称为**完全消耗矩阵**，记作 $\boldsymbol{C}$，矩阵中的元素叫做**完全消耗系数**.

由
$$(\boldsymbol{E}-\boldsymbol{A})^{-1}=\boldsymbol{B},$$
知
$$\boldsymbol{C}=(\boldsymbol{E}-\boldsymbol{A})^{-1}-\boldsymbol{E}.\qquad ⑭$$

完全消耗系数全面地反映了各部门之间相互依存、相互制约的关系.利用完全消耗系数可以分析最终产品 $\boldsymbol{Y}$ 与总产品 $\boldsymbol{X}$ 的关系.

根据关系式⑭有

$$(\boldsymbol{E}-\boldsymbol{A})^{-1}=\boldsymbol{C}+\boldsymbol{E},$$

那么分配平衡方程组的解

$$\boldsymbol{X}=(\boldsymbol{E}-\boldsymbol{A})^{-1}\boldsymbol{Y}=(\boldsymbol{C}+\boldsymbol{E})\boldsymbol{Y}.\qquad ⑮$$

若已知报告期的完全消耗系数及计划期的各部门最终产品，可由式⑮求出各部门的总产品.

例 3　一个经济系统有三个部门，下一个生产周期的最终产品为：Ⅰ部门 60 亿元，Ⅱ

部门 70 亿元，Ⅲ部门 60 亿元，该系统的完全消耗系数矩阵为

$$C=\begin{pmatrix}0.30 & 0.25 & 0.075\\0.46 & 0.88 & 0.68\\0.21 & 0.22 & 0.20\end{pmatrix},$$

问各部门的总产品要达到多少才能完成计划？

解 因为

$$C+E=\begin{bmatrix}1.30 & 0.25 & 0.075\\0.46 & 1.88 & 0.68\\0.21 & 0.22 & 1.20\end{bmatrix},$$

由式⑮有

$$X=(C+E)Y=\begin{pmatrix}1.30 & 0.25 & 0.075\\0.46 & 1.88 & 0.68\\0.21 & 0.22 & 1.20\end{pmatrix}\begin{pmatrix}60\\70\\60\end{pmatrix}=\begin{pmatrix}100\\200\\100\end{pmatrix}.$$

即Ⅰ，Ⅱ，Ⅲ部门应完成的总产品分别为 100 亿元，200 亿元和 100 亿元.

四、投入产出数学模型的应用

投入产出数学模型常用于分析经济系统的部门结构和各类比例关系，制定或调整经济计划，研究价格变动的影响以及预测就业水平等各个方面.下面仅介绍投入产出数学模型在经济计划方面的应用.

1. 在经济预测中的应用

假定根据例 1 所示经济系统的生产发展情况，预计该系统三个部门的计划期总产品将在报告期总产品的基础上分别增长 10%，12%，8%.由于在生产过程中系统内部存在着复杂的产品消耗关系，故一般来说，各个部门最终产品的增长幅度与总产品的增长幅度并不一致.为此，可利用投入产出数学模型对该系统计划期最终产品的增长情况进行预测.

将该系统的计划期总产品和最终产品分别记为 $X=(x_1,x_2,x_3)^{\mathrm{T}}$ 和 $Y=(y_1,y_2,y_3)^{\mathrm{T}}$，根据表 2 中的报告期总产品数据以及预计的计划期总产品增长幅度，该系统三个部门的计划期总产品分别为

部门Ⅰ：$x_1=560\cdot(1+10\%)=616$ 亿元；

部门Ⅱ：$x_2=340\cdot(1+12\%)=380.8$ 亿元；

部门Ⅲ：$x_3=280\cdot(1+8\%)=302.4$ 亿元；

由⑨式得

$$Y=(E-A)X,$$

即

$$\begin{pmatrix}y_1\\y_2\\y_3\end{pmatrix}=\begin{pmatrix}0.65 & -0.3 & -0.25\\-0.15 & 0.8 & -0.15\\-0.2 & -0.1 & 0.9\end{pmatrix}\begin{pmatrix}616\\380.8\\302.4\end{pmatrix}=\begin{pmatrix}210.56\\166.88\\110.88\end{pmatrix}.$$

由此可对该系统三个部门的计划期最终产品及其相对于报告期最终产品的增长幅度做出预测：

部门Ⅰ：$y_1=210.56$ 亿元，增长 9.7%；

部门Ⅱ：$y_2=166.88$ 亿元，增长 14.3%；

部门Ⅲ：$y_3=110.88$ 亿元，增长 4.6%.

有了以上的预测结果，就能对该系统的计划期最终产品与实际需求是否相符有一个事先的了解或估计，避免出现大的误差.

2. 在制订计划中的应用

投入产出数学模型为合理制定经济系统各部门的生产计划提供了一套科学方法.即根据以社会需求确定社会产品的原则，先通过对计划期需求量的调查或预测，确定系统各个部门的最终产品，再利用投入产出数学模型相应推算出各个部门的总产品，在此基础上编制出经济系统的计划期投入产出表，作为安排各个部门计划期生产活动的依据.

例 4　设某经济系统三个部门报告期的投入产出如表 3-4 所示，并且该系统的生产技术条件不变.如果该系统三个部门的计划期最终产品分别确定为 $y_1=400$ 亿元，$y_2=2100$ 亿元，$y_3=500$ 亿元，试编制该系统的计划期投入产出表.

表 3-4　价值型投入产出表　　（单位：亿元）

部门间流量 投入＼产出		消耗部门			最终产品	总产品
		农业	工业	服务业		
生产部门	农业	60	190	30	320	600
	工业	90	1 520	180	2 010	3 800
	服务业	30	95	60	415	600
新创造价值		420	1 995	330		
总产品价值		600	3 800	600		

解　该系统的直接消耗矩阵为

$$\boldsymbol{A}=\begin{pmatrix}0.10 & 0.05 & 0.05\\0.15 & 0.40 & 0.30\\0.05 & 0.025 & 0.10\end{pmatrix},$$

可以求出

$$(\boldsymbol{E}-\boldsymbol{A})^{-1}=\begin{pmatrix}1.132\ 9 & 0.098\ 4 & 0.095\ 7\\0.319\ 1 & 1.718\ 0 & 0.590\ 4\\0.071\ 8 & 0.053\ 2 & 1.132\ 9\end{pmatrix},\text{且已知}\ \boldsymbol{Y}=\begin{pmatrix}400\\2\ 100\\500\end{pmatrix}.$$

故

$$\boldsymbol{X}=(\boldsymbol{E}-\boldsymbol{A})^{-1}\boldsymbol{Y}=\begin{pmatrix}1.132\ 9 & 0.098\ 4 & 0.095\ 7\\0.319\ 1 & 1.718\ 0 & 0.590\ 4\\0.071\ 8 & 0.053\ 2 & 1.132\ 9\end{pmatrix}\begin{pmatrix}400\\2\ 100\\500\end{pmatrix}=\begin{pmatrix}707.65\\4\ 030.64\\706.89\end{pmatrix}.$$

即可知计划期农业、工业、服务业三个部门的总产品分别为

$$x_1=707.65\ \text{亿元},x_2=4\ 030.64\ \text{亿元},x_3=706.89\ \text{亿元}.$$

于是可计算出计划期各部门间产品流量为

$$x_{11}=a_{11}x_1=70.765, x_{12}=a_{12}x_2=201.532, x_{13}=a_{13}x_3=35.344\ 5;$$
$$x_{21}=a_{21}x_1=106.147\ 5, x_{22}=a_{22}x_2=1\ 612.256, x_{23}=a_{23}x_3=3\ 212.067;$$
$$x_{31}=a_{31}x_1=35.382\ 5, x_{32}=a_{32}x_2=100.766, x_{33}=a_{33}x_3=70.689.$$

根据 $x_j=\sum_{i=1}^{n}a_{ij}x_j+z_j=\sum_{i=1}^{n}x_{ij}x_j+z_j(j=1,2,\cdots,n)$ 可以算出农业、工业、服务业三个部门的新创造价值

$$z_1=x_1-\sum_{i=}^{3}x_{i1}=495.366\text{ 亿元};$$

$$z_2=x_2-\sum_{i=1}^{3}x_{i2}=2\ 116.086\text{ 亿元};$$

$$z_3=x_3-\sum_{i=}^{3}x_{i3}=388.789\ 5\text{ 亿元}.$$

从而计划期投入产出表如表 3-5 所示.

表 3-5　价值型投入产出表　　（单位:亿元）

部门间流量（投入＼产出）		消耗部门			最终产品	总产品
		农业	工业	服务业		
生产部门	农　业	70.765	210.532	35.344 5	400	707.65
	工　业	106.147 5	1 612.256	212.067	2 100	4 030.64
	服务业	35.382 5	100.766	70.689	500	706.89
新创造价值		495.355	2 116.086	388.789 5		
总产品价值		707.65	4 031.64	706.89		

3. 在计划调整中的应用

一个经济系统在执行计划期间，可能会由于事先预料不到的原因，导致系统某些部门的最终产品出现缺口(计划产量小于需求量)，或者某些部门的最终产品出现余量(计划产量大于需求量)，从而破坏了经济系统原计划的平衡性.在这种情况下，可以利用投入产出数学模型及时调整原有的生产计划，重新协调各个部门的生产活动，使经济系统恢复平衡.

设某经济系统原计划最终产品量和总产品分别为 $\boldsymbol{Y}$ 和 $\boldsymbol{X}$，则 $(\boldsymbol{E}-\boldsymbol{A})\boldsymbol{X}=\boldsymbol{Y}$.如果对该系统的最终产品进行调整，其调整量设为 $\Delta\boldsymbol{Y}$，则系统的总产品量也应进行相应的调整，其调整量设为 $\Delta\boldsymbol{X}$，则有

$$(\boldsymbol{E}-\boldsymbol{A})(\boldsymbol{X}+\Delta\boldsymbol{X})=(\boldsymbol{Y}+\Delta\boldsymbol{Y}),$$

根据系统原有的平衡性，有 $(\boldsymbol{E}-\boldsymbol{A})\boldsymbol{X}=\boldsymbol{Y}$，故可得总产品的调整量 $\Delta\boldsymbol{X}$ 与最终产品的调整量 $\Delta\boldsymbol{Y}$ 之间的关系为

$$(\boldsymbol{E}-\boldsymbol{A})\Delta\boldsymbol{X}=\Delta\boldsymbol{Y},$$

或

$$\Delta\boldsymbol{X}=(\boldsymbol{E}-\boldsymbol{A})^{-1}\Delta\boldsymbol{Y}.$$

例 5　对例 4 中的三个部门的最终产品进行调整，调整量为 $\Delta \boldsymbol{Y}=\begin{pmatrix}-5\\-15\\-5\end{pmatrix}$，求这三个部门调整后的总产品量.

解　三个部门总产品的调整量为

$$\Delta \boldsymbol{X}=(\boldsymbol{E}-\boldsymbol{A})^{-1}\Delta \boldsymbol{Y}$$

$$=\begin{pmatrix}1.132\ 9 & 0.098\ 4 & 0.095\ 7\\0.319\ 1 & 1.718\ 0 & 0.590\ 4\\0.071\ 8 & 0.053\ 2 & 1.132\ 9\end{pmatrix}\begin{pmatrix}-5\\-15\\-5\end{pmatrix}=\begin{pmatrix}-7.619\\-31.913\\-7.180\ 5\end{pmatrix}.$$

于是调整后的总产品为

$$\boldsymbol{X}+\Delta \boldsymbol{X}=\begin{pmatrix}707.65\\4\ 030.64\\706.89\end{pmatrix}+\begin{pmatrix}-7.619\\-31.913\\-7.1805\end{pmatrix}=\begin{pmatrix}700.031\\3\ 999.727\\699.709\ 5\end{pmatrix}.$$

习题三

(A)

1. 用消元法解下列线性方程组：

(1) $\begin{cases}x_1+5x_2-x_3-x_4=-1\\x_1-2x_2+x_3+3x_4=3\\3x_1+8x_2-x_3+x_4=1\\x_1-9x_2+3x_3+7x_4=7\end{cases}$；　　(2) $\begin{cases}x_1+2x_2+2x_3+x_4=0\\2x_1+x_2-2x_3-2x_4=0\\x_1-x_2-4x_3-3x_4=0\end{cases}$.

2. 设非齐次线性方程组

$$\begin{cases}\lambda x_1+x_2+x_3=1\\x_1+\lambda x_2+x_3=1\\x_1+x_2+\lambda x_3=1\end{cases}.$$

试讨论 λ 为何值时方程组无解；λ 为何值时方程组有唯一解；λ 为何值时方程组有无穷多解，在有解时求出它的解.

3. 设 $\boldsymbol{\alpha}=(2,0,-1,3)^{\mathrm{T}}$，$\boldsymbol{\beta}=(1,7,4,-2)^{\mathrm{T}}$，$\boldsymbol{\gamma}=(0,1,0,1)^{\mathrm{T}}$.

(1)求 $2\boldsymbol{\alpha}+\boldsymbol{\beta}-3\boldsymbol{\gamma}$；　　(2) 若有 $\boldsymbol{x}$，满足 $3\boldsymbol{\alpha}-\boldsymbol{\beta}+5\boldsymbol{\gamma}+2\boldsymbol{x}=\boldsymbol{0}$，求 $\boldsymbol{x}$.

4. 判断向量 $\boldsymbol{\beta}_1=(4,3,-1,11)^{\mathrm{T}}$ 与 $\boldsymbol{\beta}_2=(4,3,0,11)^{\mathrm{T}}$ 是否各为向量组 $\boldsymbol{\alpha}_1=(1,2,-1,5)^{\mathrm{T}}$，$\boldsymbol{\alpha}_2=(2,-1,1,1)^{\mathrm{T}}$ 的线性组合.若是，写出表示式.

5. 判定下列向量组是线性相关还是线性无关.

(1)$\boldsymbol{\alpha}_1=(1,1,3,1)^{\mathrm{T}}$，$\boldsymbol{\alpha}_2=(3,-1,2,4)^{\mathrm{T}}$，$\boldsymbol{\alpha}_3=(2,2,7,-1)^{\mathrm{T}}$；

(2)$\boldsymbol{\alpha}_1=(1,0,-1)^{\mathrm{T}}$，$\boldsymbol{\alpha}_2=(-2,2,0)^{\mathrm{T}}$，$\boldsymbol{\alpha}_3=(3,-5,2)^{\mathrm{T}}$.

6. 设向量组 $\boldsymbol{\alpha}_1,\boldsymbol{\alpha}_2,\boldsymbol{\alpha}_3$ 线性无关，$\boldsymbol{\beta}_1=\boldsymbol{\alpha}_1+\boldsymbol{\alpha}_2$，$\boldsymbol{\beta}_2=\boldsymbol{\alpha}_2+\boldsymbol{\alpha}_3$，$\boldsymbol{\beta}_3=\boldsymbol{\alpha}_3+\boldsymbol{\alpha}_1$，试证向量组 $\boldsymbol{\beta}_1,\boldsymbol{\beta}_2,\boldsymbol{\beta}_3$ 也线性无关.

7. 设

$$\boldsymbol{\alpha}_1=\begin{pmatrix}1\\1\\1\\0\end{pmatrix},\boldsymbol{\alpha}_2=\begin{pmatrix}1\\1\\0\\0\end{pmatrix},\boldsymbol{\alpha}_3=\begin{pmatrix}3\\3\\2\\0\end{pmatrix},\boldsymbol{\alpha}_4=\begin{pmatrix}1\\0\\0\\0\end{pmatrix},\boldsymbol{\alpha}_5=\begin{pmatrix}3\\2\\1\\0\end{pmatrix},$$

求该向量组的一个极大无关组,并把向量组中的其余向量用该极大无关组线性表示.

8. 求下列齐次线性方程组的一个基础解系:

(1) $\begin{cases}x_1+x_2+x_3+x_4+x_5=0\\3x_1+2x_2+x_3+x_4-3x_5=0\\x_2+2x_3+2x_4+6x_5=0\\5x_1+4x_2+3x_3+3x_4-x_5=0\end{cases}$; (2) $\begin{cases}x_1+2x_2+x_3-x_4=0\\3x_1+6x_2-x_3-3x_4=0\\5x_1+10x_2+x_3-5x_4=0\end{cases}$.

9. 用基础解系表示下列线性方程组的全部解:

(1) $\begin{cases}x_1-8x_2+10x_3+2x_4=0\\2x_1+4x_2+5x_3-x_4=0\\3x_1+8x_2+6x_3-2x_4=0\end{cases}$; (2) $\begin{cases}x_1+3x_2-x_3+2x_4+4x_5=3\\2x_1-x_2+8x_3+7x_4+2x_5=9,\\4x_1+5x_2+6x_3+11x_4+10x_5=15\end{cases}$;

(3) $\begin{cases}2x+y-z+w=0\\4x+2y-2z+w=2.\\2x+y-z-w=1\end{cases}$

10. 已知 $\boldsymbol{\eta}_1,\boldsymbol{\eta}_2,\boldsymbol{\eta}_3$ 是三元非齐次线性方程组 $\boldsymbol{AX}=\boldsymbol{b}$ 的解,且 $r(\boldsymbol{A})=1$ 及

$$\boldsymbol{\eta}_1+\boldsymbol{\eta}_2=\begin{pmatrix}1\\0\\0\end{pmatrix},\boldsymbol{\eta}_2+\boldsymbol{\eta}_3=\begin{pmatrix}1\\1\\1\end{pmatrix},\boldsymbol{\eta}_1+\boldsymbol{\eta}_3=\begin{pmatrix}1\\2\\1\end{pmatrix},$$

求方程组 $\boldsymbol{AX}=\boldsymbol{b}$ 的通解.

11. 在某市的南京路、北京路、四川路、河南路的交界处的车辆(单位:辆)如下图所示.

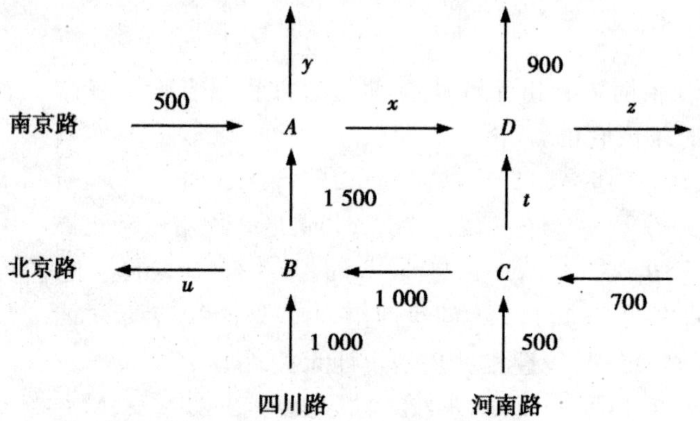

找出此问题的所有可能解.

12. 设某一经济系统在所考察期内部门投入产出情况如下表所示.

（单位:万元）

投入＼产出		消耗部门 Ⅰ	消耗部门 Ⅱ	消耗部门 Ⅲ	最终产品	总产品
生产部门	Ⅰ	50	110	100	240	500
	Ⅱ	20	15	40	175	250
	Ⅲ	10	15	80	195	300
新创造价值		420	110	80		
总产品价值		500	250	300		

求:(1)计算直接消耗系数矩阵 $\boldsymbol{A}$;

(2)完全消耗系数矩阵 $\boldsymbol{C}$.

(B)

1. 设 $\boldsymbol{A}$ 为 n 阶矩阵,若 $|\boldsymbol{A}|\neq 0$,那么方程组 $\boldsymbol{Ax}=\boldsymbol{b}$(　　).

A. 无解　　B. 有唯一解

C. 有无穷多解　　D. 解的情况不能确定

2. 线性方程组 $\begin{cases} x_1-x_2=a \\ x_2-x_3=2a \\ x_3-x_1=1 \end{cases}$ 有解的充分必要条件是 $a=$(　　).

A. -1　　B. $-\dfrac{1}{3}$　　C. $\dfrac{1}{3}$　　D. 1

3. 向量组 $\boldsymbol{\alpha}_1=(2,3,1)$,$\boldsymbol{\alpha}_2=(-1,2,0)$,如果向量 $\boldsymbol{\beta}=(0,x,1)$ 可由向量组 $\boldsymbol{\alpha}_1$,$\boldsymbol{\alpha}_2$ 线性表示,则 $x=$(　　).

A. 1　　B. 2　　C. 7　　D. 0

4. 向量组 $\boldsymbol{\alpha}_1=(1,0,0)$,$\boldsymbol{\alpha}_2=(0,0,1)$,$\boldsymbol{\beta}=$(　　)时 $\boldsymbol{\beta}$ 是 $\boldsymbol{\alpha}_1$,$\boldsymbol{\alpha}_2$ 的线性组合.

A. $(-2,1,0)$　　B. $(-3,0,4)$　　C. $(1,1,0)$　　D. $(0,-1,0)$

5. 已知向量组 $\boldsymbol{A}$:$\boldsymbol{\alpha}_1,\boldsymbol{\alpha}_2,\boldsymbol{\alpha}_3,\boldsymbol{\alpha}_4$ 中 $\boldsymbol{\alpha}_2,\boldsymbol{\alpha}_3,\boldsymbol{\alpha}_4$ 线性相关,那么(　　).

A. $\boldsymbol{\alpha}_1,\boldsymbol{\alpha}_2,\boldsymbol{\alpha}_3,\boldsymbol{\alpha}_4$ 线性无关　　B. $\boldsymbol{\alpha}_1,\boldsymbol{\alpha}_2,\boldsymbol{\alpha}_3,\boldsymbol{\alpha}_4$ 线性相关

C. $\boldsymbol{\alpha}_1$ 可由 $\boldsymbol{\alpha}_2,\boldsymbol{\alpha}_3,\boldsymbol{\alpha}_4$ 线性表示　　D. $\boldsymbol{\alpha}_3,\boldsymbol{\alpha}_4$ 线性无关

6. 设向量组 $\boldsymbol{\alpha}_1,\boldsymbol{\alpha}_2,\cdots,\boldsymbol{\alpha}_s$ 线性相关,则必可推出(　　).

A. $\boldsymbol{\alpha}_1,\boldsymbol{\alpha}_2,\cdots,\boldsymbol{\alpha}_s$ 中至少有一个向量为零向量

B. $\boldsymbol{\alpha}_1,\boldsymbol{\alpha}_2,\cdots,\boldsymbol{\alpha}_s$ 中至少有两个向量成比例

C. $\boldsymbol{\alpha}_1,\boldsymbol{\alpha}_2,\cdots,\boldsymbol{\alpha}_s$ 中至少有一个向量可以表示为其余向量的线性组合

D. $\boldsymbol{\alpha}_1,\boldsymbol{\alpha}_2,\cdots,\boldsymbol{\alpha}_s$ 中每一个向量都可以表示为其余向量的线性组合

7. 设 $\boldsymbol{A}$ 为 $m\times n$ 矩阵,则齐次线性方程组 $\boldsymbol{Ax}=\boldsymbol{0}$ 仅有零解的充分必要条件是(　　).

A. $\boldsymbol{A}$ 的列向量组线性无关　　B. $\boldsymbol{A}$ 的列向量组线性相关

C. $\boldsymbol{A}$ 的行向量组线性无关　　D. $\boldsymbol{A}$ 的行向量组线性相关

8. 若四阶方阵的秩为 3，则（　　）.

A. $\boldsymbol{A}$ 为可逆阵　　B. 齐次方程 $\boldsymbol{Ax}=\boldsymbol{0}$ 有非零解

C. 齐次方程组 $\boldsymbol{Ax}=\boldsymbol{0}$ 只有零解　　D. 非齐次方程组 $\boldsymbol{Ax}=\boldsymbol{b}$ 必有解

9. 已知 $\boldsymbol{\beta}_1,\boldsymbol{\beta}_2$ 是非齐次线性方程组 $\boldsymbol{Ax}=\boldsymbol{b}$ 的两个不同的解，$\boldsymbol{\alpha}_1,\boldsymbol{\alpha}_2$ 是其导出组 $\boldsymbol{Ax}=\boldsymbol{0}$ 的一个基础解系，c_1,c_2 为任意常数，则方程组 $\boldsymbol{Ax}=\boldsymbol{b}$ 的通解可以表为（　　）.

A. $\frac{1}{2}(\boldsymbol{\beta}_1+\boldsymbol{\beta}_2)+c_1\boldsymbol{\alpha}_1+c_2(\boldsymbol{\alpha}_1+\boldsymbol{\alpha}_2)$　　B. $\frac{1}{2}(\boldsymbol{\beta}_1-\boldsymbol{\beta}_2)+c_1\boldsymbol{\alpha}_1+c_2(\boldsymbol{\alpha}_1+\boldsymbol{\alpha}_2)$

C. $\frac{1}{2}(\boldsymbol{\beta}_1+\boldsymbol{\beta}_2)+c_1\boldsymbol{\alpha}_1+c_2(\boldsymbol{\beta}_1-\boldsymbol{\beta}_2)$　　D. $\frac{1}{2}(\boldsymbol{\beta}_1-\boldsymbol{\beta}_2)+c_1\boldsymbol{\alpha}_1+c_2(\boldsymbol{\beta}_1+\boldsymbol{\beta}_2)$

10. 设 $\boldsymbol{\alpha}_1,\boldsymbol{\alpha}_2,\boldsymbol{\alpha}_3$ 是齐次线性方程组 $\boldsymbol{Ax}=\boldsymbol{0}$ 的一个基础解系，则下列解向量组中，可以作为该方程组基础解系的是（　　）.

A. $\boldsymbol{\alpha}_1,\boldsymbol{\alpha}_2,\boldsymbol{\alpha}_1+\boldsymbol{\alpha}_2$　　B. $\boldsymbol{\alpha}_1+\boldsymbol{\alpha}_2,\boldsymbol{\alpha}_2+\boldsymbol{\alpha}_3,\boldsymbol{\alpha}_3+\boldsymbol{\alpha}_1$

C. $\boldsymbol{\alpha}_1,\boldsymbol{\alpha}_2,\boldsymbol{\alpha}_1-\boldsymbol{\alpha}_2$　　D. $\boldsymbol{\alpha}_1-\boldsymbol{\alpha}_2,\boldsymbol{\alpha}_2-\boldsymbol{\alpha}_3,\boldsymbol{\alpha}_3-\boldsymbol{\alpha}_1$

第四章　矩阵的特征值与特征向量

在经济理论及其应用的研究中，经常需要讨论有关矩阵的特征值等问题.本章将对方阵的特征值、特征向量理论以及方阵的相似对角化等问题进行探讨，这些内容在许多学科中都有非常重要的作用.

第一节　向量的内积

在第三章中，我们研究了向量的线性运算，并利用它讨论了向量之间的线性关系，但尚未涉及向量的度量性质.

在空间解析几何中，向量 $\boldsymbol{x}=(x_1,x_2,x_3)$ 和 $\boldsymbol{y}=(y_1,y_2,y_3)$ 的长度与夹角等度量性质，可通过两个向量的数量积

$$\boldsymbol{x}\cdot\boldsymbol{y}=|\boldsymbol{x}|\,|\boldsymbol{y}|\cos\theta\ (\theta \text{ 为向量 } \boldsymbol{x} \text{ 与 } \boldsymbol{y} \text{ 的夹角})$$

来表示，且在直角坐标系中，有

$$\boldsymbol{x}\cdot\boldsymbol{y}=x_1y_1+x_2y_2+x_3y_3,\qquad |\boldsymbol{x}|=\sqrt{x_1^2+x_2^2+x_3^2}.$$

本节中，我们将数量积的概念推广到 n 维向量空间 R^n 中，引入内积的概念.

一、内积及其性质

定义 1　设有 n 维向量

$$\boldsymbol{x}=\begin{pmatrix}x_1\\x_2\\\vdots\\x_n\end{pmatrix},\qquad \boldsymbol{y}=\begin{pmatrix}y_1\\y_2\\\vdots\\y_n\end{pmatrix},$$

令 $(\boldsymbol{x},\boldsymbol{y})=x_1y_1+x_2y_2+\cdots+x_ny_n$，称 $(\boldsymbol{x},\boldsymbol{y})$ 为向量 $\boldsymbol{x}$ 与 $\boldsymbol{y}$ 的内积.

内积是两个向量之间的一种运算，其结果是一个实数，用矩阵的运算可表示为

$$(\boldsymbol{x},\boldsymbol{y})=\boldsymbol{x}^{\mathrm{T}}\boldsymbol{y}=(x_1,x_2,\cdots,x_n)\begin{pmatrix}y_1\\y_2\\\vdots\\y_n\end{pmatrix}.$$

内积的运算性质(其中 $\boldsymbol{x},\boldsymbol{y},\boldsymbol{z}$ 为 n 维向量，$\lambda\in\mathbf{R}$)：

(1) $(\boldsymbol{x},\boldsymbol{y})=(\boldsymbol{y},\boldsymbol{x})$；

(2)$(\lambda \boldsymbol{x},\boldsymbol{y})=\lambda(\boldsymbol{x},\boldsymbol{y})$；

(3)$(\boldsymbol{x}+\boldsymbol{y},\boldsymbol{z})=(\boldsymbol{x},\boldsymbol{z})+(\boldsymbol{y},\boldsymbol{z})$；

(4)$(\boldsymbol{x},\boldsymbol{x})\geqslant 0$；当且仅当 $\boldsymbol{x}=\boldsymbol{0}$ 时，$(\boldsymbol{x},\boldsymbol{x})=0$.

二、向量的长度与性质

定义 2 令

$$\|\boldsymbol{x}\|=\sqrt{(\boldsymbol{x},\boldsymbol{x})}=\sqrt{x_1^2+x_2^2+\cdots+x_n^2},$$

称 $\|\boldsymbol{x}\|$ 为 n 维向量 $\boldsymbol{x}$ 的长度(或范数).

向量的长度具有如下性质：

(1)非负性：$\|\boldsymbol{x}\|\geqslant 0$.当且仅当 $\boldsymbol{x}=\boldsymbol{0}$ 时，$\|\boldsymbol{x}\|=0$；

(2)齐次性：$\|\lambda \boldsymbol{x}\|=|\lambda|\cdot\|\boldsymbol{x}\|\ (\lambda\in\mathbf{R})$；

(3)三角不等式：$\|\boldsymbol{x}+\boldsymbol{y}\|\leq\|\boldsymbol{x}\|+\|\boldsymbol{y}\|$；

(4)对任意 n 维向量 $\boldsymbol{x},\boldsymbol{y}$，有 $|(\boldsymbol{x},\boldsymbol{y})|\leqslant\|\boldsymbol{x}\|\cdot\|\boldsymbol{y}\|$.

注 若令 $\boldsymbol{x}=(x_1,x_2,\cdots,x_n)^{\mathrm{T}}$，$\boldsymbol{y}=(y_1,y_2,\cdots,y_n)^{\mathrm{T}}$，则性质(4)可表示为

$$\left|\sum_{i=1}^{n}x_iy_i\right|\leqslant\sqrt{\sum_{i=1}^{n}x_i^2}\cdot\sqrt{\sum_{i=1}^{n}y_i^2}.$$

上述不等式称为柯西一布涅可夫斯基不等式，它说明 $\mathbf{R}^n$ 中任意两个向量的内积与它们长度之间的关系.

当 $\|\boldsymbol{x}\|=1$ 时，称 $\boldsymbol{x}$ 为单位向量.

对 $\boldsymbol{R}^n$ 中的任一非零向量 $\boldsymbol{\alpha}$，向量 $\dfrac{\boldsymbol{\alpha}}{\|\boldsymbol{\alpha}\|}$ 是一单位向量，因为

$$\left\|\frac{\boldsymbol{\alpha}}{\|\boldsymbol{\alpha}\|}\right\|=\frac{1}{\|\boldsymbol{\alpha}\|}\|\boldsymbol{\alpha}\|=1.$$

用非零向量 $\boldsymbol{\alpha}$ 除以向量 $\boldsymbol{\alpha}$ 的长度，得到一个单位向量，这一过程称为把向量 $\boldsymbol{\alpha}$ 单位化. 即令

$$\boldsymbol{\beta}=\frac{\boldsymbol{\alpha}}{\|\boldsymbol{\alpha}\|},\text{其中 }\|\alpha\|\neq 0.$$

当 $\|\boldsymbol{\alpha}\|\neq 0$，$\|\boldsymbol{\beta}\|\neq 0$，定义

$$\theta=\arccos\frac{(\boldsymbol{\alpha},\boldsymbol{\beta})}{\|\boldsymbol{\alpha}\|\cdot\|\boldsymbol{\beta}\|}\ (0\leqslant\theta\leqslant\pi),$$

称 θ 为 n 维向量 $\boldsymbol{\alpha}$ 与 $\boldsymbol{\beta}$ 的夹角.

例如，求向量 $\boldsymbol{\alpha}=(1,2,2,3)^{\mathrm{T}}$，$\boldsymbol{\beta}=(3,1,5,1)^{\mathrm{T}}$ 的夹角.

由 $\|\boldsymbol{a}\|=3\sqrt{2}$，$\|\boldsymbol{\beta}\|=6$，$(\boldsymbol{\alpha},\boldsymbol{\beta})=18$，得

$$\cos\theta=\frac{(\boldsymbol{\alpha},\boldsymbol{\beta})}{\|\boldsymbol{a}\|\cdot\|\boldsymbol{\beta}\|}=\frac{\sqrt{2}}{2},\text{即 }\theta=\frac{\pi}{4}.$$

三、正交向量组

定义 3 若两向量 $\boldsymbol{\alpha}$ 与 $\boldsymbol{\beta}$ 的内积等于零，即

$$(\boldsymbol{\alpha},\boldsymbol{\beta})=0,$$

则称向量 $\boldsymbol{\alpha}$ 与 $\boldsymbol{\beta}$ 相互正交.记作 $\boldsymbol{\alpha}\perp\boldsymbol{\beta}$.

显然,若 $\boldsymbol{\alpha}=\mathbf{0}$,则 $\boldsymbol{\alpha}$ 与任何向量都正交.

定义 4　若 n 维向量 $\boldsymbol{\alpha}_1,\boldsymbol{\alpha}_2,\cdots,\boldsymbol{\alpha}_r$ 是一非零向量组,且 $\boldsymbol{\alpha}_1,\boldsymbol{\alpha}_2,\cdots,\boldsymbol{\alpha}_r$ 中的向量两两正交,则称该向量组为正交向量组.

例如, $\mathbf{R}^n$ 中单位向量 $\boldsymbol{\varepsilon}_1,\boldsymbol{\varepsilon}_2,\cdots,\boldsymbol{\varepsilon}_n$ 是两两正交的,因为

$$(\boldsymbol{\varepsilon}_i,\boldsymbol{\varepsilon}_j)=0(i\neq j).$$

定理 1　若 n 维向量 $\boldsymbol{\alpha}_1,\boldsymbol{\alpha}_2,\cdots,\boldsymbol{\alpha}_r$ 是一正交向量组,则 $\boldsymbol{\alpha}_1,\boldsymbol{\alpha}_2,\cdots,\boldsymbol{\alpha}_r$ 线性无关.

证　设有 $k_1,k_2,\cdots,k_r$ 使

$$k_1\boldsymbol{\alpha}_1+k_2\boldsymbol{\alpha}_2+\cdots+k_r\boldsymbol{\alpha}_r=\mathbf{0},$$

以 $\boldsymbol{\alpha}_i^{\mathrm{T}}$ 左乘上式两端,得

$$k_i\boldsymbol{\alpha}_i^{\mathrm{T}}\boldsymbol{\alpha}_i=0(i=1,2,\cdots r),$$

因 $\boldsymbol{\alpha}_i\neq 0$,故 $\boldsymbol{\alpha}_i^{\mathrm{T}}\boldsymbol{\alpha}_i=\|\boldsymbol{\alpha}_i\|^2\neq 0$,从而必有

$$k_i=0(i=1,2,\cdots r),$$

所以向量组 $\boldsymbol{\alpha}_1,\boldsymbol{\alpha}_2,\cdots,\boldsymbol{\alpha}_r$ 线性无关.

显然,$\mathbf{R}^n$ 中任一正交向量组的向量个数不会超过 n,若向量组 $\boldsymbol{\alpha}_1,\boldsymbol{\alpha}_2,\cdots,\boldsymbol{\alpha}_r$ 两两正交,且其中每个向量都是单位向量,则称该向量组为规范正交向量组.

四、规范正交基及其求法

例如,容易验证

$$\boldsymbol{e}_1=\begin{pmatrix}\frac{1}{\sqrt{2}}\\ \frac{1}{\sqrt{2}}\\ 0\\ 0\end{pmatrix},\boldsymbol{e}_2=\begin{pmatrix}\frac{1}{\sqrt{2}}\\ -\frac{1}{\sqrt{2}}\\ 0\\ 0\end{pmatrix},\boldsymbol{e}_3=\begin{pmatrix}0\\ 0\\ \frac{1}{\sqrt{2}}\\ \frac{1}{\sqrt{2}}\end{pmatrix},\boldsymbol{e}_4=\begin{pmatrix}0\\ 0\\ \frac{1}{\sqrt{2}}\\ -\frac{1}{\sqrt{2}}\end{pmatrix},$$

是向量空间 $\mathbf{R}^4$ 的一个规范正交向量组,也称为 $\mathbf{R}^4$ 的一个规范正交基.

又如,n 维单位向量组 $\boldsymbol{\varepsilon}_1,\boldsymbol{\varepsilon}_2,\cdots,\boldsymbol{\varepsilon}_n$ 是 $\mathbf{R}^n$ 的一个规范正交基.

若 $\boldsymbol{e}_1,\boldsymbol{e}_2,\cdots,\boldsymbol{e}_r$ 是 $\mathbf{V}\subset\mathbf{R}^n$ 的一个规范正交基,则 $\mathbf{V}$ 中任一向量 $\boldsymbol{\alpha}$ 能由 $\boldsymbol{e}_1,\boldsymbol{e}_2,\cdots,\boldsymbol{e}_r$ 线性表示,设表示式为

$$\boldsymbol{\alpha}=\lambda_1\boldsymbol{e}_1+\lambda_2\boldsymbol{e}_2+\cdots+\lambda_r\boldsymbol{e}_r,$$

为求其中的系数 $\lambda_i(i=1,2,\cdots,r)$,可用 $\boldsymbol{e}_i^{\mathrm{T}}$ 左乘上式,有

$$\boldsymbol{e}_i^{\mathrm{T}}\boldsymbol{\alpha}=\lambda_i\boldsymbol{e}_i^{\mathrm{T}}\boldsymbol{e}_i=\lambda_i,$$

这就是向量在规范正交基中的坐标的计算公式,利用这个公式能方便地求得向量 $\boldsymbol{\alpha}$ 在规范正交基 $\boldsymbol{e}_1,\cdots,\boldsymbol{e}_r$ 下的坐标:$(\lambda_1,\lambda_2,\cdots,\lambda_r)$. 因此,我们在给出向量空间的基时常常取规范正交基.

规范正交基的求法:

设 $\boldsymbol{\alpha}_1,\boldsymbol{\alpha}_2,\cdots,\boldsymbol{\alpha}_r$ 是向量空间 $\mathbf{V}$ 的一个极大无关组,要求 $\mathbf{V}$ 的一个规范正交基,也就

是要找一组两两正交的单位向量 $\boldsymbol{e}_1,\boldsymbol{e}_2,\cdots,\boldsymbol{e}_r$，使 $\boldsymbol{e}_1,\boldsymbol{e}_2,\cdots,\boldsymbol{e}_r$ 与 $\boldsymbol{\alpha}_1,\boldsymbol{\alpha}_2,\cdots,\boldsymbol{\alpha}_r$ 等价.这一过程,称为把向量组 $\boldsymbol{\alpha}_1,\boldsymbol{\alpha}_2,\cdots,\boldsymbol{\alpha}_r$ 规范正交化,可按如下步骤进行：

(1)正交化：

令
$$\boldsymbol{\beta}_1=\boldsymbol{\alpha}_1,$$
$$\boldsymbol{\beta}_2=\boldsymbol{\alpha}_2-\frac{(\boldsymbol{\beta}_1,\boldsymbol{\alpha}_2)}{(\boldsymbol{\beta}_1,\boldsymbol{\beta}_1)}\boldsymbol{\beta}_1,$$
$$\cdots$$
$$\boldsymbol{\beta}_r=\boldsymbol{\alpha}_r-\frac{(\boldsymbol{\beta}_1,\boldsymbol{\alpha}_r)}{(\boldsymbol{\beta}_1,\boldsymbol{\beta}_1)}\boldsymbol{\beta}_1-\frac{(\boldsymbol{\beta}_2,\boldsymbol{\alpha}_r)}{(\boldsymbol{\beta}_2,\boldsymbol{\beta}_2)}\boldsymbol{\beta}_2-\cdots-\frac{(\boldsymbol{\beta}_{r-1},\boldsymbol{\alpha}_r)}{(\boldsymbol{\beta}_{r-1},\boldsymbol{\beta}_{r-1})}\boldsymbol{\beta}_{r-1},$$

则易验证 $\boldsymbol{\beta}_1,\boldsymbol{\beta}_2,\cdots,\boldsymbol{\beta}_r$ 两两正交，且 $\boldsymbol{\beta}_1,\boldsymbol{\beta}_2,\cdots,\boldsymbol{\beta}_r$ 与 $\boldsymbol{\alpha}_1,\boldsymbol{\alpha}_2,\cdots,\boldsymbol{\alpha}_r$ 等价.

上述过程称为施密特(Schmidt)正交化.

(2) 单位化：令
$$\boldsymbol{e}_1=\frac{\boldsymbol{\beta}_1}{\|\boldsymbol{\beta}_1\|},\boldsymbol{e}_2=\frac{\boldsymbol{\beta}_2}{\|\boldsymbol{\beta}_2\|},\cdots,\boldsymbol{e}_r=\frac{\boldsymbol{\beta}_r}{\|\boldsymbol{\beta}_r\|},$$
则 $\boldsymbol{e}_1,\boldsymbol{e}_2,\cdots,\boldsymbol{e}_r$ 是 V 的一个规范正交基.

显然,施密特正交化过程可将 $\mathbf{R}^n$ 中的任一线性无关的向量组 $\boldsymbol{\alpha}_1,\boldsymbol{\alpha}_2,\cdots,\boldsymbol{\alpha}_r$ 化为与之等价的正交向量组 $\boldsymbol{\beta}_1,\boldsymbol{\beta}_2,\cdots,\boldsymbol{\beta}_r$；再经单位化,得到与 $\boldsymbol{\alpha}_1,\boldsymbol{\alpha}_2,\cdots,\boldsymbol{\alpha}_r$ 等价的规范正交向量组 $\boldsymbol{e}_1,\boldsymbol{e}_2,\cdots,\boldsymbol{e}_r$.

例 1 设 $\boldsymbol{\alpha}_1=\begin{pmatrix}1\\2\\-1\end{pmatrix},\boldsymbol{\alpha}_2=\begin{pmatrix}-1\\3\\1\end{pmatrix},\boldsymbol{\alpha}_3=\begin{pmatrix}4\\-1\\0\end{pmatrix}$,用施密特正交化方法,将向量组规范正交化.

解 不难证明 $\boldsymbol{\alpha}_1,\boldsymbol{\alpha}_2,\boldsymbol{\alpha}_3$ 是线性无关的. 取 $\boldsymbol{\beta}_1=\boldsymbol{\alpha}_1$；
$$\boldsymbol{\beta}_2=\boldsymbol{\alpha}_2-\frac{(\boldsymbol{\alpha}_2,\boldsymbol{\beta}_1)}{\|\boldsymbol{\beta}_1\|^2}\boldsymbol{\beta}_1=\begin{pmatrix}-1\\3\\1\end{pmatrix}-\frac{4}{6}\begin{pmatrix}1\\2\\-1\end{pmatrix}=\frac{5}{3}\begin{pmatrix}-1\\1\\1\end{pmatrix};$$
$$\boldsymbol{\beta}_3=\boldsymbol{\alpha}_3-\frac{(\boldsymbol{\alpha}_3,\boldsymbol{\beta}_1)}{\|\boldsymbol{\beta}_1\|^2}\boldsymbol{\beta}_1-\frac{(\boldsymbol{\alpha}_3,\boldsymbol{\beta}_2)}{\|\boldsymbol{\beta}_2\|^2}\boldsymbol{\beta}_2=\begin{pmatrix}4\\-1\\0\end{pmatrix}-\frac{1}{3}\begin{pmatrix}1\\2\\-1\end{pmatrix}+\frac{5}{3}\begin{pmatrix}-1\\1\\1\end{pmatrix}=2\begin{pmatrix}1\\0\\1\end{pmatrix}.$$

再把它们单位化,取
$$\boldsymbol{e}_1=\frac{\boldsymbol{\beta}_1}{\|\boldsymbol{\beta}_1\|}=\frac{1}{\sqrt{6}}\begin{pmatrix}1\\2\\-1\end{pmatrix},\boldsymbol{e}_2=\frac{\boldsymbol{\beta}_2}{\|\boldsymbol{\beta}_2\|}=\frac{1}{\sqrt{3}}\begin{pmatrix}-1\\1\\1\end{pmatrix},\boldsymbol{e}_3=\frac{\boldsymbol{\beta}_3}{\|\boldsymbol{\beta}_3\|}=\frac{1}{\sqrt{2}}\begin{pmatrix}1\\0\\1\end{pmatrix},$$
$\boldsymbol{e}_1,\boldsymbol{e}_2,\boldsymbol{e}_3$ 即为所求.

例 2 已知三维向量空间中两向量 $\boldsymbol{\alpha}_1=\begin{pmatrix}1\\1\\1\end{pmatrix},\boldsymbol{\alpha}_2=\begin{pmatrix}1\\-2\\1\end{pmatrix}$ 正交,试求 $\boldsymbol{\alpha}_3$，使 $\boldsymbol{\alpha}_1,\boldsymbol{\alpha}_2,\boldsymbol{\alpha}_3$ 构成三维空间的一个规范正交基.

解　设 $\boldsymbol{\alpha}_3=(x_1,x_2,x_3)^{\mathrm{T}}\neq 0$，且分别与 $\boldsymbol{\alpha}_1,\boldsymbol{\alpha}_2$ 正交. 则

$$(\boldsymbol{\alpha}_1,\boldsymbol{\alpha}_3)=(\boldsymbol{\alpha}_2,\boldsymbol{\alpha}_3)=0,$$

即

$$\begin{cases}(\boldsymbol{\alpha}_1,\boldsymbol{\alpha}_3)=x_1+x_2+x_3=0,\\(\boldsymbol{\alpha}_2,\boldsymbol{\alpha}_3)=x_1-2x_2+x_3=0.\end{cases}$$

解之得 $x_1=-x_3,x_2=0$.令 $x_3=1$，得到

$$\boldsymbol{\alpha}_3=\begin{pmatrix}-1\\0\\1\end{pmatrix}.$$

由上可知 $\boldsymbol{\alpha}_1,\boldsymbol{\alpha}_2,\boldsymbol{\alpha}_3$ 构成三维空间的一个正交基.再把它们单位化，得

$$\boldsymbol{e}_1=\left(\frac{1}{\sqrt{3}},\frac{1}{\sqrt{3}},\frac{1}{\sqrt{3}}\right)^{\mathrm{T}},\boldsymbol{e}_2=\left(\frac{1}{\sqrt{6}},\frac{-2}{\sqrt{6}},\frac{1}{\sqrt{6}}\right)^{\mathrm{T}},\boldsymbol{e}_3=\left(\frac{1}{\sqrt{2}},0,\frac{1}{\sqrt{2}}\right)^{\mathrm{T}}$$

为所求规范正交基.

五、正交矩阵与正交变换

定义 5　若 n 阶方阵 $\boldsymbol{A}$ 满足 $\boldsymbol{A}^{\mathrm{T}}\boldsymbol{A}=\boldsymbol{E}$，则称 $\boldsymbol{A}$ 为正交矩阵，简称正交阵.

正交矩阵有以下几个重要性质：

(1) $\boldsymbol{A}^{\mathrm{T}}=\boldsymbol{A}^{-1}$，即 $\boldsymbol{A}\boldsymbol{A}^{\mathrm{T}}=\boldsymbol{A}^{\mathrm{T}}\boldsymbol{A}=\boldsymbol{E}$；

(2)若 $\boldsymbol{A}$ 是正交矩阵，则 $\boldsymbol{A}^{\mathrm{T}}$(或 $\boldsymbol{A}^{-1}$)也是正交矩阵；

(3)两个正交矩阵之积仍是正交矩阵；

(4)正交矩阵的行列式等于 1 或 −1.

定理 2　$\boldsymbol{A}$ 为正交矩阵的充要条件是 $\boldsymbol{A}$ 的列向量组是单位正交向量组.

证　设 $\boldsymbol{A}=(\boldsymbol{\alpha}_1,\boldsymbol{\alpha}_2,\cdots,\boldsymbol{\alpha}_n)$，其中 $\boldsymbol{\alpha}_1,\boldsymbol{\alpha}_2,\cdots,\boldsymbol{\alpha}_n$ 是 $\boldsymbol{A}$ 的列向量组，则 $\boldsymbol{A}^{\mathrm{T}}\boldsymbol{A}=\boldsymbol{E}$ 等价于

$$\begin{pmatrix}\boldsymbol{\alpha}_1^{\mathrm{T}}\\\boldsymbol{\alpha}_2^{\mathrm{T}}\\\vdots\\\boldsymbol{\alpha}_n^{\mathrm{T}}\end{pmatrix}(\boldsymbol{\alpha}_1,\boldsymbol{\alpha}_2,\cdots,\boldsymbol{\alpha}_n)=\begin{pmatrix}\boldsymbol{\alpha}_1^{\mathrm{T}}\boldsymbol{\alpha}_1&\boldsymbol{\alpha}_1^{\mathrm{T}}\boldsymbol{\alpha}_2&\cdots&\boldsymbol{\alpha}_1^{\mathrm{T}}\boldsymbol{\alpha}_n\\\boldsymbol{\alpha}_2^{\mathrm{T}}\boldsymbol{\alpha}_1&\boldsymbol{\alpha}_2^{\mathrm{T}}\boldsymbol{\alpha}_2&\cdots&\boldsymbol{\alpha}_2^{\mathrm{T}}\boldsymbol{\alpha}_n\\\vdots&\vdots&&\vdots\\\boldsymbol{\alpha}_n^{\mathrm{T}}\boldsymbol{\alpha}_1&\boldsymbol{\alpha}_n^{\mathrm{T}}\boldsymbol{\alpha}_2&\cdots&\boldsymbol{\alpha}_n^{\mathrm{T}}\boldsymbol{\alpha}_n\end{pmatrix}=\boldsymbol{E},$$

即

$$\boldsymbol{\alpha}_i^{\mathrm{T}}\boldsymbol{\alpha}_j=\delta_{ij}=\begin{cases}1,i=j,\\0,i\neq j,\end{cases}\quad i,j=1,2,\cdots,n.$$

由 $\boldsymbol{A}^{\mathrm{T}}\boldsymbol{A}=\boldsymbol{E}$ 与 $\boldsymbol{A}\boldsymbol{A}^{\mathrm{T}}=\boldsymbol{E}$ 等价知定理 2 的结论对行向量也成立，即 $\boldsymbol{A}$ 为正交矩阵的充要条件是 $\boldsymbol{A}$ 的行向量组是规范正交向量组.

定义 6　若 $\boldsymbol{P}$ 为正交矩阵，则线性变换 $\boldsymbol{y}=\boldsymbol{P}\boldsymbol{x}$ 称为正交变换.

正交变换的性质：正交变换保持向量的内积及长度不变.

事实上，设 $\boldsymbol{y}=\boldsymbol{P}\boldsymbol{x}$ 为正交变换，且 $\boldsymbol{\beta}_1=\boldsymbol{P}\boldsymbol{\alpha}_1,\boldsymbol{\beta}_2=\boldsymbol{P}\boldsymbol{\alpha}_2$，则

$$(\boldsymbol{\beta}_1,\boldsymbol{\beta}_2)=\boldsymbol{\beta}_1^{\mathrm{T}}\boldsymbol{\beta}_2=\boldsymbol{a}_1^{\mathrm{T}}\boldsymbol{P}^{\mathrm{T}}\boldsymbol{P}\boldsymbol{\alpha}_2=\boldsymbol{a}_1^{\mathrm{T}}\boldsymbol{E}\boldsymbol{\alpha}_2=\boldsymbol{\alpha}_1^{\mathrm{T}}\boldsymbol{\alpha}_2=(\boldsymbol{\alpha}_1,\boldsymbol{\alpha}_2),$$

$$\|\boldsymbol{\beta}_1\|=\sqrt{\boldsymbol{\beta}_1^{\mathrm{T}}\boldsymbol{\beta}_1}=\sqrt{\boldsymbol{a}_1^{\mathrm{T}}\boldsymbol{P}^{\mathrm{T}}\boldsymbol{P}\boldsymbol{\alpha}_1}=\sqrt{\boldsymbol{\alpha}_1^{\mathrm{T}}\boldsymbol{\alpha}_1}=\|\boldsymbol{\alpha}_1\|.$$

例 3　判别下列矩阵是否为正交矩阵.

$$(1)\begin{pmatrix}1 & -1/2 & 1/3\\ -1/2 & 1 & 1/2\\ 1/3 & 1/2 & -1\end{pmatrix};\qquad (2)\begin{pmatrix}1/9 & -8/9 & -4/9\\ -8/9 & 1/9 & -4/9\\ -4/9 & 4/9 & 7/9\end{pmatrix}.$$

解 (1)考察矩阵的第一列和第二列，因

$$1\times\left(-\frac{1}{2}\right)+\left(-\frac{1}{2}\right)\times 1+\frac{1}{3}\times\frac{1}{2}\neq 0,$$

所以它不是正交矩阵；

(2)由正交矩阵的定义，因

$$\begin{pmatrix}1/9 & -8/9 & -4/9\\ -8/9 & 1/9 & -4/9\\ -4/9 & -4/9 & 7/9\end{pmatrix}\begin{pmatrix}1/9 & -8/9 & -4/9\\ -8/9 & 1/9 & -4/9\\ -4/9 & -4/9 & 7/9\end{pmatrix}^{\mathrm{T}}=\begin{pmatrix}1 & 0 & 0\\ 0 & 1 & 0\\ 0 & 0 & 1\end{pmatrix},$$

所以它是正交矩阵.

第二节 矩阵的特征值与特征向量

一、特征值与特征向量

定义 1 设 $\boldsymbol{A}$ 为 n 阶方阵，如果数 λ 和 n 维非零向量 $\boldsymbol{x}$ 使 $\boldsymbol{AX}=\lambda\boldsymbol{x}$ 成立，则称数 λ 为方阵 $\boldsymbol{A}$ 的特征值，非零向量 $\boldsymbol{x}$ 称为 $\boldsymbol{A}$ 的对应于特征值 λ 的特征向量(或称为 $\boldsymbol{A}$ 的属于特征值 λ 的特征向量).

显然，n 阶方阵 $\boldsymbol{A}$ 的特征值 λ，就是使齐次线性方程组

$$(\lambda\boldsymbol{E}-\boldsymbol{A})\boldsymbol{x}=\boldsymbol{0}$$

有非零解的值，即满足方程 $|\lambda\boldsymbol{E}-\boldsymbol{A}|=0$ 的 λ 都是矩阵 $\boldsymbol{A}$ 的特征值.

称关于 λ 的一元 n 次方程 $|\lambda\boldsymbol{E}-\boldsymbol{A}|=0$ 为矩阵 $\boldsymbol{A}$ 的特征方程，称 λ 的一元 n 次多项式 $f(\lambda)=|\lambda\boldsymbol{E}-\boldsymbol{A}|$ 为矩阵 $\boldsymbol{A}$ 的特征多项式.

根据上述定义，即可给出特征向量的求法：

设 $\lambda=\lambda_i$ 为方阵 $\boldsymbol{A}$ 的一个特征值，则由齐次线性方程组

$$(\lambda_i\boldsymbol{E}-\boldsymbol{A})\boldsymbol{x}=\boldsymbol{0} \qquad ①$$

可求得非零解 $\boldsymbol{p}_i$，那么 $\boldsymbol{p}_i$ 就是 $\boldsymbol{A}$ 的对应于特征值 λ_i 的特征向量，且 $\boldsymbol{A}$ 的对应于特征值 λ_i 的特征向量全体是方程组①的全体非零解，即设 $\boldsymbol{p}_1,\boldsymbol{p}_2,\cdots,\boldsymbol{p}_s$ 为方程组①的基础解系，则 $\boldsymbol{A}$ 的对应于特征值 λ_i 的全部特征向量为

$$k_1\boldsymbol{p}_1+k_2\boldsymbol{p}_2+\cdots+k_s\boldsymbol{p}_s\ (k_1,\cdots,k_s\text{ 不同时为 }0).$$

例 1 求矩阵 $\boldsymbol{A}=\begin{pmatrix}3 & 1\\ 5 & -1\end{pmatrix}$ 的特征值和特征向量.

解 $\boldsymbol{A}$ 的特征方程为

$$|\lambda\boldsymbol{E}-\boldsymbol{A}|=\begin{vmatrix}\lambda-3 & -1\\ -5 & \lambda+1\end{vmatrix}=(\lambda-4)(2+\lambda)=0,$$

所以 $\boldsymbol{A}$ 的特征值为 $\lambda_1=4,\lambda_2=-2$.

当 $\lambda_1=4$ 时，对应的特征向量应满足

$$\begin{cases}x_1-x_2=0\\-5x_1+5x_2=0\end{cases}.$$

解得 $x_1=x_2$，所以对应的特征向量可取为 $\boldsymbol{p}_1=\begin{pmatrix}1\\1\end{pmatrix}$. 而 $k_1\boldsymbol{p}_1(k_1\neq 0)$ 就是矩阵 $\boldsymbol{A}$ 对应于 $\lambda_1=4$ 的全部特征向量.

当 $\lambda_2=-2$ 时，对应的特征向量应满足

$$\begin{cases}-5x_1-x_2=0\\-5x_1-x_2=0\end{cases}.$$

解得 $x_2=-5x_1$，所以对应的特征向量可取为 $\boldsymbol{p}_2=\begin{pmatrix}1\\-5\end{pmatrix}$. 而 $k_2\boldsymbol{p}_2(k_2\neq 0)$ 就是矩阵 $\boldsymbol{A}$ 对应于 $\lambda_2=-2$ 的全部特征向量.

例 2　设 $\boldsymbol{A}=\begin{pmatrix}-2&1&1\\0&2&0\\-4&1&3\end{pmatrix}$，求 $\boldsymbol{A}$ 的特征值与特征向量.

解　$\boldsymbol{A}$ 的特征方程为

$$|\lambda\boldsymbol{E}-\boldsymbol{A}|=\begin{vmatrix}\lambda+2&-1&-1\\0&\lambda-2&0\\4&-1&\lambda-3\end{vmatrix}=(\lambda+1)(\lambda-2)^2=0,$$

故得 $\boldsymbol{A}$ 的特征值为 $\lambda_1=-1,\lambda_2=\lambda_3=2$.

当 $\lambda_1=-1$ 时，解方程 $(-\boldsymbol{E}-\boldsymbol{A})\boldsymbol{x}=\boldsymbol{0}$.

由

$$-\boldsymbol{E}-\boldsymbol{A}=\begin{pmatrix}1&-1&-1\\0&-3&0\\4&-1&-4\end{pmatrix}\to\begin{pmatrix}1&0&-1\\0&1&0\\0&0&0\end{pmatrix},$$

得基础解系 $\boldsymbol{p}_1=\begin{pmatrix}1\\0\\1\end{pmatrix}$，故对应于 $\lambda_1=-1$ 的全体特征向量为 $k_1\boldsymbol{p}_1(k_1\neq 0)$.

当 $\lambda_2=\lambda_3=2$ 时，解方程 $(2\boldsymbol{E}-\boldsymbol{A})\boldsymbol{x}=\boldsymbol{0}$.

由

$$2\boldsymbol{E}-\boldsymbol{A}=\begin{pmatrix}4&-1&-1\\0&0&0\\4&-1&-1\end{pmatrix}\to\begin{pmatrix}4&-1&-1\\0&0&0\\0&0&0\end{pmatrix}\to\begin{pmatrix}1&-1/4&-1/4\\0&0&0\\0&0&0\end{pmatrix},$$

得基础解系

$$\boldsymbol{p}_2=\begin{pmatrix}1\\4\\0\end{pmatrix},\boldsymbol{p}_3=\begin{pmatrix}1\\0\\4\end{pmatrix},$$

故对应于 $\lambda_2=\lambda_3=2$ 的全部特征向量为

$$k_2\boldsymbol{p}_2+k_3\boldsymbol{p}_3(k_2,k_3\text{ 不同时为 }0).$$

例 3 求 n 阶数量矩阵 $\boldsymbol{A}=\begin{pmatrix} a & 0 & \cdots & 0 \\ 0 & a & \cdots & 0 \\ \vdots & \vdots & & \vdots \\ 0 & 0 & \cdots & a \end{pmatrix}$ 的特征值与特征向量.

解
$$|\lambda\boldsymbol{E}-\boldsymbol{A}|=\begin{vmatrix} \lambda-a & 0 & \cdots & 0 \\ 0 & \lambda-a & \cdots & 0 \\ \vdots & \vdots & & \vdots \\ 0 & 0 & \cdots & \lambda-a \end{vmatrix}=(\lambda-a)^n=0,$$
故 $\boldsymbol{A}$ 的特征值为 $\lambda_1=\lambda_2=\cdots=\lambda_n=a$.

把 $\lambda=a$ 代入 $(\lambda\boldsymbol{E}-\boldsymbol{A})\boldsymbol{x}=\boldsymbol{0}$ 得
$$0\cdot x_1=0, 0\cdot x_2=0, \cdots, 0\cdot x_n=0.$$

这个方程组的系数矩阵是零矩阵，所以任意 n 个线性无关的向量都是它的基础解系，取单位向量组
$$\varepsilon_1=\begin{pmatrix}1\\0\\\vdots\\0\end{pmatrix},\varepsilon_2=\begin{pmatrix}0\\1\\\vdots\\0\end{pmatrix},\cdots,\varepsilon_n=\begin{pmatrix}0\\0\\\vdots\\1\end{pmatrix}$$
作为基础解系，于是 $\boldsymbol{A}$ 的全部特征向量为
$$k_1\boldsymbol{\varepsilon}_1+k_2\boldsymbol{\varepsilon}_2+\cdots+k_n\boldsymbol{\varepsilon}_n\ (k_1,k_2,\cdots,k_n\text{ 不全为 }0).$$

注 特征方程 $|\lambda\boldsymbol{E}-\boldsymbol{A}|=0$ 与特征方程 $|\boldsymbol{A}-\lambda\boldsymbol{E}|=0$ 有相同的特征根；$\boldsymbol{A}$ 的对应于特征值 λ 的特征向量是齐次线性方程组
$$(\lambda\boldsymbol{E}-\boldsymbol{A})\boldsymbol{x}=\boldsymbol{0}$$
的非零解，也是方程组 $(\boldsymbol{A}-\lambda\boldsymbol{E})\boldsymbol{x}=\boldsymbol{0}$ 的非零解，因此，在实际计算特征值和特征向量时，以上两种形式均可采用.

二、特征值与特征向量的性质

性质 1 n 阶矩阵 $\boldsymbol{A}$ 与它的转置矩阵 $\boldsymbol{A}^{\mathrm{T}}$ 有相同的特征值.

证 因为
$$|\lambda\boldsymbol{E}-\boldsymbol{A}^{\mathrm{T}}|=|(\lambda\boldsymbol{E}-\boldsymbol{A})^{\mathrm{T}}|=|\lambda\boldsymbol{E}-\boldsymbol{A}|,$$
所以 $\boldsymbol{A}^{\mathrm{T}}$ 与 $\boldsymbol{A}$ 有相同的特征多项式，故它们的特征值相同.

性质 2 设 $\boldsymbol{A}=(a_{ij})$ 是 n 阶矩阵，则
$$f(\lambda)=|\lambda\boldsymbol{E}-\boldsymbol{A}|=\begin{vmatrix} \lambda-a_{11} & -a_{12} & \cdots & -a_{1n} \\ -a_{21} & \lambda-a_{22} & \cdots & -a_{2n} \\ \vdots & \vdots & & \vdots \\ -a_{n1} & -a_{n2} & \cdots & \lambda-a_{nn} \end{vmatrix}$$
$$=\lambda^n-(\sum_{i=1}^{n}a_{ii})\lambda^{n-1}+\cdots+(-1)^kS_k\lambda^{n-k}+\cdots+(-1)^n|\boldsymbol{A}|,$$
其中 S_k 是 $\boldsymbol{A}$ 的全体 k 阶主子式的和. 设 $\lambda_1,\lambda_2,\cdots,\lambda_n$ 是 $\boldsymbol{A}$ 的 n 个特征值，则由 n 次代数

方程的根与系数的关系知：

(1) $\lambda_1+\lambda_2+\cdots+\lambda_n=a_{11}+a_{22}+\cdots a_{nn}$；

(2) $\lambda_1\lambda_2\cdots\lambda_n=|\boldsymbol{A}|$.

其中 $\boldsymbol{A}$ 的全体特征值的和 $a_{11}+a_{22}+\cdots a_{nn}$ 称为矩阵 $\boldsymbol{A}$ 的迹，记为 $\mathrm{tr}(\boldsymbol{A})$.

例 4　试证：n 阶矩阵 $\boldsymbol{A}$ 是奇异矩阵的充分必要条件是 $\boldsymbol{A}$ 有一个特征值为零.

证　必要性. 若 $\boldsymbol{A}$ 是奇异矩阵，则 $|\boldsymbol{A}|=0$. 于是

$$|0\boldsymbol{E}-\boldsymbol{A}|=|-\boldsymbol{A}|=(-1)^n|\boldsymbol{A}|=0,$$

即 0 是 $\boldsymbol{A}$ 的一个特征值.

充分性. 设 $\boldsymbol{A}$ 有一个特征值为 0，对应的特征向量为 $\boldsymbol{p}$.由特征值的定义，有

$$\boldsymbol{A}\boldsymbol{p}=0\boldsymbol{p}=\boldsymbol{0}\ (\boldsymbol{p}\neq 0),$$

所以齐次线性方程组 $\boldsymbol{A}\boldsymbol{x}=\boldsymbol{0}$ 有非零解 $\boldsymbol{p}$. 由此可知 $|\boldsymbol{A}|=0$，即 $\boldsymbol{A}$ 为奇异矩阵.

同时，此例也可以叙述为“n 阶矩阵 $\boldsymbol{A}$ 可逆，当且仅当它的任一特征值不为零”.

* **性质 3**　设 $\boldsymbol{A}=(a_{ij})$ 是 n 阶矩阵，如果

(1) $\sum\limits_{j=1}^{n}|a_{ij}|<1\quad(i=1,2,\cdots,n)$ 或(2) $\sum\limits_{i=1}^{n}|a_{ij}|<1\quad(j=1,2,\cdots,n)$

有一个成立，则矩阵 $\boldsymbol{A}$ 的所有特征值 λ_i 的模小于 1，即 $|\lambda_i|<1(i=1,2,\cdots,n)$.

证　设 λ 是 $\boldsymbol{A}$ 的任一特征值，其对应的特征向量为 $\boldsymbol{x}$，则

$$\boldsymbol{A}\boldsymbol{x}=\lambda\boldsymbol{x},$$

即

$$\sum_{j=1}^{n}a_{ij}x_j=\lambda x_i(i=1,2,\cdots,n).$$

设 $\max\limits_{j}|x_j|=|x_k|$，故有

$$|\lambda|=\left|\lambda\frac{x_k}{x_k}\right|=\left|\sum_{j=1}^{n}a_{kj}\frac{x_j}{x_k}\right|\leqslant\sum_{j=1}^{n}|a_{kj}|\frac{|x_j|}{|x_k|}\leqslant\sum_{j=1}^{n}|a_{kj}|.$$

若(1)成立，则 $|\lambda|\leqslant\sum\limits_{j=1}^{n}|a_{kj}|<1$，再由 λ 的任意性知，$\lambda_i(i=1,2,\cdots,n)$的模小于 1.

若(2)成立，则对 $\boldsymbol{A}^{\mathrm{T}}$ 的所有特征值，结论成立. 再由 $\boldsymbol{A}$ 与 $\boldsymbol{A}^{\mathrm{T}}$ 有相同的特征值，则对 $\boldsymbol{A}$ 的特征值亦有 $|\lambda_i|<1(i=1,2,\cdots,n)$.

例 5　设 λ 是方阵 $\boldsymbol{A}$ 的特征值，证明：

(1)λ^2 是 $\boldsymbol{A}^2$ 的特征值；

(2)当 $\boldsymbol{A}$ 可逆时，$\dfrac{1}{\lambda}$是 $\boldsymbol{A}^{-1}$ 的特征值.

证　因 λ 是 $\boldsymbol{A}$ 的特征值，故有 $\boldsymbol{p}\neq\boldsymbol{0}$ 使 $\boldsymbol{A}\boldsymbol{p}=\lambda\boldsymbol{p}$.于是

(1)$\boldsymbol{A}^2\boldsymbol{p}=\boldsymbol{A}(\boldsymbol{A}\boldsymbol{p})=\boldsymbol{A}(\lambda\boldsymbol{p})=\lambda(\boldsymbol{A}\boldsymbol{p})=\lambda^2\boldsymbol{p}$，所以 λ^2 是 $\boldsymbol{A}^2$ 的特征值.

(2)当 $\boldsymbol{A}$ 可逆时，由 $\boldsymbol{A}\boldsymbol{p}=\lambda\boldsymbol{p}$，有 $\boldsymbol{p}=\lambda\boldsymbol{A}^{-1}\boldsymbol{p}$，因 $\boldsymbol{p}\neq\boldsymbol{0}$，知 $\lambda\neq 0$，故

$$\boldsymbol{A}^{-1}\boldsymbol{p}=\frac{1}{\lambda}\boldsymbol{p},$$

所以$\dfrac{1}{\lambda}$是 $\boldsymbol{A}^{-1}$ 的特征值.

易进一步证明，若 λ 是 $\boldsymbol{A}$ 的特征值，则 λ^k 是 $\boldsymbol{A}^k$ 的特征值，$\varphi(\lambda)$ 是 $\varphi(\boldsymbol{A})$ 的特征值，其中

$$\varphi(\boldsymbol{x})=a_0\boldsymbol{x}^m+a_1\boldsymbol{x}^{m-1}+\cdots+a_{m-1}\boldsymbol{x}+a_m.$$

特别地，设特征多项式 $f(\lambda)=|\lambda\boldsymbol{E}-\boldsymbol{A}|$，则 $f(\lambda)$ 是 $f(\boldsymbol{A})$ 的特征值，且

$$\boldsymbol{A}^n-(a_{11}+a_{22}+\cdots+a_{nn})\boldsymbol{A}^{n-1}+\cdots+(-1)^n|\boldsymbol{A}|\boldsymbol{E}=\boldsymbol{0}.$$

定理 1 n 阶矩阵 $\boldsymbol{A}$ 的互不相等的特征值 $\lambda_1,\cdots,\lambda_m$ 对应的特征向量 $\boldsymbol{p}_1,\boldsymbol{p}_2\cdots,\boldsymbol{p}_m$ 线性无关.

证 已知 $\boldsymbol{A}\boldsymbol{p}_i=\lambda_i\boldsymbol{p}_i(i=1,2,\cdots,m)$. 下面用数学归纳法证之.

当 $m=1$ 时，$\boldsymbol{p}_1\neq\boldsymbol{0}$，所以结论成立.

假设 $m-1$ 时结论成立，设有常数 $k_1,k_2,\cdots,k_m$，使

$$k_1\boldsymbol{p}_1+k_2\boldsymbol{p}_2+\cdots+k_{m-1}\boldsymbol{p}_{m-1}+k_m\boldsymbol{p}_m=\boldsymbol{0}, \qquad ②$$

以矩阵 $\boldsymbol{A}$ 左乘上式两端，得

$$k_1\boldsymbol{A}\boldsymbol{p}_1+k_2\boldsymbol{A}\boldsymbol{p}_2+\cdots+k_{m-1}\boldsymbol{A}\boldsymbol{p}_{m-1}+k_m\boldsymbol{A}\boldsymbol{p}_m=\boldsymbol{0}.$$

由 $\boldsymbol{A}\boldsymbol{p}_i=\lambda_i\boldsymbol{p}_i(i=1,2,\cdots,m)$，故有

$$k_1\lambda_1\boldsymbol{p}_1+k_2\lambda_2\boldsymbol{p}_2+\cdots+k_{m-1}\lambda_{m-1}\boldsymbol{p}_{m-1}+k_m\lambda_m\boldsymbol{p}_m=\boldsymbol{0}, \qquad ③$$

由③$-\lambda_m\times$②消去 $\boldsymbol{p}_m$，得

$$k_1(\lambda_1-\lambda_m)\boldsymbol{p}_1+k_2(\lambda_2-\lambda_m)\boldsymbol{p}_2+\cdots+k_{m-1}(\lambda_{m-1}-\lambda_m)\boldsymbol{p}_{m-1}=\boldsymbol{0}.$$

由归纳假设，$\boldsymbol{p}_1,\boldsymbol{p}_2,\cdots,\boldsymbol{p}_{m-1}$ 线性无关，故

$$k_i(\lambda_i-\lambda_m)=0(i=1,2,\cdots,m-1).$$

因为 $\lambda_1,\lambda_2,\cdots,\lambda_m$ 互不相同，于是有

$$k_i=0(i=1,2,\cdots,m-1).$$

代入②得 $k_m\boldsymbol{p}_m=\boldsymbol{0}$，而 $\boldsymbol{p}_m\neq\boldsymbol{0}$，只有 $k_m=0$. 所以

$$k_1=k_2=\cdots=k_m=0,$$

即 $\boldsymbol{p}_1,\boldsymbol{p}_2,\cdots,\boldsymbol{p}_m$ 线性无关. 证毕.

矩阵的特征向量总是相对于矩阵的特征值而言的，一个特征值具有的特征向量并不是唯一的，但一个特征向量不能属于不同的特征值. 事实上，若设 $\boldsymbol{p}$ 是 $\boldsymbol{A}$ 的属于两个不同的特征值 λ_1,λ_2 的特征向量，即

$$\boldsymbol{A}\boldsymbol{p}=\lambda_1\boldsymbol{p},\boldsymbol{A}\boldsymbol{p}=\lambda_2\boldsymbol{p},\text{且 }\boldsymbol{p}\neq\boldsymbol{0},$$

则有 $(\lambda_1-\lambda_2)\boldsymbol{p}=\boldsymbol{0}$，由 $\lambda_1-\lambda_2\neq0$，得 $\boldsymbol{p}=\boldsymbol{0}$，与定义矛盾，故结论成立.

例 6 正交矩阵的实特征值的绝对值为 1.

证 $\boldsymbol{A}$ 为正交矩阵，$\boldsymbol{p}$ 是方阵 $\boldsymbol{A}$ 对应于特征值 λ 的特征向量，设 $\boldsymbol{A}\boldsymbol{p}=\lambda\boldsymbol{p}$，因

$$(\boldsymbol{A}\boldsymbol{p})^{\mathrm{T}}\boldsymbol{A}\boldsymbol{p}=\boldsymbol{p}^{\mathrm{T}}\boldsymbol{A}^{\mathrm{T}}\boldsymbol{A}\boldsymbol{p}=\boldsymbol{p}^{\mathrm{T}}\boldsymbol{p}=\|\boldsymbol{p}\|^2, \qquad ④$$

$$(\boldsymbol{A}\boldsymbol{p})^{\mathrm{T}}\boldsymbol{A}\boldsymbol{p}=(\lambda\boldsymbol{p})^{\mathrm{T}}(\lambda\boldsymbol{p})=\lambda^2\boldsymbol{p}^{\mathrm{T}}\boldsymbol{p}=\lambda^2\|\boldsymbol{p}\|^2, \qquad ⑤$$

又 $\boldsymbol{p}\neq\boldsymbol{0}$，所以 $\|\boldsymbol{p}\|>0$，于是④$-$⑤得 $\lambda^2=1$，即 $|\lambda|=1$.

第三节　相似矩阵

一、相似矩阵的概念

定义 1 设 $\boldsymbol{A},\boldsymbol{B}$ 都是 n 阶矩阵，若存在可逆矩阵 $\boldsymbol{P}$，使

$$P^{-1}AP=B,$$

则称 B 是 A 的相似矩阵，并称矩阵 A 与 B 相似，记作 $A\sim B$.

对 A 进行 $P^{-1}AP$ 运算称为对 A 进行相似变换，称可逆矩阵 P 为相似变换矩阵.

矩阵的相似关系是一种等价关系，满足：

(1)自反性：对任意 n 阶矩阵 A，有 A 与 A 相似；

(2)对称性：若 A 与 B 相似，则 B 与 A 相似；

(3)传递性：若 A 与 B 相似，B 与 C 相似，则 A 与 C 相似.

证　(1)(2)显然，现证(3).

若 A 与 B 相似，B 与 C 相似，则分别有可逆矩阵 P 与 Q 使得

$$P^{-1}AP=B,\ Q^{-1}BQ=C,$$

从而有

$$C=Q^{-1}(P^{-1}AP)Q=(Q^{-1}P^{-1})A(PQ)=(PQ)^{-1}A(PQ).$$

由定义即知 A 与 C 相似.

有如下两个常用运算表达式：

(1)$P^{-1}ABP=(P^{-1}AP)(P^{-1}BP)$；

(2)$P^{-1}(kA+lB)P=kP^{-1}AP+lP^{-1}BP$，其中 k,l 为任意实数.

例 1　设有矩阵 $A=\begin{pmatrix}3&1\\5&-1\end{pmatrix}$，$B=\begin{pmatrix}4&0\\0&-2\end{pmatrix}$，试验证存在可逆矩阵 $P=\begin{pmatrix}1&1\\1&-5\end{pmatrix}$，使得 A 与 B 相似.

证　易见 P 可逆，且 $P^{-1}=\begin{pmatrix}5/6&1/6\\1/6&-1/6\end{pmatrix}$，因此

$$P^{-1}AP=\begin{pmatrix}5/6&1/6\\1/6&-1/6\end{pmatrix}\begin{pmatrix}3&1\\5&-1\end{pmatrix}\begin{pmatrix}1&1\\1&-5\end{pmatrix}=\begin{pmatrix}4&0\\0&-2\end{pmatrix}=B,$$

故 A 与 B 相似.

二、相似矩阵的性质

定理 1　若 n 阶矩阵 A 与 B 相似，则 A 与 B 的特征多项式相同，从而 A 与 B 的特征值也相同.

证　因为 A 与 B 相似，故存在可逆矩阵 P 使得 $P^{-1}AP=B$，则

$$\begin{aligned}|B-\lambda E|&=|P^{-1}AP-P^{-1}(\lambda E)P|=|P^{-1}(A-\lambda E)P|\\&=|P^{-1}|\,|A-\lambda E|\,|P|=|A-\lambda E|,\end{aligned}$$

即 A 与 B 有相同的特征多项式，从而有相同的特征值.

如对例 1 中的矩阵，由

$$|A-\lambda E|=\begin{vmatrix}3-\lambda&1\\5&-1-\lambda\end{vmatrix}=(\lambda-4)(\lambda+2),$$

$$|B-\lambda E|=\begin{vmatrix}4-\lambda&0\\0&-\lambda-2\end{vmatrix}=(\lambda-4)(\lambda+2).$$

易见它们有相同的特征值 $\lambda_1=4,\lambda_2=-2$.

相似矩阵的其他性质：

(1)相似矩阵的秩相等.

相似矩阵一定等价，而等价的矩阵具有相同的秩.

(2)相似矩阵的行列式相等.

由 $\boldsymbol{A}$ 与 $\boldsymbol{B}$ 相似，可推出 $\boldsymbol{P}^{-1}\boldsymbol{AP}=\boldsymbol{B}$，两边取行列式即得.

(3)相似矩阵具有相同的可逆性，当它们可逆时，则它们的逆矩阵也相似.

证 设 n 阶矩 $\boldsymbol{A}$ 与 $\boldsymbol{B}$ 相似，则 $|\boldsymbol{A}|=|\boldsymbol{B}|$，故 $\boldsymbol{A}$ 与 $\boldsymbol{B}$ 具有相同的可逆性.

若 $\boldsymbol{A}$ 与 $\boldsymbol{B}$ 相似且都可逆，则存在非奇异矩阵 $\boldsymbol{P}$，使

$$\boldsymbol{P}^{-1}\boldsymbol{AP}=\boldsymbol{B},$$

于是

$$\boldsymbol{B}^{-1}=(\boldsymbol{P}^{-1}\boldsymbol{AP})^{-1}=\boldsymbol{P}^{-1}\boldsymbol{A}^{-1}(\boldsymbol{P}^{-1})^{-1}=\boldsymbol{P}^{-1}\boldsymbol{A}^{-1}\boldsymbol{P},$$

即 $\boldsymbol{A}^{-1}$ 与 $\boldsymbol{B}^{-1}$ 相似.

三、矩阵与对角矩阵相似的条件

定理 2 n 阶矩阵 $\boldsymbol{A}$ 与对角矩阵 $\boldsymbol{\Lambda}=\begin{pmatrix}\lambda_1 & & & \\ & \lambda_2 & & \\ & & \ddots & \\ & & & \lambda_n\end{pmatrix}$ 相似的充要条件为矩阵 $\boldsymbol{A}$ 有 n 个线性无关的特征向量.

证 必要性. 若 $\boldsymbol{A}$ 与 $\boldsymbol{\Lambda}$ 相似，则存在可逆矩阵 $\boldsymbol{P}$ 使得

$$\boldsymbol{P}^{-1}\boldsymbol{AP}=\boldsymbol{\Lambda},$$

设 $\boldsymbol{P}=(\boldsymbol{p}_1,\boldsymbol{p}_2,\cdots,\boldsymbol{p}_n)$，则由 $\boldsymbol{AP}=\boldsymbol{P\Lambda}$ 得

$$\boldsymbol{A}(\boldsymbol{p}_1,\boldsymbol{p}_2,\cdots,\boldsymbol{p}_n)=(\boldsymbol{p}_1,\boldsymbol{p}_2,\cdots,\boldsymbol{p}_n)\begin{pmatrix}\lambda_1 & & & \\ & \lambda_2 & & \\ & & \ddots & \\ & & & \lambda_n\end{pmatrix},$$

即

$$\boldsymbol{Ap}_i=\lambda_i\boldsymbol{p}_i\ (i=1,2,\cdots,n),$$

因 $\boldsymbol{P}$ 可逆，则 $|\boldsymbol{P}|\neq 0$，得 $\boldsymbol{p}_i(i=1,2,\cdots,n)$ 都是非零向量，故 $\boldsymbol{p}_1,\boldsymbol{p}_2,\cdots,\boldsymbol{p}_n$ 都是 $\boldsymbol{A}$ 的特征向量，且它们线性无关.

充分性. 设 $\boldsymbol{p}_1,\boldsymbol{p}_2,\cdots,\boldsymbol{p}_n$ 为 $\boldsymbol{A}$ 的 n 个线性无关的特征向量，它们所对应的特征值为 $\lambda_1,\lambda_2,\cdots,\lambda_n$，则有

$$\boldsymbol{Ap}_i=\lambda_i\boldsymbol{p}_i,\ (i=1,2,\cdots,n),$$

令 $\boldsymbol{P}=(\boldsymbol{p}_1,\boldsymbol{p}_2,\cdots,\boldsymbol{p}_n)$，易知 $\boldsymbol{P}$ 可逆，且

$$\begin{aligned}\boldsymbol{AP}&=\boldsymbol{A}(\boldsymbol{p}_1,\boldsymbol{p}_2,\cdots,\boldsymbol{p}_n)=(\boldsymbol{Ap}_1,\boldsymbol{Ap}_2,\cdots,\boldsymbol{Ap}_n)\\&=(\lambda_1\boldsymbol{p}_1,\lambda_2\boldsymbol{p}_2,\cdots,\lambda_n\boldsymbol{p}_n)=(\boldsymbol{p}_1,\boldsymbol{p}_2,\cdots,\boldsymbol{p}_n)\begin{pmatrix}\lambda_1 & & & \\ & \lambda_2 & & \\ & & \ddots & \\ & & & \lambda_n\end{pmatrix}=\boldsymbol{P\Lambda},\end{aligned}$$

用 $\boldsymbol{P}^{-1}$ 左乘上式两端得 $\boldsymbol{P}^{-1}\boldsymbol{AP}=\boldsymbol{\Lambda}$，即 $\boldsymbol{A}$ 与 $\boldsymbol{\Lambda}$ 相似. 证毕.

显然，定理 2 的证明过程已经给出了把方阵对角化的方法.

例 2　试对矩阵 $\boldsymbol{A}=\begin{pmatrix}3 & 1\\ 5 & -1\end{pmatrix}$ 验证前述定理 2 的结论.

解　从第二节例 1 知，矩阵 $\boldsymbol{A}$ 有两个互不相同的特征值 $\lambda_1=4,\lambda_2=-2$，其对应特征向量分别为

$$\boldsymbol{p}_1=\begin{pmatrix}1\\1\end{pmatrix},\quad \boldsymbol{p}_2=\begin{pmatrix}1\\-5\end{pmatrix}.$$

若取 $\boldsymbol{\Lambda}_1=\begin{pmatrix}4 & 0\\ 0 & -2\end{pmatrix}$，$\boldsymbol{P}=(\boldsymbol{p}_1,\boldsymbol{p}_2)=\begin{pmatrix}1 & 1\\ 1 & -5\end{pmatrix}$，则有 $\boldsymbol{P}^{-1}\boldsymbol{AP}=\boldsymbol{\Lambda}_1$，即 $\boldsymbol{A}$ 与 $\boldsymbol{\Lambda}_1$ 相似.

若取 $\boldsymbol{\Lambda}_2=\begin{pmatrix}-2 & 0\\ 0 & 4\end{pmatrix}$，$\boldsymbol{P}=(\boldsymbol{p}_2,\boldsymbol{p}_1)=\begin{pmatrix}1 & 1\\ -5 & 1\end{pmatrix}$，则有 $\boldsymbol{P}^{-1}\boldsymbol{AP}=\boldsymbol{\Lambda}_2$，即 $\boldsymbol{A}$ 与 $\boldsymbol{\Lambda}_2$ 相似.

显然，由上节定理 1 及本节定理 2 可得：

推论 1　若 n 阶矩阵 $\boldsymbol{A}$ 有 n 个互异的特征值 $\lambda_1,\lambda_2,\cdots,\lambda_n$，则 $\boldsymbol{A}$ 与对角矩阵 $\boldsymbol{\Lambda}$ 相似，其中

$$\boldsymbol{\Lambda}=\begin{pmatrix}\lambda_1 & & & \\ & \lambda_2 & & \\ & & \ddots & \\ & & & \lambda_n\end{pmatrix}.$$

对于 n 阶方阵 $\boldsymbol{A}$，若存在可逆矩阵 $\boldsymbol{P}$，使 $\boldsymbol{P}^{-1}\boldsymbol{AP}=\boldsymbol{\Lambda}$ 为对角矩阵，则称方阵 $\boldsymbol{A}$ 可对角化.

定理 3　n 阶矩阵 $\boldsymbol{A}$ 可对角化的充要条件是对应于 $\boldsymbol{A}$ 的每个特征值的线性无关的特征向量的个数恰好等于该特征值的重数，即设 λ_i 是矩阵 $\boldsymbol{A}$ 的 n_i 重特征值，则 $\boldsymbol{A}$ 与 $\boldsymbol{\Lambda}$ 相似，当且仅当

$$r(\lambda_i\boldsymbol{E}-\boldsymbol{A})=n-n_i\ (i=1,2,\cdots,n).$$

例如，矩阵 $\boldsymbol{A}=\begin{pmatrix}1 & 1 & 1\\ 0 & 0 & 0\\ 0 & 0 & 0\end{pmatrix}$ 的特征值为 1，0，0，对 $\lambda_2=0,n_2=2$，有

$$r(\lambda_2\boldsymbol{E}-\boldsymbol{A})=n-n_2,$$

故 $\boldsymbol{A}$ 能对角化.

又如，矩阵 $\boldsymbol{B}=\begin{pmatrix}1 & 1 & 0\\ 0 & 0 & 1\\ 0 & 0 & 0\end{pmatrix}$ 的特征值也为 1，0，0，对 $\lambda_2=0,n_2=2$，有

$$r(\lambda_2\boldsymbol{E}-\boldsymbol{B})=2\neq n-n_2,$$

故 $\boldsymbol{B}$ 不能对角化.

例 3　判断矩阵 $\boldsymbol{A}=\begin{pmatrix}1 & -2 & 2\\ -2 & -2 & 4\\ 2 & 4 & -2\end{pmatrix}$ 能否化为对角矩阵，若能对角化，写出可逆阵

$\boldsymbol{P}$ 及相应的 $\boldsymbol{\Lambda}$，使 $\boldsymbol{P}^{-1}\boldsymbol{AP}=\boldsymbol{\Lambda}$.

解
$$|\lambda \boldsymbol{E}-\boldsymbol{A}|=\begin{vmatrix}\lambda-1 & 2 & -2\\ 2 & \lambda+2 & -4\\ -2 & -4 & \lambda+2\end{vmatrix}=(\lambda-2)^2(\lambda+7)=0,$$

得特征值 $\lambda_1=\lambda_2=2,\lambda_3=-7$.对应 $\lambda_1=\lambda_2=2$，由齐次线性方程组
$$(\lambda_1\boldsymbol{E}-\boldsymbol{A})\boldsymbol{x}=\boldsymbol{0},$$
可求出其基础解系 $P_1=\begin{pmatrix}-2\\1\\0\end{pmatrix},P_2=\begin{pmatrix}2\\0\\1\end{pmatrix}$.

同理，对应 $\lambda_3=-7$，由齐次线性方程组
$$(\lambda_3\boldsymbol{E}-\boldsymbol{A})\boldsymbol{x}=\boldsymbol{0},$$
可求出其基础解系 $\boldsymbol{P}_3=\begin{pmatrix}1\\2\\-2\end{pmatrix}$，而 $\boldsymbol{P}_1,\boldsymbol{P}_2,\boldsymbol{P}_3$ 线性无关，即 $\boldsymbol{A}$ 有 3 个线性无关的特征向量，因此 $\boldsymbol{A}$ 可对角化.此时 $P=(P_1P_2P_3)=\begin{pmatrix}-2 & 2 & 1\\ 1 & 0 & 2\\ 0 & 1 & -2\end{pmatrix},\Lambda=\begin{pmatrix}2 & & \\ & 2 & \\ & & -7\end{pmatrix}$.

例 4 设 $\boldsymbol{A}=\begin{pmatrix}0 & 0 & 1\\ 1 & 1 & a\\ 1 & 0 & 0\end{pmatrix}$，问 a 为何值时，矩阵 $\boldsymbol{A}$ 能对角化？

解 $|\lambda\boldsymbol{E}-\boldsymbol{A}|=\begin{vmatrix}\lambda & 0 & -1\\ -1 & \lambda-1 & -a\\ -1 & 0 & \lambda\end{vmatrix}=(\lambda-1)\begin{vmatrix}\lambda & -1\\ -1 & \lambda\end{vmatrix}=(\lambda-1)^2(\lambda+1)$.

得 $\lambda_1=-1,\lambda_2=\lambda_3=1$.要矩阵 $\boldsymbol{A}$ 可对角化，由定理 3 可知：

对应单根 $\lambda_1=-1$，可求得线性无关的特征向量恰有 1 个，而对应重根 $\lambda_2=\lambda_3=1$，应有 2 个线性无关的特征向量，即方程 $(\boldsymbol{E}-\boldsymbol{A})\boldsymbol{x}=\boldsymbol{0}$ 有 2 个线性无关的解，亦即系数矩阵 $\boldsymbol{E}-\boldsymbol{A}$ 的秩 $r(\boldsymbol{E}-\boldsymbol{A})=1$.

由
$$\boldsymbol{E}-\boldsymbol{A}=\begin{pmatrix}1 & 0 & -1\\ -1 & 0 & -a\\ -1 & 0 & 1\end{pmatrix}\longrightarrow\begin{pmatrix}1 & 0 & -1\\ 0 & 0 & a+1\\ 0 & 0 & 0\end{pmatrix},$$
要使 $r(\boldsymbol{E}-\boldsymbol{A})=1$，必须 $a+1=0$，由此得 $a=-1$.
因此，当 $a=-1$ 时，矩阵 $\boldsymbol{A}$ 能对角化.

四、矩阵对角化的应用

利用矩阵的对角化方法可以简化方阵的乘幂运算.

我们也可以用矩阵的对角化解某些递归关系式.如计算 Fibonacci 数列的通项公式.

例 5 意大利数学家 Fibonacci 在 1202 年所著《算法之书》中，提出了这样一个问题：有小兔一对，第二个月成年，第三个月产下小兔一对，以后每个月都生产一对小兔.而

所生小兔也在第二个月成年，第三个月产下小兔一对，以后每个月都生产一对小兔.假定每产下的一对小兔必为一雌一雄，且均无死亡，试问一年后共有几对小兔？

若用○和△ 分别表示一对未成年和成年的兔子，则根据题设有：

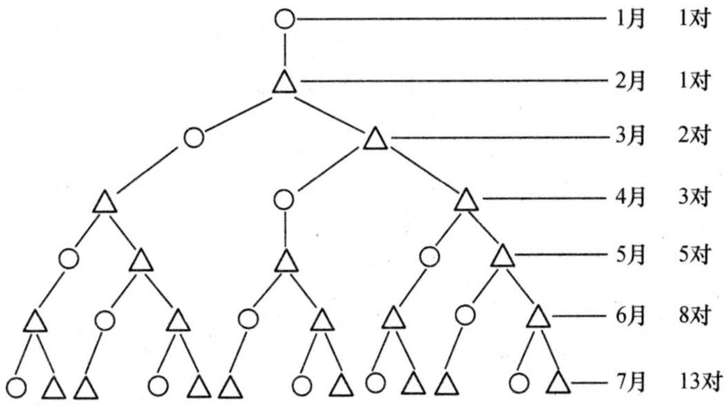

图 4-1　每月的兔子总数

由图 4-1 可知，从三月份开始，每月的兔子总数恰等于它前面两个月的兔子总数之和，按此规律可写出数列：

表 4-1　每月的兔子总数

月份	1	2	3	4	5	6	7	8	9	10	11	12
兔子对数	1	1	2	3	5	8	13	21	34	55	89	144

可见一年后的兔子有 144 对.

将此有限项数列按上述规律写成无限项数列叫做 Fibonacci 数列，其中的每一项称为 Fibonacci 数.

Fibonacci 数列可用递推关系式表示：

$$F_{n+2}=F_{n+1}+F_n,\ n=1,2,\cdots. \quad ①$$

其中 $F_1=1,F_2=1$.

为了求出通项 F_n，我们将(1)式写成

$$\begin{cases}F_{n+2}=F_{n+1}+F_n\\F_{n+1}=F_{n+1},\ F_1=F_2=1\end{cases},$$

即

$$\begin{pmatrix}F_{n+2}\\F_{n+1}\end{pmatrix}=\begin{pmatrix}1&1\\1&0\end{pmatrix}\begin{pmatrix}F_{n+1}\\F_n\end{pmatrix},\quad \begin{pmatrix}F_2\\F_1\end{pmatrix}=\begin{pmatrix}1\\1\end{pmatrix}$$

若记 $\boldsymbol{\alpha}_n=\begin{pmatrix}F_{n+1}\\F_n\end{pmatrix}$，$\boldsymbol{\alpha}_1=\begin{pmatrix}1\\1\end{pmatrix}$，$\boldsymbol{A}=\begin{pmatrix}1&1\\1&0\end{pmatrix}$则有

$$\boldsymbol{\alpha}_{n+1}=\boldsymbol{A}\boldsymbol{\alpha}_n,\ n=1,2,\cdots, \quad ②$$

由此可得

$$\boldsymbol{\alpha}_n=\boldsymbol{A}^{n-1}\boldsymbol{\alpha}_1,\ n=1,2,\cdots, \tag{③}$$

于是求 F_n 的问题就归结为计算 $\boldsymbol{A}^{n-1}$ 的问题.

解特征方程 $|\boldsymbol{A}-\lambda\boldsymbol{E}|=0$,即 $\begin{vmatrix}1-\lambda & 1\\ 1 & -\lambda\end{vmatrix}=0$,可得特征值

$$\lambda_1=\frac{1+\sqrt{5}}{2},\quad \lambda_2=\frac{1-\sqrt{5}}{2}. \tag{④}$$

将 λ_1,λ_2 代入方程组 $(\boldsymbol{A}-\lambda\boldsymbol{E})\boldsymbol{x}=\boldsymbol{0}$,可得相应的特征向量

$$\boldsymbol{p}_1=\begin{pmatrix}\lambda_1\\ 1\end{pmatrix},\ \boldsymbol{p}_2=\begin{pmatrix}\lambda_2\\ 1\end{pmatrix}.$$

记 $\boldsymbol{P}=(\boldsymbol{p}_1,\boldsymbol{p}_2)=\begin{pmatrix}\lambda_1 & \lambda_2\\ 1 & 1\end{pmatrix}$,则 $\boldsymbol{P}^{-1}=\dfrac{1}{\lambda_1-\lambda_2}\begin{pmatrix}1 & -\lambda_2\\ -1 & \lambda_1\end{pmatrix}$.

于是

$$\boldsymbol{P}^{-1}\boldsymbol{A}\boldsymbol{P}=\begin{pmatrix}\lambda_1 & \\ & \lambda_2\end{pmatrix},\ \boldsymbol{A}=\boldsymbol{P}\begin{pmatrix}\lambda_1 & \\ & \lambda_2\end{pmatrix}\boldsymbol{P}^{-1},$$

所以

$$\boldsymbol{A}^{n-1}=\boldsymbol{P}\begin{pmatrix}\lambda_1^{n-1} & \\ & \lambda_2^{n-1}\end{pmatrix}\boldsymbol{P}^{-1}=\frac{1}{\lambda_1-\lambda_2}\begin{pmatrix}\lambda_1^n-\lambda_2^n & \lambda_1\lambda_2^n-\lambda_2\lambda_1^n\\ \lambda_1^{n-1}-\lambda_2^{n-1} & \lambda_1\lambda_2^{n-1}-\lambda_2\lambda_1^{n-1}\end{pmatrix},$$

$$\begin{pmatrix}F_{n+1}\\ F_n\end{pmatrix}=\boldsymbol{A}^{n-1}\begin{pmatrix}1\\ 1\end{pmatrix}=\frac{1}{\lambda_1-\lambda_2}\begin{pmatrix}\lambda_1^n(1-\lambda_2)+\lambda_2^n(\lambda_1-1)\\ \lambda_1^{n-1}(1-\lambda_2)+\lambda_2^{n-1}(\lambda_1-1)\end{pmatrix}.$$

注意到 $\lambda_1+\lambda_2=1$,从而

$$\begin{pmatrix}F_{n+1}\\ F_n\end{pmatrix}=\frac{1}{\lambda_1-\lambda_2}\begin{pmatrix}\lambda_1^{n+1}-\lambda_2^{n+1}\\ \lambda_1^n-\lambda_2^n\end{pmatrix}.$$

将④式代入上式,有

$$F_n=\frac{1}{\sqrt{5}}\left[\left(\frac{1+\sqrt{5}}{2}\right)^n-\left(\frac{1-\sqrt{5}}{2}\right)^n\right].$$

例 6 在某城市有 15 万人具有本科以上学历,其中有 1.5 万人是教师.据调查,平均每年有 10%的人从教师职业转为其他职业,又有 1%的人从其他职业转为教师职业,试预测 10 年以后这 15 万人中还有多少人在从事教师职业.

解 用 $x^{(i)}$ 表示第 i 年后做教师职业和其他职业的人数,则 $x^{(0)}=\begin{pmatrix}1.5\\ 13.5\end{pmatrix}$,用矩阵 $\boldsymbol{A}=\begin{pmatrix}0.90 & 0.01\\ 0.10 & 0.99\end{pmatrix}$ 表示教师职业和其他职业间的转移,其中 $a_{11}=0.90$ 表示每年有 90%的人原来是教师现在还是教师;$a_{21}=0.10$ 表示每年有 10%的人从教师职业转为其他职业.显然

$$\boldsymbol{x}^{(1)}=\boldsymbol{A}\boldsymbol{X}^{(0)}=\begin{pmatrix}0.90 & 0.01\\ 0.10 & 0.99\end{pmatrix}\begin{pmatrix}1.5\\ 13.5\end{pmatrix}=\begin{pmatrix}1.485\\ 13.515\end{pmatrix},$$

即一年后,从事教师职业和其他职业的人数分别为 1.485 万及 13.515 万. 又

$$x^{(2)}=AX^{(1)}=A^2x^{(0)}\ ,\ \cdots,\ x^{(n)}=AX^{(n-1)}=A^nx^{(0)}\ ,$$

所以 $x^{(10)}=A^{10}x^{(0)}$,为计算 A^{10} 先需要把 A 对角化.

$$|\lambda E-A|=\begin{vmatrix}\lambda-0.9 & -0.01\\ -0.1 & \lambda-0.99\end{vmatrix}=(\lambda-0.9)(\lambda-0.99)-0.001$$
$$=\lambda^2-1.89\lambda+0.890=0.$$

解得 $\lambda_1=1,\lambda_2=0.89.\lambda_1\neq\lambda_2$,故 A 可对角化.

把 $\lambda_1=1$ 代入 $(\lambda E-A)x=0$,得其对应特征向量 $p_1=\begin{pmatrix}1\\10\end{pmatrix}$.

把 $\lambda_2=0.89$ 代入 $(\lambda E-A)x=0$,得其对应特征向量 $p_2=\begin{pmatrix}1\\-1\end{pmatrix}$.

令 $P=(p_1,p_2)=\begin{pmatrix}1 & 1\\10 & -1\end{pmatrix}$,有

$$P^{-1}AP=\Lambda=\begin{pmatrix}1 & 0\\0 & 0.89\end{pmatrix},\quad A=P\Lambda P^{-1},\quad A^{10}=P\Lambda^{10}P^{-1},$$

其中 $$P^{-1}=-\frac{1}{11}\begin{pmatrix}-1 & -1\\-10 & 1\end{pmatrix}=\frac{1}{11}\begin{pmatrix}1 & 1\\10 & -1\end{pmatrix},\Lambda^{10}=\begin{pmatrix}1 & 0\\0 & 0.89^{10}\end{pmatrix}.$$

于是 $$x^{(10)}=P\Lambda^{10}P^{-1}x^{(0)}=\frac{1}{11}\begin{pmatrix}1 & 1\\10 & -1\end{pmatrix}\begin{pmatrix}1 & 0\\0 & 0.89^{10}\end{pmatrix}\begin{pmatrix}1 & 1\\10 & -1\end{pmatrix}\begin{pmatrix}1.5\\13.5\end{pmatrix}$$
$$=\frac{1}{11}\begin{pmatrix}1 & 1\\10 & -1\end{pmatrix}\begin{pmatrix}1 & 0\\0 & 0.311817\end{pmatrix}\begin{pmatrix}1 & 1\\10 & -1\end{pmatrix}\begin{pmatrix}1.5\\13.5\end{pmatrix}=\begin{pmatrix}1.4062\\13.5938\end{pmatrix}.$$

所以 10 年后,15 万人中有 1.41 万人仍是教师,有 13.59 万人从事其他职业.

第四节　实对称矩阵的对角化

一个 n 阶矩阵 A 具备什么条件才能对角化? 这是一个比较复杂的问题.本节我们仅对 A 为实对称矩阵的情况进行讨论. 实对称矩阵具有许多一般矩阵所没有的特殊性质.

定理 1　实对称矩阵的特征值都为实数.

证　设实对称矩阵 A 的特征值为复数 λ,其对应的特征向量 x 为复向量,即

$$Ax=\lambda x,x\neq 0.$$

以 $\bar{\lambda}$ 表示 λ 的共轭复数,$\bar{x}$ 表示 x 的共轭复向量,则

$$A\bar{x}=\bar{A}\,\bar{x}=(\overline{Ax})=(\overline{\lambda x})=\bar{\lambda}\,\bar{x}.$$

于是有

$$\bar{x}^{\mathrm T}Ax=\bar{x}^{\mathrm T}(Ax)=\bar{x}^{\mathrm T}\lambda x=\lambda\bar{x}^{\mathrm T}x,$$

且

$$\bar{x}^{\mathrm T}Ax=(\bar{x}^{\mathrm T}A^{\mathrm T})x=(A\bar{x})^{\mathrm T}x=(\bar{\lambda}\,\bar{x})^{\mathrm T}x=\bar{\lambda}\,\bar{x}^{\mathrm T}x.$$

以上两式相减,得

$$(\lambda-\bar{\lambda})\bar{x}^{\mathrm T}x=0.$$

但因 $\boldsymbol{x}\neq\boldsymbol{0}$,所以

$$\overline{\boldsymbol{x}}^{\mathrm{T}}\boldsymbol{x}=\sum_{i=1}^{n}\overline{x}_i x_i=\sum_{i=1}^{n}|x_i|^2\neq 0,$$

故 $\lambda-\overline{\lambda}=0$,即 $\lambda=\overline{\lambda}$,这说明 λ 是实数.

显然对实对称矩阵 $\boldsymbol{A}$,因其特征值 λ_i 为实数,故方程组

$$(\boldsymbol{A}-\lambda_i\boldsymbol{E})\boldsymbol{x}=\boldsymbol{0}$$

是实系数方程组,由 $|\boldsymbol{A}-\lambda_i\boldsymbol{E}|=0$ 知它必有实的基础解系,所以 $\boldsymbol{A}$ 的特征向量可以取实向量.

定理 2 设 λ_1,λ_2 是实对称矩阵 $\boldsymbol{A}$ 的两个特征值,$\boldsymbol{p}_1,\boldsymbol{p}_2$ 是对应的特征向量,若 $\lambda_1\neq\lambda_2$,则 $\boldsymbol{p}_1$ 与 $\boldsymbol{p}_2$ 正交.

证 $\lambda_1\boldsymbol{p}_1=\boldsymbol{A}\boldsymbol{p}_1,\lambda_2\boldsymbol{p}_2=\boldsymbol{A}\boldsymbol{p}_2,\lambda_1\neq\lambda_2$.

因 $\boldsymbol{A}$ 对称,故

$$\lambda_1\boldsymbol{p}_1^{\mathrm{T}}=(\lambda_1\boldsymbol{p}_1)^{\mathrm{T}}=(\boldsymbol{A}\boldsymbol{p}_1)^{\mathrm{T}}=\boldsymbol{p}_1^{\mathrm{T}}\boldsymbol{A}^{\mathrm{T}}=\boldsymbol{p}_1^{\mathrm{T}}\boldsymbol{A},$$

于是

$$\lambda_1\boldsymbol{p}_1^{\mathrm{T}}\boldsymbol{p}_2=\boldsymbol{p}_1^{\mathrm{T}}\boldsymbol{A}\boldsymbol{p}_2=\boldsymbol{p}_1^{\mathrm{T}}(\lambda_2\boldsymbol{p}_2)=\lambda_2\boldsymbol{p}_1^{\mathrm{T}}\boldsymbol{p}_2,$$

即

$$(\lambda_1-\lambda_2)\boldsymbol{p}_1^{\mathrm{T}}\boldsymbol{p}_2=0.$$

但 $\lambda_1\neq\lambda_2$,故 $\boldsymbol{p}_1^{\mathrm{T}}\boldsymbol{p}_2=0$,即 $\boldsymbol{p}_1$ 与 $\boldsymbol{p}_2$ 正交.

定理 3 设 $\boldsymbol{A}$ 为 n 阶实对称矩阵,λ 是 $\boldsymbol{A}$ 的特征方程的 r 重根,则矩阵 $\boldsymbol{A}-\lambda\boldsymbol{E}$ 的秩 $r(\boldsymbol{A}-\lambda\boldsymbol{E})=n-r$,从而对应于特征值 λ 恰有 r 个线性无关的特征向量.

证 略.

定理 4 设 $\boldsymbol{A}$ 为 n 阶实对称矩阵,则必有正交矩阵 $\boldsymbol{P}$,使

$$\boldsymbol{P}^{-1}\boldsymbol{A}\boldsymbol{P}=\boldsymbol{\Lambda},$$

其中 $\boldsymbol{\Lambda}$ 是以 $\boldsymbol{A}$ 的 n 个特征值为对角元素的对角矩阵.

证 设 $\boldsymbol{A}$ 的互不相等的特征值为 $\lambda_1,\lambda_2,\cdots,\lambda_s$,它们的重数分别为

$$r_1,r_2,\cdots,r_s,\text{且 } r_1+r_2+\cdots+r_s=n.$$

根据定理 1 和定理 3 知,对应特征值 $\lambda_i(i=1,2,\cdots,s)$ 恰有 r_i 个线性无关的特征向量,把它们正交化并且单位化,即得 r_i 个单位正交的特征向量,由 $r_1+r_2+\cdots+r_s=n$ 知,这样的特征向量共有 n 个.再由定理 2 知,这 n 个单位特征向量两两正交,以它们为列向量构成正交矩阵 $\boldsymbol{P}$,则

$$\boldsymbol{P}^{-1}\boldsymbol{A}\boldsymbol{P}=\boldsymbol{P}^{-1}\boldsymbol{P}\boldsymbol{\Lambda}=\boldsymbol{\Lambda},$$

而 $\boldsymbol{\Lambda}$ 的对角元素含有 r_i 个 $\lambda_i(i=1,2,\cdots,s)$,恰是 $\boldsymbol{A}$ 的 n 个特征值.

与上节中将一般矩阵对角化的方法类似,根据上述结论,可求得正交变换矩阵 $\boldsymbol{P}$ 将实对称矩阵 $\boldsymbol{A}$ 对角化,其具体步骤为:

(1)求出 $\boldsymbol{A}$ 的全部特征值 $\lambda_1,\lambda_2,\cdots,\lambda_s$;

(2)对每一个特征值 λ_i,由 $(\lambda_i\boldsymbol{E}-\boldsymbol{A})\boldsymbol{x}=\boldsymbol{0}$ 求出基础解系(特征向量);

(3)将基础解系(特征向量)正交化,再单位化;

(4)以这些单位向量作为列向量构成一个正交矩阵 $\boldsymbol{P}$,使 $\boldsymbol{P}^{-1}\boldsymbol{A}\boldsymbol{P}=\boldsymbol{\Lambda}$.

其中正交矩阵 $\boldsymbol{P}$ 的列向量的次序与对角矩阵 $\boldsymbol{\Lambda}$ 对角线上的特征值的次序相对应.

例 1　设实对称矩阵 $\boldsymbol{A}=\begin{pmatrix}1&-2&0\\-2&2&-2\\0&-2&3\end{pmatrix}$，求正交矩阵 $\boldsymbol{P}$，使 $\boldsymbol{P}^{-1}\boldsymbol{AP}$ 为对角矩阵.

解　矩阵 $\boldsymbol{A}$ 的特征方程为

$$|\lambda\boldsymbol{E}-\boldsymbol{A}|=\begin{vmatrix}\lambda-1&2&0\\2&\lambda-2&2\\0&2&\lambda-3\end{vmatrix}=(\lambda+1)(\lambda-2)(\lambda-5)=0.$$

解得 $\lambda_1=-1,\lambda_2=2,\lambda_3=5$.

当 $\lambda_1=-1$ 时，由 $(-\boldsymbol{E}-\boldsymbol{A})\boldsymbol{x}=\boldsymbol{0}$，得基础解系 $\boldsymbol{p}_1=(2,2,1)^{\mathrm{T}}$；

当 $\lambda_2=2$ 时，由 $(2\boldsymbol{E}-\boldsymbol{A})\boldsymbol{x}=\boldsymbol{0}$，得基础解系 $\boldsymbol{p}_2=(2,-1,-2)^{\mathrm{T}}$；

当 $\lambda_3=5$ 时，由 $(5\boldsymbol{E}-\boldsymbol{A})\boldsymbol{x}=\boldsymbol{0}$，得基础解系 $\boldsymbol{p}_3=(1,-2,2)^{\mathrm{T}}$.

不难验证 $\boldsymbol{p}_1,\boldsymbol{p}_2,\boldsymbol{p}_3$ 是正交向量组. 把 $\boldsymbol{p}_1,\boldsymbol{p}_2,\boldsymbol{p}_3$ 单位化，得

$$\overline{\boldsymbol{\eta}}_1=\frac{\boldsymbol{p}_1}{\|\boldsymbol{p}_1\|}=\begin{pmatrix}2/3\\2/3\\1/3\end{pmatrix},\overline{\boldsymbol{\eta}}_2=\frac{\boldsymbol{p}_2}{\|\boldsymbol{p}_2\|}=\begin{pmatrix}2/3\\-1/3\\-2/3\end{pmatrix},\overline{\boldsymbol{\eta}}_3=\frac{\boldsymbol{p}_3}{\|\boldsymbol{p}_3\|}=\begin{pmatrix}1/3\\-2/3\\2/3\end{pmatrix}.$$

令

$$\boldsymbol{P}=(\overline{\boldsymbol{\eta}}_1,\overline{\boldsymbol{\eta}}_2,\overline{\boldsymbol{\eta}}_3)=\begin{pmatrix}\frac{2}{3}&\frac{2}{3}&\frac{1}{3}\\\frac{2}{3}&-\frac{1}{3}&-\frac{2}{3}\\\frac{1}{3}&-\frac{2}{3}&\frac{2}{3}\end{pmatrix},$$

则

$$\boldsymbol{P}^{-1}\boldsymbol{AP}=\boldsymbol{P}^{\mathrm{T}}\boldsymbol{AP}=\begin{pmatrix}-1&0&0\\0&2&0\\0&0&5\end{pmatrix}.$$

例 2　设对称矩阵 $\boldsymbol{A}=\begin{pmatrix}4&0&0\\0&3&1\\0&1&3\end{pmatrix}$，试求正交矩阵 $\boldsymbol{P}$，使 $\boldsymbol{P}^{-1}\boldsymbol{AP}$ 为对角矩阵.

解

$$|\lambda\boldsymbol{E}-\boldsymbol{A}|=\begin{vmatrix}\lambda-4&0&0\\0&\lambda-3&-1\\0&-1&\lambda-3\end{vmatrix}=(\lambda-2)(4-\lambda)^2=0,$$

解得 $\lambda_1=2,\lambda_2=\lambda_3=4$.

对 $\lambda_1=2$，由 $(2\boldsymbol{E}-\boldsymbol{A})\boldsymbol{x}=\boldsymbol{0}$，解得基础解系 $\boldsymbol{p}_1=\begin{pmatrix}0\\1\\-1\end{pmatrix}$；

对 $\lambda_2=\lambda_3=4$，由 $(4\boldsymbol{E}-\boldsymbol{A})\boldsymbol{x}=\boldsymbol{0}$，解得基础解系 $\boldsymbol{p}_2=\begin{pmatrix}1\\0\\0\end{pmatrix},\boldsymbol{p}_3=\begin{pmatrix}0\\1\\1\end{pmatrix}$. $\boldsymbol{p}_2$ 与 $\boldsymbol{p}_3$ 恰好正

交，所以 $\boldsymbol{p}_1,\boldsymbol{p}_2,\boldsymbol{p}_3$ 两两正交.

再将 $\boldsymbol{p}_1,\boldsymbol{p}_2,\boldsymbol{p}_3$ 单位化，令 $\bar{\boldsymbol{\eta}}_i=\dfrac{\boldsymbol{p}_i}{\|\boldsymbol{p}_i\|}(i=1,2,3)$，得

$$\bar{\boldsymbol{\eta}}_1=\begin{pmatrix}0\\1/\sqrt{2}\\-1/\sqrt{2}\end{pmatrix},\bar{\boldsymbol{\eta}}_2=\begin{pmatrix}1\\0\\0\end{pmatrix},\bar{\boldsymbol{\eta}}_3=\begin{pmatrix}0\\1/\sqrt{2}\\1/\sqrt{2}\end{pmatrix}.$$

故所求正交矩阵 $\boldsymbol{P}=(\bar{\boldsymbol{\eta}}_1,\bar{\boldsymbol{\eta}}_2,\bar{\boldsymbol{\eta}}_3)=\begin{pmatrix}0&1&0\\1/\sqrt{2}&0&1/\sqrt{2}\\-1/\sqrt{2}&0&1/\sqrt{2}\end{pmatrix}$，且 $\boldsymbol{P}^{-1}\boldsymbol{AP}=\begin{pmatrix}2&0&0\\0&4&0\\0&0&4\end{pmatrix}$.

例 3 设对称矩阵 $\boldsymbol{A}=\begin{bmatrix}1&2&-2\\2&-2&4\\-2&4&-2\end{bmatrix}$，试求正交矩阵 $\boldsymbol{P}$，使 $\boldsymbol{P}^{\mathrm{T}}\boldsymbol{AP}$ 为对角阵.

解 由 $|\lambda\boldsymbol{E}-\boldsymbol{A}|=\begin{vmatrix}\lambda-1&-2&2\\-2&\lambda+2&-4\\2&-4&\lambda+2\end{vmatrix}=(\lambda-2)^2(\lambda+7)$

解得 $\lambda_1=\lambda_2=2,\lambda_3=-7$.

对 $\lambda_1=\lambda_2=2$，由 $(2\boldsymbol{E}-\boldsymbol{A})x=\boldsymbol{0}$，得 $x_1=2x_2-2x_3$，设基础解系向量为 $\boldsymbol{P}_1,\boldsymbol{P}_2$，可取

$\boldsymbol{P}_1=\begin{pmatrix}2\\1\\0\end{pmatrix}$，再令 $\boldsymbol{P}_2=\begin{pmatrix}a\\b\\c\end{pmatrix}$，假设 $\boldsymbol{P}_1$ 与 $\boldsymbol{P}_2$ 正交，

则须满足 $\begin{cases}2a+b=0\\a=2b-2c\end{cases}$， 得 $\begin{cases}a=a\\b=-2a\\c=-\dfrac{5}{2}a\end{cases}$. 故可取 $\boldsymbol{P}_2=\begin{pmatrix}2\\-4\\-5\end{pmatrix}$.

对 $\lambda_3=-7$，由 $(-7\boldsymbol{E}-\boldsymbol{A})x=\boldsymbol{0}$，得基础解系 $\boldsymbol{P}_3=\begin{pmatrix}1\\-2\\2\end{pmatrix}$.

显然 $\boldsymbol{P}_1,\boldsymbol{P}_2,\boldsymbol{P}_3$ 两两正交.

再将 $\boldsymbol{P}_1,\boldsymbol{P}_2,\boldsymbol{P}_3$ 单位化，令 $\bar{\boldsymbol{\eta}}_i=\dfrac{\boldsymbol{P}_i}{\|\boldsymbol{P}_i\|}$，$(i=1,2,3)$，得

$$\bar{\boldsymbol{\eta}}_1=\frac{1}{\sqrt{5}}\begin{pmatrix}2\\1\\0\end{pmatrix},\quad \bar{\boldsymbol{\eta}}_2=\frac{1}{3\sqrt{5}}\begin{pmatrix}2\\-4\\-5\end{pmatrix},\quad \bar{\boldsymbol{\eta}}_3=\frac{1}{3}\begin{pmatrix}1\\-2\\2\end{pmatrix}.$$

故所求正交矩阵 $\boldsymbol{P}=(\bar{\boldsymbol{\eta}}_1,\bar{\boldsymbol{\eta}}_2,\bar{\boldsymbol{\eta}}_3)=\begin{pmatrix}2/\sqrt{5}&2/3\sqrt{5}&1/3\\1/\sqrt{5}&-4/3\sqrt{5}&-2/3\\0&-5/3\sqrt{5}&2/3\end{pmatrix}$，且 $\boldsymbol{P}^{\mathrm{T}}\boldsymbol{AP}=\begin{bmatrix}2&0&0\\0&2&0\\0&0&-7\end{bmatrix}$.

可验证该结论成立.

习题四

（A）

1. 将下列各组向量正交化规范化：

(1) $\boldsymbol{\alpha}_1=\begin{pmatrix}1\\1\\1\end{pmatrix},\boldsymbol{\alpha}_2=\begin{pmatrix}0\\1\\1\end{pmatrix},\boldsymbol{\alpha}_3=\begin{pmatrix}0\\0\\1\end{pmatrix}$；　　(2) $\boldsymbol{\alpha}_1=\begin{pmatrix}1\\1\\0\\1\end{pmatrix},\boldsymbol{\alpha}_2=\begin{pmatrix}0\\1\\1\\0\end{pmatrix},\boldsymbol{\alpha}_3=\begin{pmatrix}1\\0\\1\\1\end{pmatrix}$.

2. 判断下列矩阵是不是正交矩阵：

(1) $\begin{pmatrix}1 & -\frac{1}{2} & \frac{1}{3}\\ -\frac{1}{2} & 1 & \frac{1}{2}\\ \frac{1}{3} & \frac{1}{2} & -1\end{pmatrix}$；　　(2) $\begin{pmatrix}\frac{1}{9} & -\frac{8}{9} & -\frac{4}{9}\\ -\frac{8}{9} & \frac{1}{9} & -\frac{4}{9}\\ -\frac{4}{9} & -\frac{4}{9} & \frac{7}{9}\end{pmatrix}$.

3. 设 $\boldsymbol{A}$ 与 $\boldsymbol{B}$ 都是 n 阶正交矩阵，证明：$\boldsymbol{AB}$ 也是正交矩阵.

4. 求下列矩阵的特征值及特征向量：

$$\begin{pmatrix}1 & 2 & 3\\ 2 & 1 & 3\\ 3 & 3 & 6\end{pmatrix}.$$

5. 已知三阶矩阵 $\boldsymbol{A}$ 的特征值为 1，−2，3，求

(1) $2\boldsymbol{A}$ 特征值；　　(2) $\boldsymbol{A}^{-1}$ 特征值.

6. 设 $\boldsymbol{A}^2-3\boldsymbol{A}+2\boldsymbol{E}=0$，证明：$\boldsymbol{A}$ 的特征值只能取 1 或 2.

7. 已知 0 是矩阵 $\boldsymbol{A}=\begin{pmatrix}1 & 0 & 1\\ 0 & 2 & 0\\ 1 & 0 & a\end{pmatrix}$ 的特征值，求 $\boldsymbol{A}$ 的特征值和特征向量.

8. 已知三阶矩阵 $\boldsymbol{A}$ 的特征值为 1，2，3，求 $|\boldsymbol{A}^3-5\boldsymbol{A}^2+7\boldsymbol{A}|$.

9. 若 n 阶方阵 $\boldsymbol{A}$ 与 $\boldsymbol{B}$ 相似，证明：

(1) $r(\boldsymbol{A})=r(\boldsymbol{B})$；　　(2) $|\boldsymbol{A}|=|\boldsymbol{B}|$；

(3) $(\lambda\boldsymbol{E}-\boldsymbol{A})^k$ 与 $(\lambda\boldsymbol{E}-\boldsymbol{B})^k$ 相似，其中 k 为任意正整数.

10. 矩阵 $\boldsymbol{A}=\begin{pmatrix}2 & 0 & 1\\ 3 & 1 & x\\ 4 & 0 & 5\end{pmatrix}$ 可相似对角化，求 x.

11. 已知向量 $\boldsymbol{p}=\begin{pmatrix}1\\1\\-1\end{pmatrix}$ 是矩阵 $\boldsymbol{A}=\begin{pmatrix}2 & -1 & 2\\ 5 & a & 3\\ -1 & b & -2\end{pmatrix}$ 的一个特征向量，

(1) 确定参数 a,b 及 $\boldsymbol{p}$ 所对应的特征值；

(2)判断 $\boldsymbol{A}$ 能不能相似对角化,并说明理由.

12. 设 3 阶矩阵 $\boldsymbol{A}$ 的特征值为 $\lambda_1=2,\lambda_2=-2,\lambda_3=1$;对应的特征向量依次为

$$\boldsymbol{p}_1=\begin{pmatrix}0\\1\\1\end{pmatrix},\boldsymbol{p}_2=\begin{pmatrix}1\\1\\1\end{pmatrix},\boldsymbol{p}_3=\begin{pmatrix}1\\1\\0\end{pmatrix},$$

求 $\boldsymbol{A}$.

13. 设 $\boldsymbol{A}=\begin{pmatrix}-1&1&0\\-2&2&0\\4&-2&1\end{pmatrix}$,求 $\boldsymbol{A}^{100}$.

14. 三阶方阵 $\boldsymbol{A}$ 有 3 个特征值 1,0,−1,对应的特征向量分别为 $\begin{pmatrix}1\\1\\0\end{pmatrix},\begin{pmatrix}1\\0\\1\end{pmatrix},\begin{pmatrix}0\\1\\1\end{pmatrix}$,又知三阶方阵 $\boldsymbol{B}$ 满足 $\boldsymbol{B}=\boldsymbol{PAP}^{-1}$,其中 $\boldsymbol{P}=\begin{pmatrix}3&0&1\\0&1&-2\\1&4&0\end{pmatrix}$,求 $\boldsymbol{B}$ 的特征值及对应的特征向量.

15. 将矩阵 $\boldsymbol{A}=\begin{pmatrix}-1&0&2\\0&1&2\\2&2&0\end{pmatrix}$ 用两种方法对角化:

(1)求可逆阵 $\boldsymbol{P}$,使 $\boldsymbol{P}^{-1}\boldsymbol{AP}=\boldsymbol{\Lambda}$; (2) 求正交阵 $\boldsymbol{Q}$,使 $\boldsymbol{Q}^{-1}\boldsymbol{AQ}=\boldsymbol{\Lambda}$.

16. 试求一个正交的相似变换矩阵,将下列对称矩阵化为对角矩阵:

$$\begin{pmatrix}2&-2&0\\-2&1&-2\\0&-2&0\end{pmatrix}.$$

17. 设方阵 $\boldsymbol{A}=\begin{pmatrix}1&-2&-4\\-2&x&-2\\-4&-2&1\end{pmatrix}$ 与 $\boldsymbol{\Lambda}=\begin{pmatrix}5&0&0\\0&y&0\\0&0&-4\end{pmatrix}$ 相似,求 x,y.

18. 设三阶对称矩阵 $\boldsymbol{A}$ 的特征值为 6,3,3,特征值 6 对应的特征向量为 $\boldsymbol{p}_1=(1,1,1)^{\mathrm{T}}$,求 $\boldsymbol{A}$.

19. 设 $\boldsymbol{\alpha}_1,\boldsymbol{\alpha}_2,\boldsymbol{\alpha}_3$ 与 $\boldsymbol{\beta}_1,\boldsymbol{\beta}_2$ 是两个线性无关的向量组,且

$$(\boldsymbol{\alpha}_i,\boldsymbol{\beta}_j)=0\ (i=1,2,3,j=1,2),$$

则 $\boldsymbol{\alpha}_1,\boldsymbol{\alpha}_2,\boldsymbol{\alpha}_3,\boldsymbol{\beta}_1,\boldsymbol{\beta}_2$ 线性无关.

20. 设矩阵 $\boldsymbol{A}$ 与 $\boldsymbol{B}$ 相似,且 $\boldsymbol{A}=\begin{pmatrix}1&-1&1\\2&4&-2\\-3&-3&a\end{pmatrix},\boldsymbol{B}=\begin{pmatrix}2&0&0\\0&2&0\\0&0&b\end{pmatrix}$.

(1)求 a,b 的值; (2) 求可逆矩阵 $\boldsymbol{P}$,使 $\boldsymbol{P}^{-1}\boldsymbol{AP}=\boldsymbol{B}$.

21. 在某国,每年有比例为 p 的农村居民移居城镇,有比例为 q 的城镇居民移居农村,假设该国总人口数不变,且上述人口迁移的规律也不变,把 n 年后农村人口和城镇人

口占总人口的比例依次记为 x_n 和 y_n($x_n+y_n=1$).试求关系式 $\begin{pmatrix}x_{n+1}\\y_{n+1}\end{pmatrix}=\boldsymbol{A}\begin{pmatrix}x_n\\y_n\end{pmatrix}$ 中的矩阵 $\boldsymbol{A}$.

(B)

1. 设 3 阶矩阵 $\boldsymbol{A}$ 与 $\boldsymbol{B}$ 相似,且已知 $\boldsymbol{A}$ 的特征值为 2,2,3,则 $|\boldsymbol{B}^{-1}|=$(　　).

A. $\dfrac{1}{12}$　　B. $\dfrac{1}{7}$　　C. 7　　D. 12

2. 设 $\boldsymbol{A}$ 为 3 阶矩阵,且已知 $|3\boldsymbol{A}+2\boldsymbol{E}|=0$,则 $\boldsymbol{A}$ 必有一个特征值为(　　).

A. $-\dfrac{3}{2}$　　B. $-\dfrac{2}{3}$　　C. $\dfrac{2}{3}$　　D. $\dfrac{3}{2}$

3. 若 2 阶矩阵 $\boldsymbol{A}$ 相似于矩阵 $\boldsymbol{B}=\begin{pmatrix}2&0\\2&-3\end{pmatrix}$,则与矩阵 $\boldsymbol{E}-\boldsymbol{A}$ 相似的矩阵是(　　).

A. $\begin{pmatrix}1&0\\1&4\end{pmatrix}$　　B. $\begin{pmatrix}-1&0\\1&-4\end{pmatrix}$　　C. $\begin{pmatrix}-1&0\\-2&4\end{pmatrix}$　　D. $\begin{pmatrix}-1&0\\-2&-4\end{pmatrix}$

4. 下列矩阵是正交矩阵的是(　　).

A. $\begin{bmatrix}1&0&0\\0&-1&0\\0&0&-1\end{bmatrix}$　　B. $\dfrac{1}{\sqrt{2}}\begin{bmatrix}1&0&1\\1&1&0\\0&1&1\end{bmatrix}$

C. $\begin{pmatrix}\cos\theta&-\sin\theta\\-\sin\theta&\cos\theta\end{pmatrix}$　　D. $\begin{bmatrix}\dfrac{\sqrt{2}}{2}&\dfrac{1}{6}&\dfrac{\sqrt{3}}{3}\\0&\dfrac{\sqrt{6}}{6}&-\dfrac{\sqrt{3}}{3}\\\dfrac{\sqrt{2}}{2}&\dfrac{\sqrt{10}}{6}&-\dfrac{\sqrt{3}}{3}\end{bmatrix}$

5. 设 2 阶实对称矩阵 $\boldsymbol{A}$ 的特征值为 1,2,它们的特征向量分别为 $\boldsymbol{\alpha}_1=(1,1)^{\mathrm{T}}$,$\boldsymbol{\alpha}_2=(1,k)^{\mathrm{T}}$,则数 $k=$________.

6. 设 $\boldsymbol{A}$ 为 n 阶可逆矩阵,已知 $\boldsymbol{A}$ 有一个特征值为 2,则 $(3\boldsymbol{A}^2)^{-1}$ 必有一个特征值为________.

7. 已知 3 阶矩阵 $\boldsymbol{A}$ 的特征值为 0,-2,3,且矩阵 $\boldsymbol{B}$ 与 $\boldsymbol{A}$ 相似,则 $|\boldsymbol{B}+\boldsymbol{E}|=$______.

8. 已知矩阵 $\boldsymbol{A}=\begin{bmatrix}2&0&0\\0&0&1\\0&1&x\end{bmatrix}$,$\boldsymbol{B}=\begin{bmatrix}2&0&0\\0&y&0\\0&0&-1\end{bmatrix}$ 相似,则 $x=$______,$y=$______.

9. $\boldsymbol{A}$ 为 n 阶方阵,$|\boldsymbol{A}|=3$.且 $2\boldsymbol{A}+\boldsymbol{E}$ 不可逆.则______必为 $\boldsymbol{A}^*$ 的特征值.

10. 设 $\boldsymbol{A}$ 为 3 阶实对称矩阵,其特征值为 1,2,3.若 $\boldsymbol{A}$ 属于 1,2 的特征向量分别为 $\alpha_1=(-1,-1,1)^{\mathrm{T}}$. $\alpha_2=(1,-2,-1)^{\mathrm{T}}$,则 $\boldsymbol{A}$ 属于 3 的特征向量为______,$\boldsymbol{A}=$______.

第五章　二次型

在解析几何中，二次曲线的一般方程是

$$ax^2+2bxy+cy^2+2dx+2ey+f=0(a,b,c\text{ 不全为零}),$$

它的二次项

$$\varphi(x,y)=ax^2+2bxy+cy^2$$

是一个二元二次齐次多项式.这个二元二次的齐次多项式可以通过选择适当的坐标旋转变换化为标准形式 $\varphi(x',y')=mx'^2+ny'^2$.

我们在讨论许多理论问题和实际问题中经常会遇到需要将 n 元二次齐次多项式化为标准形式的情况.这种处理问题的方法具普遍性.本章将把这类问题一般化，也就是讨论含有多个变量的二次齐次多项式的化简问题.

第一节　二次型与对称矩阵

定义 1　只含有二次项的 n 元多项式

$$\begin{aligned}f(x_1,x_2,\cdots,x_n)=&a_{11}x_1^2+2a_{12}x_1x_2+\cdots+2a_{1n}x_1x_n+a_{22}x_2^2+2a_{23}x_2x_3+\cdots\\&+2a_{2n}x_2x_n+a_{33}x_3^2+\cdots+a_{nn}x_n^2\end{aligned}\qquad ①$$

称为 $x_1,x_2,\cdots,x_n$ 的一个 n 元二次齐次多项式，简称为 $x_1,x_2,\cdots,x_n$ 的一个 n 元二次型.

当 $a_{ij}(i,j=1,2,\cdots,n)$ 为复数时，f 称为复二次型；当 $a_{ij}(i,j=1,2,\cdots,n)$ 为实数时，f 称为实二次型，本教材仅讨论实二次型.

我们作一个 n 阶矩阵

$$\boldsymbol{A}=\begin{pmatrix}a_{11}&a_{12}&\cdots&a_{1n}\\a_{21}&a_{22}&\cdots&a_{2n}\\\vdots&\vdots&&\vdots\\a_{n1}&a_{n2}&\cdots&a_{nn}\end{pmatrix},$$

其中 a_{ii} 为二次型①中 $x_i^2(i=1,2,\cdots,n)$ 的系数，取 $a_{ij}=a_{ji}(i\neq j)$ 为二次型①中 $x_ix_j(i,j=1,2,\cdots,n)$ 系数的一半，显然，$\boldsymbol{A}$ 是一个 n 阶对称矩阵，即 $\boldsymbol{A}^{\mathrm{T}}=\boldsymbol{A}$.

设 $\boldsymbol{x}=(x_1,x_2,\cdots,x_n)^{\mathrm{T}}$，由矩阵乘法可得

$$f(x_1,x_2,\cdots,x_n)=(x_1,x_2,\cdots,x_n)\begin{pmatrix}a_{11}&a_{12}&\cdots&a_{1n}\\a_{21}&a_{22}&\cdots&a_{2n}\\\vdots&\vdots&&\vdots\\a_{n1}&a_{n2}&\cdots&a_{nn}\end{pmatrix}\begin{pmatrix}x_1\\x_2\\\vdots\\x_n\end{pmatrix}=\boldsymbol{x}^{\mathrm{T}}\boldsymbol{A}\boldsymbol{x}.$$

$$=a_{11}x_1^2+a_{12}x_1x_2+\cdots+a_{1n}x_1x_n+a_{21}x_1x_2$$
$$+a_{22}x_2^2+\cdots+a_{2n}x_2x_n+\cdots+a_{nn}x_n^2.$$

因为 $a_{ij}=a_{ji}(i,j=1,2,\cdots,n$ 且 $i\neq j)$，于是上式可写成

$$\boldsymbol{x}^{\mathrm{T}}\boldsymbol{A}\boldsymbol{x}=a_{11}x_1^2+2a_{12}x_1x_2+\cdots+2a_{1n}x_1x_n+a_{22}x_2^2+\cdots+2a_{2n}x_2x_n+\cdots+a_{nn}x_n^2,$$

即为二次型①.

我们称

$$f(x)=\boldsymbol{x}^{\mathrm{T}}\boldsymbol{A}\boldsymbol{x}\quad(\boldsymbol{A}^{\mathrm{T}}=\boldsymbol{A}) \qquad ②$$

为二次型①的矩阵形式. 对称矩阵 $\boldsymbol{A}$ 称为二次型 $f(x)$ 的矩阵. 对称矩阵 $\boldsymbol{A}$ 的秩称为二次型①的秩.

显然，二次型 f 与对称矩阵 $\boldsymbol{A}$ 一一对应.

例 1　二次型 $f(x_1,x_2,x_3)=x_1x_2+x_1x_3+2x_2^2-3x_2x_3$ 的矩阵是

$$\boldsymbol{A}=\begin{pmatrix}0&\frac{1}{2}&\frac{1}{2}\\\frac{1}{2}&2&-\frac{3}{2}\\\frac{1}{2}&-\frac{3}{2}&0\end{pmatrix},$$

其中 $\boldsymbol{A}$ 是一个对称矩阵. 反之，对称矩阵

$$\boldsymbol{A}=\begin{pmatrix}0&\frac{1}{2}&\frac{1}{2}\\\frac{1}{2}&2&-\frac{3}{2}\\\frac{1}{2}&-\frac{3}{2}&0\end{pmatrix}$$

所对应的二次型是

$$f(x)=\boldsymbol{x}^{\mathrm{T}}\boldsymbol{A}\boldsymbol{x}=(x_1,x_2,x_3)\begin{pmatrix}0&\frac{1}{2}&\frac{1}{2}\\\frac{1}{2}&2&-\frac{3}{2}\\\frac{1}{2}&-\frac{3}{2}&0\end{pmatrix}\begin{pmatrix}x_1\\x_2\\x_3\end{pmatrix}$$
$$=x_1x_2+x_1x_3+2x_2^2-3x_2x_3.$$

对 $\boldsymbol{A}$ 作初等变换　$\boldsymbol{A}\rightarrow\begin{pmatrix}1&-3&0\\0&1&1\\1&4&-3\end{pmatrix}\rightarrow\begin{pmatrix}1&-3&0\\0&1&1\\0&0&1\end{pmatrix}$，

知 $r(\boldsymbol{A})=3$，所以该二次型的秩为 3.

第二节　二次型与对称矩阵的标准形

一、线性变换和二次型的标准形

在解析几何中，为了确定二次方程

$$ax^2+2bxy+cy^2=d \quad (a,b,c \text{ 不全为零})$$

所表示的曲线的性态，通常利用转轴公式

$$\begin{cases} x=x'\cos\theta-y'\sin\theta, \\ y=x'\sin\theta+y'\cos\theta. \end{cases}$$

选择适当的 θ，可使上面的方程化为

$$a'x'^2+b'y'^2=d'.$$

在转轴公式中，θ 选定后，$\cos\theta$，$\sin\theta$ 是常数，x，y 由 x'，y' 的线性表达式给出，这一线性表达式称为线性变换.

一般地，有下面的定义：

定义 1　关系式

$$\begin{cases} x_1=c_{11}y_1+c_{12}y_2+\cdots+c_{1n}y_n \\ x_2=c_{21}y_1+c_{22}y_2+\cdots+c_{2n}y_n \\ \cdots \\ x_n=c_{n1}y_1+c_{n2}y_2+\cdots+c_{nn}y_n \end{cases} \tag{③}$$

称为由变量 $x_1,x_2,\cdots,x_n$ 到变量 $y_1,y_2,\cdots,y_n$ 的一个线性变量替换，简称线性变换.

矩阵

$$\boldsymbol{C}=\begin{pmatrix} c_{11} & c_{12} & \cdots & c_{1n} \\ c_{21} & c_{22} & \cdots & c_{2n} \\ \vdots & \vdots & & \vdots \\ c_{n1} & c_{n2} & \cdots & c_{nn} \end{pmatrix}$$

称为线性变换③的矩阵，$|\boldsymbol{C}|\neq 0$ 时称线性变换③为非退化的线性变换或可逆线性变换.

如上例中，因为 $\begin{vmatrix} \cos\theta & -\sin\theta \\ \sin\theta & \cos\theta \end{vmatrix}=1\neq 0$，所以 $\begin{cases} x=x'\cos\theta-y'\sin\theta, \\ y=x'\sin\theta+y'\cos\theta \end{cases}$ 是一个可逆线性变换.

设 $\boldsymbol{x}=\begin{pmatrix} x_1 \\ x_2 \\ \vdots \\ x_n \end{pmatrix}$，$\boldsymbol{y}=\begin{pmatrix} y_1 \\ y_2 \\ \vdots \\ y_n \end{pmatrix}$ 是两个 n 元变量，则线性变换③可以写成以下矩阵形式：

$$\boldsymbol{x}=\boldsymbol{C}\boldsymbol{y}. \tag{④}$$

当 $|\boldsymbol{C}|\neq 0$ 时，即线性变换可逆时，此时有 $\boldsymbol{y}=\boldsymbol{C}^{-1}\boldsymbol{x}$.

把式④代入上节式②得

$$\boldsymbol{x}^{\mathrm{T}}\boldsymbol{A}\boldsymbol{x}=(\boldsymbol{C}\boldsymbol{y})^{\mathrm{T}}\boldsymbol{A}(\boldsymbol{C}\boldsymbol{y})=\boldsymbol{y}^{\mathrm{T}}C^{\mathrm{T}}\boldsymbol{A}\boldsymbol{C}\boldsymbol{y}=\boldsymbol{y}^{\mathrm{T}}\boldsymbol{B}\boldsymbol{y},$$

其中 $\boldsymbol{B}=\boldsymbol{C}^{\mathrm{T}}\boldsymbol{A}\boldsymbol{C}$，$\boldsymbol{B}^{\mathrm{T}}=(\boldsymbol{C}^{\mathrm{T}}\boldsymbol{A}\boldsymbol{C})^{\mathrm{T}}=\boldsymbol{C}^{\mathrm{T}}\boldsymbol{A}\boldsymbol{C}=\boldsymbol{B}$，因此，$\boldsymbol{y}^{\mathrm{T}}\boldsymbol{B}\boldsymbol{y}$ 是以 $\boldsymbol{B}$ 为矩阵的 $\boldsymbol{y}$ 的 n 元二次型.

如果线性变换③是可逆线性变换，$\boldsymbol{C}^{\mathrm{T}}\boldsymbol{A}\boldsymbol{C}=\boldsymbol{B}=\boldsymbol{\Lambda}$ 为对角矩阵，则 $\boldsymbol{y}^{\mathrm{T}}\boldsymbol{B}\boldsymbol{y}$ 有下面的形状：

$$d_1y_1^2+d_2y_2^2+\cdots+d_ry_r^2,$$

其中 $d_i\neq 0\ (i=1,2,\cdots,r,r\leqslant n)$.我们称这个形状的二次型为二次型①的一个标准形.易知，$r=r(\boldsymbol{A})=r(\boldsymbol{B})$.

二、几种化二次型为标准形的方法

1. 配方法

关于配方法化二次型为标准形不加证明的给出如下定理：

定理 1　任何一个二次型都可以通过可逆线性变换化为标准形.

拉格朗日配方法的步骤：

(1)若二次型含有 x_i 的平方项，则先把含有 x_i 的乘积项集中，然后配方，再对其余的变量重复上述过程直到所有变量都配成平方项为止，经过可逆线性变换，就得到标准形.

(2)若二次型中不含有平方项，但是 $a_{ij}\neq 0(i\neq j)$，则先作可逆变换

$$\begin{cases}x_i=y_i-y_j\\x_j=y_i+y_j\\x_k=y_k\end{cases}\quad(k=1,2,\cdots,n\text{ 且 }k\neq i,j).$$

化二次型为含有平方项的二次型，然后再按(1)中的方法配方.

配方法是一种可逆线性变换，但平方项的系数与 $\boldsymbol{A}$ 的特征值无关.

例 1　将二次型 $f(x_1,x_2,x_3)=x_1^2+2x_1x_2+2x_1x_3+2x_2^2+4x_2x_3+x_3^2$ 化为标准形.

解　由于标准形是平方项的代数和，可通过配方法将二次型改写成

$$\begin{aligned}f&=x_1^2+2x_1x_2+2x_1x_3+2x_2^2+4x_2x_3+x_3^2\\&=[x_1^2+2x_1(x_2+x_3)+(x_2+x_3)^2]-(x_2+x_3)^2+2x_2^2+4x_2x_3+x_3^2\qquad⑤\\&=(x_1+x_2+x_3)^2+x_2^2+2x_2x_3\\&=(x_1+x_2+x_3)^2+(x_2+x_3)^2-x_3^2.\end{aligned}$$

令

$$\begin{cases}y_1=x_1+x_2+x_3\\y_2=x_2+x_3\\y_3=x_3\end{cases},$$

即

$$\begin{cases}x_1=y_1-y_2\\x_2=y_2-y_3,\\x_3=y_3\end{cases}\quad|\boldsymbol{C}|=\begin{vmatrix}1&-1&0\\0&1&-1\\0&0&1\end{vmatrix}=1\neq 0.$$

代入上式⑤中，得原二次型的标准形

$$f=y_1^2+y_2^2-y_3^2,$$

其矩阵为 $\boldsymbol{B}=\begin{pmatrix}1&0&0\\0&1&0\\0&0&-1\end{pmatrix}$，因为原二次型的矩阵为 $\boldsymbol{A}=\begin{pmatrix}1&1&1\\1&2&2\\1&2&1\end{pmatrix}$，线性变换的矩阵为

$$C=\begin{pmatrix}1&-1&0\\0&1&-1\\0&0&1\end{pmatrix}, 且 |A|=1\neq 0.$$

通过计算可以验证

$$C^{T}AC=B=\begin{pmatrix}1&0&0\\0&1&0\\0&0&-1\end{pmatrix}$$

是对角矩阵，且

$$f=y^{T}By=y_1^2+y_2^2-y_3^2.$$

可见，要把二次型化为标准形，关键在于求出一个可逆矩阵 C，使得 $C^{T}AC$ 是对角矩阵.

例 2 化二次型 $f=2x_1x_2+2x_1x_3-6x_2x_3$ 成标准形，并求所用的变换矩阵.

解 在 f 中不含平方项.由于含有 x_1x_2 乘积项，故令

$$\begin{cases}x_1=y_1+y_2\\x_2=y_1-y_2,\\x_3=y_3\end{cases} 即 \begin{pmatrix}x_1\\x_2\\x_3\end{pmatrix}=\begin{pmatrix}1&1&0\\1&-1&0\\0&0&1\end{pmatrix}\begin{pmatrix}y_1\\y_2\\y_3\end{pmatrix},$$

代入可得 $$f=2y_1^2-2y_2^2-4y_1y_3+8y_2y_3,$$

再配方，得 $$f=2(y_1-y_3)^2-2(y_2-2y_3)^2+6y_3^2.$$

令 $$\begin{cases}z_1=y_1-y_3\\z_2=y_2-2y_3,\\z_3=y_3\end{cases} 即\begin{cases}y_1=z_1+z_3\\y_2=z_2+2z_3,\\y_3=z_3\end{cases}$$

亦即 $$\begin{pmatrix}y_1\\y_2\\y_3\end{pmatrix}=\begin{pmatrix}1&0&1\\0&1&2\\0&0&1\end{pmatrix}\begin{pmatrix}z_1\\z_2\\z_3\end{pmatrix},$$

就把 f 化成标准形 $f=2z_1^2-2z_2^2+6z_3^2$，所用变换矩阵为

$$C=\begin{pmatrix}1&1&0\\1&-1&0\\0&0&1\end{pmatrix}\begin{pmatrix}1&0&1\\0&1&2\\0&0&1\end{pmatrix}=\begin{pmatrix}1&1&3\\1&-1&-1\\0&0&1\end{pmatrix}\ (|C|=-2\neq 0),$$

所用线性变换为 $x=Cz$.

一般地，对于任何二次型都可用上面两例的方法找到可逆线性变换，把二次型化成标准形.

定义 2 设 A,B 为两个 n 阶矩阵，如果存在 n 阶可逆矩阵 C，使得

$$C^{T}AC=B,$$

则称矩阵 A 合同于矩阵 B，或 A 与 B 合同，记为 $A\simeq B$.

可见，二次型①的矩阵 A 与经过可逆线性变换 $x=Cy$ 得出的二次型的矩阵 $C^{T}AC$ 是合同的.如本节例 1 中有

$$\begin{pmatrix}1&1&1\\1&2&2\\1&2&1\end{pmatrix}\simeq\begin{pmatrix}1&0&0\\0&1&0\\0&0&-1\end{pmatrix}.$$

合同关系具有以下性质：

(1)对于任意一个方阵 $\boldsymbol{A}$，都有 $\boldsymbol{A}\simeq\boldsymbol{A}$.

因为 $\boldsymbol{E}_n^{\mathrm{T}}\boldsymbol{A}\boldsymbol{E}_n=\boldsymbol{A}$，其中 $\boldsymbol{E}_n$ 为 n 阶单位矩阵.

(2)如果 $\boldsymbol{A}\simeq\boldsymbol{B}$，则 $\boldsymbol{B}\simeq\boldsymbol{A}$.

因为由 $\boldsymbol{C}^{\mathrm{T}}\boldsymbol{A}\boldsymbol{C}=\boldsymbol{B}$，有 $(\boldsymbol{C}^{-1})^{\mathrm{T}}\boldsymbol{B}\boldsymbol{C}^{-1}=\boldsymbol{A}$.

(3)如果 $\boldsymbol{A}\simeq\boldsymbol{B}$ 且 $\boldsymbol{B}\simeq\boldsymbol{C}$，则 $\boldsymbol{A}\simeq\boldsymbol{C}$.

因为 $\boldsymbol{C}_1^{\mathrm{T}}\boldsymbol{A}\boldsymbol{C}_1=\boldsymbol{B}$，$\boldsymbol{C}_2^{\mathrm{T}}\boldsymbol{B}\boldsymbol{C}_2=\boldsymbol{C}$，则 $(\boldsymbol{C}_1\boldsymbol{C}_2)^{\mathrm{T}}\boldsymbol{A}(\boldsymbol{C}_1\boldsymbol{C}_2)=\boldsymbol{C}$，而 $|\boldsymbol{C}_1\boldsymbol{C}_2|=|\boldsymbol{C}_1|\cdot|\boldsymbol{C}_2|\neq 0$，因为 $\boldsymbol{x}=\boldsymbol{C}\boldsymbol{y}$，$|\boldsymbol{C}|\neq\boldsymbol{0}$，$\boldsymbol{y}=\boldsymbol{D}\boldsymbol{z}$，$|\boldsymbol{D}|\neq\boldsymbol{0}$，则 $|\boldsymbol{C}\boldsymbol{D}|=|\boldsymbol{C}|\cdot|\boldsymbol{D}|\neq\boldsymbol{0}$，$\boldsymbol{x}=(\boldsymbol{C}\boldsymbol{D})\boldsymbol{z}$，也是可逆线性变换，因此，任何一个二次型按以上步骤化为标准形时，每一步所经的线性变换都是可逆的，所以总可以找到一个可逆线性变换化二次型①为标准形.由定理 1 显然可得定理 2.

定理 2　对任意一个实对称矩阵 $\boldsymbol{A}$，存在一个可逆矩阵 $\boldsymbol{C}$，使 $\boldsymbol{C}^{\mathrm{T}}\boldsymbol{A}\boldsymbol{C}$ 为对角形(称这个对角矩阵为 $\boldsymbol{A}$ 的标准形)，即任何一个实对称矩阵都与一个对角矩阵合同.

例 3　求一可逆矩阵 $\boldsymbol{C}$，使 $\boldsymbol{C}^{\mathrm{T}}\boldsymbol{A}\boldsymbol{C}$ 为对角矩阵，其中

$$\boldsymbol{A}=\begin{pmatrix}0&1&1\\1&0&-2\\1&-2&0\end{pmatrix}.$$

解　$\boldsymbol{A}$ 所对应的二次型为

$$\begin{aligned}f(x_1,x_2,x_3)&=(x_1,x_2,x_3)\begin{pmatrix}0&1&1\\1&0&-2\\1&-2&0\end{pmatrix}\begin{pmatrix}x_1\\x_2\\x_3\end{pmatrix}\\&=2x_1x_2+2x_1x_3-4x_2x_3.\end{aligned}$$

令$\begin{cases}x_1=y_1\\x_2=y_1+y_2\\x_3=y_3\end{cases}$，其矩阵 $\boldsymbol{C}_1=\begin{pmatrix}1&0&0\\1&1&0\\0&0&1\end{pmatrix}$，$|\boldsymbol{C}_1|=1\neq 0$，代入上式得

$$\begin{aligned}f&=2y_1^2+2y_1y_2-2y_1y_3-4y_2y_3\\&=2\left(y_1+\frac{1}{2}y_2-\frac{1}{2}y_3\right)^2-\frac{1}{2}(y_2-y_3)^2-4y_2y_3\\&=2\left(y_1+\frac{1}{2}y_2-\frac{1}{2}y_3\right)^2-\frac{1}{2}y_2^2-3y_2y_3-\frac{1}{2}y_3^2\\&=2\left(y_1+\frac{1}{2}y_2-\frac{1}{2}y_3\right)^2-\frac{1}{2}(y_2+3y_3)^2+4y_3^2.\end{aligned}$$

再令$\begin{cases}y_1=z_1-\frac{1}{2}z_2+2z_3\\y_2=z_2-3z_3\\y_3=z_3\end{cases}$，其矩阵 $\boldsymbol{C}_2=\begin{pmatrix}1&-\frac{1}{2}&2\\0&1&-3\\0&0&1\end{pmatrix}$，$|\boldsymbol{C}_2|=1\neq 0$，代入上式得

$$f=2z_1^2-\frac{1}{2}z_2^2+4z_3^2.$$

因此有

$$C=C_1C_2=\begin{pmatrix}1&0&0\\1&1&0\\0&0&1\end{pmatrix}\begin{pmatrix}1&-\frac{1}{2}&2\\0&1&-3\\0&0&1\end{pmatrix}=\begin{pmatrix}1&-\frac{1}{2}&2\\1&\frac{1}{2}&-1\\0&0&1\end{pmatrix},$$

故

$$C^{\mathrm{T}}AC=\begin{pmatrix}1&1&0\\-\frac{1}{2}&\frac{1}{2}&0\\2&-1&1\end{pmatrix}\begin{pmatrix}0&1&1\\1&0&-2\\1&-2&0\end{pmatrix}\begin{pmatrix}1&-\frac{1}{2}&2\\1&\frac{1}{2}&-1\\0&0&1\end{pmatrix}=\begin{pmatrix}2&0&0\\0&-\frac{1}{2}&0\\0&0&4\end{pmatrix}.$$

上述两例是通过配方法间接找到可逆矩阵 C.一般说来，这种方法较麻烦，下面将介绍用初等变换和正交变换的方法求矩阵 C.

***2. 用初等变换法化二次型为标准形**

我们知道，可逆矩阵可以表示为若干个初等矩阵的乘积，在矩阵的左(右)边乘以一个初等矩阵，即等于对该矩阵施以行(列)初等变换，因此，当 C 是可逆矩阵，$C^{\mathrm{T}}AC$ 是对角矩阵时，设 $C=P_1P_2\cdots P_s$，其中 $P_i(i=1,2,\cdots,s)$ 是初等矩阵，即 $C=EP_1P_2\cdots P_s$，所以可知 $C^{\mathrm{T}}AC=P_s^{\mathrm{T}}\cdots P_1^{\mathrm{T}}AP_1P_2\cdots P_s$ 是对角矩阵.可见，对 $2n\times n$ 矩阵 $\begin{pmatrix}A\\E\end{pmatrix}$ 施以相应于右乘 P_1，$P_2,\cdots,P_s$ 的列初等变换，再对 A 施以相应于左乘 $P_1^{\mathrm{T}},P_2^{\mathrm{T}},\cdots,P_s^{\mathrm{T}}$ 的行初等变换，矩阵 A 变为对角矩阵，单位矩阵 E 就变为所要求的可逆矩阵 C.

例 4 求非奇异矩阵或可逆矩阵 C，使 $C^{\mathrm{T}}AC$ 为对角矩阵，其中

$$A=\begin{pmatrix}1&1&1\\1&2&2\\1&2&1\end{pmatrix}.$$

解

$$\begin{pmatrix}A\\E\end{pmatrix}=\begin{pmatrix}1&1&1\\1&2&2\\1&2&1\\1&0&0\\0&1&0\\0&0&1\end{pmatrix}\xrightarrow[c_3-c_1]{c_2-c_1}\begin{pmatrix}1&0&0\\1&1&1\\1&1&0\\1&-1&-1\\0&1&0\\0&0&1\end{pmatrix}\xrightarrow[r_3-r_1]{r_2-r_1}\begin{pmatrix}1&0&0\\0&1&1\\0&1&0\\1&-1&-1\\0&1&0\\0&0&1\end{pmatrix}$$

$$\xrightarrow{c_3-c_2}\begin{pmatrix}1&0&0\\0&1&0\\0&1&-1\\1&-1&0\\0&1&-1\\0&0&1\end{pmatrix}\xrightarrow{r_3-r_2}\begin{pmatrix}1&0&0\\0&1&0\\0&0&-1\\1&-1&0\\0&1&-1\\0&0&1\end{pmatrix},$$

因此

$$C=\begin{pmatrix}1&-1&0\\0&1&-1\\0&0&1\end{pmatrix},\ C^{T}AC=\begin{pmatrix}1&0&0\\0&1&0\\0&0&-1\end{pmatrix}$$（见本节例 1）.

例 5　求一非退化线性变换，化下列二次型为标准形，

$$2x_1x_2+2x_1x_3-4x_2x_3.$$

解　此二次型对应的矩阵为

$$A=\begin{pmatrix}0&1&1\\1&0&-2\\1&-2&0\end{pmatrix},$$

$$\begin{pmatrix}A\\E\end{pmatrix}=\begin{pmatrix}0&1&1\\1&0&-2\\1&-2&0\\1&0&0\\0&1&0\\0&0&1\end{pmatrix}\xrightarrow{c_1+c_2}\begin{pmatrix}1&1&1\\1&0&-2\\-1&-2&0\\1&0&0\\1&1&0\\0&0&1\end{pmatrix}\xrightarrow{r_1+r_2}\begin{pmatrix}2&1&-1\\1&0&-2\\-1&-2&0\\1&0&0\\1&1&0\\0&0&1\end{pmatrix}$$

$$\xrightarrow{c_2-\frac{1}{2}c_1}\begin{pmatrix}2&0&0\\1&-\frac{1}{2}&-\frac{3}{2}\\-1&-\frac{3}{2}&-\frac{1}{2}\\1&-\frac{1}{2}&\frac{1}{2}\\1&\frac{1}{2}&\frac{1}{2}\\0&0&1\end{pmatrix}\xrightarrow{c_3+\frac{1}{2}c_1}\begin{pmatrix}2&0&0\\0&-\frac{1}{2}&-\frac{3}{2}\\0&-\frac{3}{2}&-\frac{1}{2}\\1&-\frac{1}{2}&\frac{1}{2}\\1&\frac{1}{2}&\frac{1}{2}\\0&0&1\end{pmatrix}$$

$$\xrightarrow{c_3-3c_2}\begin{pmatrix}2&0&0\\0&-\frac{1}{2}&0\\0&-\frac{3}{2}&4\\1&-\frac{1}{2}&2\\1&\frac{1}{2}&-1\\0&0&1\end{pmatrix}\xrightarrow{r_3-3r_2}\begin{pmatrix}2&0&0\\0&-\frac{1}{2}&0\\0&0&4\\1&-\frac{1}{2}&2\\1&\frac{1}{2}&-1\\0&0&1\end{pmatrix}.$$

所以

$$C=\begin{pmatrix}1&-\frac{1}{2}&2\\1&\frac{1}{2}&-1\\0&0&1\end{pmatrix},\ |C|=1\neq0.$$

令

$$\begin{cases}x_1=z_1-\dfrac{1}{2}z_2+2z_3\\x_2=z_1+\dfrac{1}{2}z_2-z_3\\x_3=z_3\end{cases},$$

代入原二次型可得标准形

$$f=2z_1^2-\frac{1}{2}z_2^2+4z_3^2\text{(见本节的例 3)}.$$

3. 用正交变换法化二次型为标准形

如果线性变换的系数矩阵是正交矩阵,则称它为正交变换.

由于二次型的矩阵是一个实对称矩阵,我们可以证明:二次型一定可以经过正交变换化为标准形.

定理 3 对于二次型 $f(x_1,x_2,\cdots,x_n)=\boldsymbol{x}^{\mathrm{T}}\boldsymbol{A}\boldsymbol{x}$,一定存在正交矩阵 $\boldsymbol{Q}$,使得经过正交变换 $\boldsymbol{x}=\boldsymbol{Q}\boldsymbol{y}$ 后能够把它化为标准形 $f=\lambda_1y_1^2+\lambda_2y_2^2+\cdots+\lambda_ny_n^2$,其中 $\lambda_1,\lambda_2,\cdots,\lambda_n$ 是二次型 $f(x)$的矩阵 $\boldsymbol{A}$ 的全部特征值.

证 因为 $\boldsymbol{A}$ 是实对称矩阵,因此一定存在正交矩阵 $\boldsymbol{Q}$,使得

$$\boldsymbol{Q}^{\mathrm{T}}\boldsymbol{A}\boldsymbol{Q}=\begin{pmatrix}\lambda_1&0&\cdots&0\\0&\lambda_2&\cdots&0\\\vdots&\vdots&&\vdots\\0&0&\cdots&\lambda_n\end{pmatrix},$$

其中 $\lambda_1,\lambda_2,\cdots,\lambda_n$ 是矩阵 $\boldsymbol{A}$ 的全部特征值.

作正交变换 $\boldsymbol{x}=\boldsymbol{Q}\boldsymbol{y}$,因此新二次型为

$$f=(\boldsymbol{Q}\boldsymbol{y})^{\mathrm{T}}\boldsymbol{A}(\boldsymbol{Q}\boldsymbol{y})=\boldsymbol{y}^{\mathrm{T}}(\boldsymbol{Q}^{\mathrm{T}}\boldsymbol{A}\boldsymbol{Q})\boldsymbol{y}=\lambda_1y_1^2+\lambda_2y_2^2+\cdots+\lambda_ny_n^2,$$

所得到的新二次型的矩阵为 $\boldsymbol{Q}^{\mathrm{T}}\boldsymbol{A}\boldsymbol{Q}$.

例 6 用正交变换把下面的二次型化为标准形,并写出所作的正交变换,

$$f(x_1,x_2,x_3)=2x_1^2+4x_1x_2-4x_1x_3+5x_2^2-8x_2x_3+5x_3^2.$$

解 二次型的矩阵为

$$\boldsymbol{A}=\begin{pmatrix}2&2&-2\\2&5&-4\\-2&-4&5\end{pmatrix},$$

我们容易求出 $\boldsymbol{A}$ 的特征方程

$$|\lambda\boldsymbol{E}-\boldsymbol{A}|=(\lambda-1)^2(\lambda-10)=0$$

和特征值 $\lambda_1=\lambda_2=1,\lambda_3=10$,并求出使 $\boldsymbol{A}$ 相似于对角矩阵的正交矩阵

$$\boldsymbol{Q}=\begin{pmatrix}-\dfrac{2}{5}\sqrt{5}&\dfrac{2}{15}\sqrt{5}&\dfrac{1}{3}\\\dfrac{1}{5}\sqrt{5}&\dfrac{4}{15}\sqrt{5}&\dfrac{2}{3}\\0&\dfrac{1}{3}\sqrt{5}&-\dfrac{2}{3}\end{pmatrix}.$$

因此，作正交变换 $\boldsymbol{x}=\boldsymbol{Q}\boldsymbol{y}$，就可以使二次型化为标准形

$$f=y_1^2+y_2^2+10y_3^2.$$

例 7　已知二次型 $f(x_1,x_2,x_3)=2x_1^2+3x_2^2+3x_3^2+2ax_2x_3$，$a>0$，通过正交变换化为标准形 $f=y_1^2+2y_2^2+5y_3^2$.求参数 a 的值及所用的正交变换矩阵.

解　二次型 $f(x_1,x_2,x_3)$ 的矩阵为 $\boldsymbol{A}=\begin{pmatrix}2&0&0\\0&3&a\\0&a&3\end{pmatrix}$.$\boldsymbol{A}$ 的特征多项式为

$$|\lambda\boldsymbol{E}-\boldsymbol{A}|=\begin{vmatrix}\lambda-2&0&0\\0&\lambda-3&-a\\0&-a&\lambda-3\end{vmatrix}=(\lambda-2)(\lambda^2-6\lambda+9-a^2).$$

由于二次型通过正交变换化为标准形 $f=y_1^2+2y_2^2+5y_3^2$，所以 $\boldsymbol{A}$ 的特征值为 $\lambda_1=1$，$\lambda_2=2$，$\lambda_3=5$，将 $\lambda_1=1$ 代入 $\boldsymbol{A}$ 的特征多项式，应有

$$(1-2)(1^2-6\times1+9-a^2)=0.$$

解得 $a=\pm2$.因为 $a>0$ 所以 $a=2$.

对于 $\lambda_1=1$，解齐次线性方程组 $(\boldsymbol{E}-\boldsymbol{A})\boldsymbol{x}=\boldsymbol{0}$，得对应的特征向量 $\boldsymbol{\alpha}_1=(0,\ 1,\ -1)^{\mathrm{T}}$.

对于 $\lambda_2=2$，解齐次线性方程组 $(2\boldsymbol{E}-\boldsymbol{A})\boldsymbol{x}=\boldsymbol{0}$，得对应的特征向量 $\boldsymbol{\alpha}_2=(1,\ 0,\ 0)^{\mathrm{T}}$.

对于 $\lambda_3=5$，解齐次线性方程组 $(5\boldsymbol{E}-\boldsymbol{A})\boldsymbol{x}=\boldsymbol{0}$，得对应的特征向量 $\boldsymbol{\alpha}_3=(0,\ 1,\ 1)^{\mathrm{T}}$.

$\boldsymbol{\alpha}_1,\boldsymbol{\alpha}_2,\boldsymbol{\alpha}_3$ 已是正交向量组.只需单位化.令

$$\boldsymbol{\beta}_1=\frac{1}{\|\boldsymbol{\alpha}_1\|}\boldsymbol{\alpha}_1=\left(0,\ \frac{1}{\sqrt{2}},\ -\frac{1}{\sqrt{2}}\right)^{\mathrm{T}},$$

$$\boldsymbol{\beta}_2=\frac{1}{\|\boldsymbol{\alpha}_2\|}\boldsymbol{\alpha}_2=(1,\ 0,\ 0)^{\mathrm{T}},$$

$$\boldsymbol{\beta}_3=\frac{1}{\|\boldsymbol{\alpha}_3\|}\boldsymbol{\alpha}_3=\left(0,\ \frac{1}{\sqrt{2}},\ \frac{1}{\sqrt{2}}\right)^{\mathrm{T}}.$$

记

$$\boldsymbol{Q}=(\boldsymbol{\beta}_1\ \ \boldsymbol{\beta}_2\ \ \boldsymbol{\beta}_3)=\begin{pmatrix}0&1&0\\\frac{1}{\sqrt{2}}&0&\frac{1}{\sqrt{2}}\\-\frac{1}{\sqrt{2}}&0&\frac{1}{\sqrt{2}}\end{pmatrix},$$

则 $\boldsymbol{Q}$ 为所用的正交变换 $\boldsymbol{x}=\boldsymbol{Q}\boldsymbol{y}$ 的矩阵.

用正交变换把二次型化为标准形的方法，在理论上和实际应用方面都十分重要.

三、二次型与对称矩阵的规范形

将二次型化为平方项的代数和形式后，如有必要可重新安排变量的次序（相当于作一次可逆线性变换），使这个标准形为

$$d_1x_1^2+\cdots+d_px_p^2-d_{p+1}x_{p+1}^2-\cdots-d_rx_r^2 \qquad ⑥$$

其中 $d_i>0(i=1,2,\cdots,r)$.

例如,对二次型

$$2z_1^2-\frac{1}{2}z_2^2+4z_3^2,$$

令$\begin{cases}z_1=w_1\\ z_2=w_3\\ z_3=w_2\end{cases}$,其矩阵$\begin{pmatrix}1&0&0\\0&0&1\\0&1&0\end{pmatrix}$是可逆的,则可将所给的二次型化为

$$2w_1^2+4w_2^2-\frac{1}{2}w_3^2.$$

我们常对标准形各项的符号感兴趣.通过如下可逆线性变换

$$\begin{cases}x_i=y_i/\sqrt{d_i} & (i=1,2,\cdots,r)\\ x_j=y_j & (j=r+1,r+2,\cdots,n)\end{cases},$$

可将二次型⑥化为

$$y_1^2+\cdots+y_p^2-y_{p+1}^2-\cdots-y_r^2.$$

这种形式的二次型叫做二次型的**规范形**,因此有下面的定理:

定理 4 任何二次型都可通过可逆线性变换化为规范形,且规范形是由二次型本身决定的唯一形式,与所作的可逆线性变换无关.

证 略.

常把规范形中的正项个数 p 称为二次型的**正惯性指数**,负项个数 $r-p$ 称为二次型的**负惯性指数**,r 是二次型的秩.

显然,任何合同的对称矩阵都具有相同的规范形$\begin{pmatrix}\boldsymbol{E}_p&\boldsymbol{O}&\boldsymbol{O}\\ \boldsymbol{O}&-\boldsymbol{E}_{r-p}&\boldsymbol{O}\\ \boldsymbol{O}&\boldsymbol{O}&\boldsymbol{O}\end{pmatrix}$.

定理 5 设 $\boldsymbol{A}$ 为任意对称矩阵,如果存在可逆矩阵 $\boldsymbol{C}$,$\boldsymbol{Q}$,且 $\boldsymbol{C}\neq\boldsymbol{Q}$,使得

$$\boldsymbol{C}^{\mathrm{T}}\boldsymbol{A}\boldsymbol{C}=\begin{pmatrix}\boldsymbol{E}_p&\boldsymbol{O}&\boldsymbol{O}\\ \boldsymbol{O}&-\boldsymbol{E}_{r-p}&\boldsymbol{O}\\ \boldsymbol{O}&\boldsymbol{O}&\boldsymbol{O}\end{pmatrix},\quad \boldsymbol{Q}^{\mathrm{T}}\boldsymbol{A}\boldsymbol{Q}=\begin{pmatrix}\boldsymbol{E}_q&\boldsymbol{O}&\boldsymbol{O}\\ \boldsymbol{O}&-\boldsymbol{E}_{r-q}&\boldsymbol{O}\\ \boldsymbol{O}&\boldsymbol{O}&\boldsymbol{O}\end{pmatrix},$$

则 $p=q$.

证 略.

例 8 化二次型 $f=2x_1x_2+2x_1x_3-6x_2x_3$ 为规范形,并求其正惯性指数.

解 由例 2 知 f 经线性变换

$$\begin{cases}x_1=z_1+z_2+3z_3\\ x_2=z_1-z_2-z_3\\ x_3=z_3\end{cases}$$

化为标准形 $f=2z_1^2-2z_2^2+6z_3^2$.令

$$\begin{cases}w_1=\sqrt{2}z_1\\ w_3=\sqrt{2}z_2\\ w_2=\sqrt{6}z_3\end{cases},\quad 即\begin{cases}z_1=w_1/\sqrt{2}\\ z_2=w_3/\sqrt{2}\\ z_3=w_2/\sqrt{6}\end{cases},$$

就可把 f 化成规范形 $f=w_1^2+w_2^2-w_3^2$,且 f 的正惯性指数为 2.

第三节　正定二次型

本节我们介绍一些特殊类型的二次型,重点介绍正定二次型,它们在数学研究的许多方面都有很好的应用.

定义 1　具有对称矩阵 $\boldsymbol{A}$ 的二次型 $f(x_1,x_2,\cdots,x_n)=\boldsymbol{x}^{\mathrm{T}}\boldsymbol{A}\boldsymbol{x}$,如果对于任何非零向量 $\boldsymbol{x}=(x_1,x_2,\cdots,x_n)^{\mathrm{T}}$,都有

$$\boldsymbol{x}^{\mathrm{T}}\boldsymbol{A}\boldsymbol{x}>0\quad(\text{或 }\boldsymbol{x}^{\mathrm{T}}\boldsymbol{A}\boldsymbol{x}<0)$$

成立,则称 $f(x_1,x_2,\cdots x_n)=\boldsymbol{x}^{\mathrm{T}}\boldsymbol{A}\boldsymbol{x}$ 为正定(负定)二次型,矩阵 $\boldsymbol{A}$ 称为正定矩阵(负定矩阵).

如果对于任何非零向量 $\boldsymbol{x}=(x_1,x_2,\cdots,x_n)^{\mathrm{T}}$,都有

$$\boldsymbol{x}^{\mathrm{T}}\boldsymbol{A}\boldsymbol{x}\geqslant 0\quad(\text{或 }\boldsymbol{x}^{\mathrm{T}}\boldsymbol{A}\boldsymbol{x}\leqslant 0)$$

成立,且有 $\boldsymbol{x}_0=(x_1^0,x_2^0,\cdots,x_n^0)^{\mathrm{T}}\neq 0$,使 $\boldsymbol{x}_0^{\mathrm{T}}\boldsymbol{A}\boldsymbol{x}_0=0$,则称二次型 $f(x_1,x_2,\cdots,x_n)=\boldsymbol{x}^{\mathrm{T}}\boldsymbol{A}\boldsymbol{x}$ 为半正定(半负定)二次型,矩阵 $\boldsymbol{A}$ 称为半正定(半负定)矩阵.

二次型及其矩阵的正定(负定),半正定(半负定)统称为二次型及其矩阵的有定性;不具有定性的二次型及其矩阵称为不定的.

由定义 1 可知,二次型为正定(负定),半正定(半负定),则它对应的矩阵为正定(负定),半正定(半负定);反之亦然.

矩阵为正定、负定、半正定、半负定均已暗指它是对称矩阵.

例 1　二次型 $f(x_1,x_2,\cdots,x_n)=x_1^2+x_2^2+\cdots+x_n^2$,当 $\boldsymbol{x}=(x_1,x_2,\cdots,x_n)^{\mathrm{T}}\neq\boldsymbol{0}$ 时,显然 $f(x_1,x_2,\cdots,x_n)>0$,所以这个二次型是正定的,其矩阵 $\boldsymbol{E}_n$ 是正定矩阵.

例 2　二次型 $f(x_1,x_2,\cdots,x_n)=-x_1^2-2x_1x_2+4x_1x_3-x_2^2+4x_2x_3-4x_3^2$

可写成
$$f(x_1,x_2,\cdots,x_n)=-(x_1+x_2-2x_3)^2\leqslant 0,$$

当 $x_1+x_2-2x_3=0$ 时,$f(x_1,x_2,x_3)=0$,

因此,$f(x_1,x_2,x_3)$是半负定二次型,其对应的矩阵

$$\begin{pmatrix}-1 & -1 & 2\\ -1 & -1 & 2\\ 2 & 2 & -4\end{pmatrix}$$

是半负定矩阵.

例 3　$f(x_1,x_2)=x_1^2-2x_2^2$ 是不定二次型,因为其符号有时正有时负.如,$f(1,1)=-1<0$, $f(2,1)=2>0$.

定理 1　设 $\boldsymbol{A}$ 为正定矩阵,若 $\boldsymbol{A}\simeq\boldsymbol{B}$, 则 $\boldsymbol{B}$ 也是正定矩阵.

证　由 $\boldsymbol{A}\simeq\boldsymbol{B}$ 可知,存在非奇异矩阵 $\boldsymbol{C}$,使 $\boldsymbol{C}^{\mathrm{T}}\boldsymbol{A}\boldsymbol{C}=\boldsymbol{B}$. 令 $\boldsymbol{x}=\boldsymbol{C}\boldsymbol{y}$, $|\boldsymbol{C}|\neq\boldsymbol{0}$,任意 $\boldsymbol{y}\neq\boldsymbol{0}$ 均有 $\boldsymbol{x}\neq\boldsymbol{0}$,因此,$\boldsymbol{y}^{\mathrm{T}}\boldsymbol{B}\boldsymbol{y}=\boldsymbol{y}^{\mathrm{T}}\boldsymbol{C}^{\mathrm{T}}\boldsymbol{A}\boldsymbol{C}\boldsymbol{y}=(\boldsymbol{C}\boldsymbol{y})^{\mathrm{T}}\boldsymbol{A}(\boldsymbol{C}\boldsymbol{y})=\boldsymbol{x}^{\mathrm{T}}\boldsymbol{A}\boldsymbol{x}>0$(因 $\boldsymbol{A}$ 为正定矩阵),即 $\boldsymbol{B}$ 为正定矩阵.

定理 2 对角矩阵 $D=\begin{pmatrix} d_1 & & & \\ & d_2 & & \\ & & \ddots & \\ & & & d_n \end{pmatrix}$ 为正定矩阵的充分必要条件是 $d_i>0(i=1,2,\cdots,n)$.

证 (必要性)因为 D 为正定矩阵,即对任何 $x=(x_1,x_2,\cdots,x_n)^T\neq 0$ 都有

$$x^TDx=d_1x_1^2+d_2x_2^2+\cdots+d_nx_n^2>0,$$

取 $x=\varepsilon_i=(0,\cdots,0,1,0,\cdots,0)_i^T(i=1,2,\cdots,n)$,有 $\varepsilon_i^TD\varepsilon_i=d_i>0\ (i=1,2,\cdots,n)$.

(充分性)对于任意 $x=(x_1,x_2,\cdots,x_n)^T$,至少有 $x_k\neq 0$.因为 $d_k>0,x_k\neq 0$,故 $d_kx_k^2>0$.当 $i\neq k$ 时, $d_ix_i^2\geq 0$,所以 $x^TDx=d_1x_1^2+d_2x_2^2+\cdots+d_kx_k^2+\cdots+d_nx_n^2>0$,所以 D 为正定矩阵.

另外,关于正定矩阵我们还有下面的定理和推论:

定理 3 矩阵 A 为正定矩阵的充分必要条件是存在可逆矩阵 C,使得 $A=C^TC$,即 A 合同于单位矩阵.

推论 1 如果 A 为正定矩阵,则 $|A|>0$.

注意 反之,结论未必成立,例如

$$A=\begin{pmatrix} 1 & 0 & 0 \\ 0 & -1 & 0 \\ 0 & 0 & -1 \end{pmatrix},\ |A|=1>0,$$

但 A 不是正定矩阵.

定理 4 对称矩阵 A 为正定矩阵的充分必要条件是 A 的所有特征值都是正数.

证 对称矩阵 A 对应的二次型为 $f(x_1,x_2,\cdots x_n)=x^TAx$.

根据上节定理 3 ,必存在正交矩阵 Q,经过正交变换二次型 f 可以化为标准形

$$f=\lambda_1y_1^2+\lambda_2y_2^2+\cdots+\lambda_ny_n^2,$$

其中 $\lambda_1,\lambda_2,\cdots,\lambda_n$ 是 A 的所有特征值.根据本节定理 2 知,二次型 x^TAx 为正定二次型的充分必要条件是 $\lambda_i>0(i=1,2,\cdots,n)$,即 A 的所有特征值为正数.

定义 2 设 n 阶矩阵

$$A=\begin{pmatrix} a_{11} & a_{12} & \cdots & a_{1n} \\ a_{21} & a_{22} & \cdots & a_{2n} \\ \vdots & \vdots & & \vdots \\ a_{n1} & a_{n2} & \cdots & a_{nn} \end{pmatrix}$$

的一个子式

$$\begin{vmatrix} a_{i_1i_1} & a_{i_1i_2} & \cdots & a_{i_1i_k} \\ a_{i_2i_1} & a_{i_2i_2} & \cdots & a_{i_2i_k} \\ \vdots & \vdots & & \vdots \\ a_{i_ki_1} & a_{i_ki_2} & \cdots & a_{i_ki_k} \end{vmatrix}\quad(1\leqslant i_1<i_2<\cdots<i_k\leqslant n)$$

称为 A 的 k 阶主子式.

子式
$$|\boldsymbol{A}_k|=\begin{vmatrix} a_{11} & a_{12} & \cdots & a_{1k} \\ a_{21} & a_{22} & \cdots & a_{2k} \\ \vdots & \vdots & \vdots & \vdots \\ a_{k1} & a_{k2} & \cdots & a_{kk} \end{vmatrix} \quad (k=1,2,\cdots n)$$

称为 $\boldsymbol{A}$ 的 k 阶顺序主子式，即

$$|\boldsymbol{A}_1|=a_{11},\ |\boldsymbol{A}_2|=\begin{vmatrix} a_{11} & a_{12} \\ a_{21} & a_{22} \end{vmatrix},$$

$$|\boldsymbol{A}_3|=\begin{vmatrix} a_{11} & a_{12} & a_{13} \\ a_{21} & a_{22} & a_{23} \\ a_{31} & a_{32} & a_{33} \end{vmatrix},\cdots,|\boldsymbol{A}_n|=|\boldsymbol{A}|,$$

例如，$\boldsymbol{A}=\begin{pmatrix} 1 & 2 & 3 \\ 2 & 0 & 1 \\ 0 & 0 & 2 \end{pmatrix}$的顺序主子式为

$$|\boldsymbol{A}_1|=1,\ |\boldsymbol{A}_2|=\begin{vmatrix} 1 & 2 \\ 2 & 0 \end{vmatrix}=-4,\ |\boldsymbol{A}_3|=|\boldsymbol{A}|=-8.$$

定理 5　矩阵 $\boldsymbol{A}=(a_{ij})_{n\times n}$ 为正定矩阵的充分必要条件是 $\boldsymbol{A}$ 的所有顺序主子式都大于零，即 $|\boldsymbol{A}_k|>0(k=1,2,\cdots,n)$.

***证**　(必要性)设 $f(x)=\boldsymbol{x}^{\mathrm{T}}\boldsymbol{A}\boldsymbol{x}$ 正定，令 $\boldsymbol{x}=(x_1,\cdots,x_k,0,\cdots,0)^{\mathrm{T}}\neq 0(k=1,2,\cdots,n)$，代入 $f(x)$ 得

$$\begin{aligned} f(x_1,\cdots,x_k,0,\cdots,0)=&a_{11}x_1^2+2a_{12}x_1x_2+\cdots+2a_{1k}x_1x_k \\ &+a_{22}x_2^2+\cdots+2a_{2k}x_2x_k \\ &+\cdots \\ &+a_{kk}x_k^2>0, \end{aligned}$$

即 $(x_1,x_2,\cdots,x_k)\boldsymbol{A}_k\begin{pmatrix} x_1 \\ x_2 \\ \vdots \\ x_k \end{pmatrix}>0$，所以 $|\boldsymbol{A}_k|>0\ (k=1,2,\cdots,n)$.

(充分性)设 $|\boldsymbol{A}_k|>0\ (k=1,2,\cdots,n)$.则

当 $n=1$ 时，$f(x_1)=a_{11}x_1^2$，$|\boldsymbol{A}_1|=a_{11}>0$，故 $x_1\neq 0$ 时，$f(x_1)=a_{11}x_1^2>0$.即 $n=1$ 时定理成立.

假设对 $n-1$ 元二次型充分条件成立，需证对应的 n 元二次型为正定二次型.

将二次型 $f(x_1,x_2,\cdots,x_n)$ 改写为

$$\begin{aligned} f(x_1,x_2,\cdots x_n)=&a_{11}\left(x_1+\frac{a_{12}}{a_{11}}x_2+\cdots+\frac{a_{1n}}{a_{11}}x_n\right)^2 \\ &+a'_{22}x_2^2+2a'_{23}x_2x_3+\cdots+2a'_{2n}x_2x_n \\ &+\cdots \\ &+a'_{nn}x_n^2 \end{aligned} \quad ①$$

其中 $a'_{ij}=\dfrac{1}{a_{11}}\begin{vmatrix} a_{11} & a_{1j} \\ a_{i1} & a_{ij} \end{vmatrix}\ (i,j=2,3,\cdots,n)$.

因为 $a_{ij}=a_{ji}$，故 $a'_{ij}=a'_{ji}$. 因此，对于 $\boldsymbol{x}=(x_1,x_2,\cdots,x_n)^{\mathrm{T}}\neq 0$，只要证明上式中 $n-1$ 元二次型

$$\begin{aligned} f(x_1,x_2,\cdots,x_n)=&a'_{22}x_2^2+2a'_{23}x_2x_3+\cdots+2a'_{2n}x_2x_n\\ &+a'_{33}x_3^2+\cdots+2a'_{3n}x_3x_n\\ &+\cdots\\ &+a'_{nn}x_n^2 \end{aligned}$$

为正定即可，即只需证

$$\begin{vmatrix} a'_{22} & a'_{23} & \cdots & a'_{2k} \\ a'_{32} & a'_{33} & \cdots & a'_{3k} \\ \vdots & \vdots & & \vdots \\ a'_{k2} & a'_{k3} & \cdots & a'_{kk} \end{vmatrix}>0\quad (k=2,3,\cdots,n).$$

因为 $$0<|\boldsymbol{A}_k|=\begin{vmatrix} a_{11} & a_{12} & \cdots & a_{1k} \\ a_{21} & a_{22} & \cdots & a_{2k} \\ \vdots & \vdots & & \vdots \\ a_{k1} & a_{k2} & \cdots & a_{kk} \end{vmatrix}=\begin{vmatrix} a_{11} & 0 & \cdots & 0 \\ 0 & a'_{22} & \cdots & a'_{2k} \\ \vdots & \vdots & & \vdots \\ 0 & a'_{k2} & \cdots & a'_{kk} \end{vmatrix},$$

即 $a_{11}\begin{vmatrix} a'_{22} & a'_{23} & \cdots & a'_{2k} \\ a'_{32} & a'_{33} & \cdots & a'_{3k} \\ \vdots & \vdots & & \vdots \\ a'_{k2} & a'_{k3} & \cdots & a'_{kk} \end{vmatrix}>0$，而 $a_{11}>0$，故 $\begin{vmatrix} a'_{22} & a'_{23} & \cdots & a'_{2k} \\ a'_{32} & a'_{33} & \cdots & a'_{3k} \\ \vdots & \vdots & & \vdots \\ a'_{k2} & a'_{k3} & \cdots & a'_{kk} \end{vmatrix}>0(k=2,3,\cdots,n)$.

由归纳法假设，对 $n-1$ 元二次型充分条件成立，可知 $n-1$ 元二次型①是正定的，于是 $f(x_1,x_2,\cdots,x_n)>0$，所以定理充分性成立.

例 4 判断 $f(x_1,x_2,x_3)=3x_1^2+6x_1x_3+x_2^2-4x_2x_3+8x_3^2$ 是否为正定二次型.

解 二次型 $f(x_1,x_2,x_3)$ 的矩阵为

$$\boldsymbol{A}=\begin{pmatrix} 3 & 0 & 3 \\ 0 & 1 & -2 \\ 3 & -2 & 8 \end{pmatrix},$$

$\boldsymbol{A}$ 的各顺序主子式

$$|\boldsymbol{A}_1|=3>0,\ |\boldsymbol{A}_2|=\begin{vmatrix} 3 & 0 \\ 0 & 1 \end{vmatrix}=3>0,\ |\boldsymbol{A}_3|=|\boldsymbol{A}|=3>0,$$

因此，$f(x_1,x_2,x_3)$ 为正定.

例 5 当 λ 取何值时，二次型 $f(x_1,x_2,x_3)$ 为正定，其中

$$f(x_1,x_2,x_3)=x_1^2+2x_1x_2+4x_1x_3+2x_2^2+6x_2x_3+\lambda x_3^2.$$

解 二次型 $f(x_1,x_2,x_3)$ 的矩阵 $\boldsymbol{A}=\begin{pmatrix} 1 & 1 & 2 \\ 1 & 2 & 3 \\ 2 & 3 & \lambda \end{pmatrix}$，$\boldsymbol{A}$ 的各顺序主子式为

$$|\boldsymbol{A}_1|=1>0,\quad |\boldsymbol{A}_2|=\begin{vmatrix}1&1\\1&2\end{vmatrix}=1>0,\quad |\boldsymbol{A}_3|=|\boldsymbol{A}|=\lambda-5>0.$$

故 $\lambda>5$ 时，$\boldsymbol{A}$ 的各顺序主子式都大于零，二次型 $f(x_1,x_2,x_3)$ 为正定二次型.

例 6　证明：如果 $\boldsymbol{A}$ 为正定矩阵，则 $\boldsymbol{A}^{-1}$ 也是正定矩阵.

证　方法一　若 $\boldsymbol{A}$ 为正定矩阵，且 $\boldsymbol{A}^{\mathrm{T}}=\boldsymbol{A}$. 所以 $(\boldsymbol{A}^{-1})^{\mathrm{T}}=(\boldsymbol{A}^{\mathrm{T}})^{-1}=\boldsymbol{A}^{-1}$，即 $\boldsymbol{A}^{-1}$ 也是对称矩阵.

根据定理 4，$\boldsymbol{A}$ 的所有特征值 $\lambda_i>0(i=1,2,\cdots,n)$.$\boldsymbol{A}^{-1}$ 的所有特征值为

$$\frac{1}{\lambda_i}>0\ (i=1,2,\cdots,n),$$

所以 $\boldsymbol{A}^{-1}$ 仍是正定矩阵.

方法二　若 $\boldsymbol{A}$ 为正定矩阵，由定理 3 知存在可逆矩阵 $\boldsymbol{C}$，使得 $\boldsymbol{A}=\boldsymbol{C}^{\mathrm{T}}\boldsymbol{C}$，且 $|\boldsymbol{A}|>0$. 两边取逆，得

$$\boldsymbol{A}^{-1}=(\boldsymbol{C}^{\mathrm{T}}\boldsymbol{C})^{-1}=\boldsymbol{C}^{-1}(\boldsymbol{C}^{\mathrm{T}})^{-1}=\boldsymbol{C}^{-1}(\boldsymbol{C}^{-1})^{\mathrm{T}}.$$

记 $\boldsymbol{B}=(\boldsymbol{C}^{-1})^{\mathrm{T}}$，则 $\boldsymbol{C}^{-1}=\boldsymbol{B}^{\mathrm{T}}$，于是 $\boldsymbol{A}^{-1}=\boldsymbol{B}^{\mathrm{T}}\boldsymbol{B}$，且 $\boldsymbol{B}$ 为可逆矩阵.又 $\boldsymbol{A}^{-1}$ 仍为对称矩阵，根据定理 3，$\boldsymbol{A}^{-1}$ 是正定矩阵.

习题五

(A)

1. 写出下列各二次型的矩阵.

(1) $x_1^2-2x_1x_2+3x_1x_3-2x_2^2+8x_2x_3+3x_3^2$；

(2) $x_1x_2-x_1x_3+2x_2x_3+x_4^2$.

2. 写出下列各对称矩阵所对应的二次型.

(1) $\boldsymbol{A}=\begin{pmatrix}1&-1&-3&1\\-1&0&-2&1/2\\-3&-2&1/3&-3/2\\1&1/2&-3/2&0\end{pmatrix}$；　　(2) $\boldsymbol{A}=\begin{pmatrix}0&1&1/2&-3/2\\1&0&-1&-1\\1/2&-1&0&3\\-3/2&-1&3&0\end{pmatrix}$.

3. 求题 1 中各二次型的秩.

4. 用配方法把下列二次型化为标准形，并写出所作的变换.

(1) $f(x_1,x_2)=x_1^2-4x_1x_2+x_2^2$；

(2) $f(x_1,x_2,x_3)=x_1^2+5x_2^2-4x_3^2+2x_1x_2-4x_1x_3$.

5. 用初等变换法化二次型 $f(x_1,x_2,x_3)=x_1^2+2x_2^2+x_3^2+2x_1x_2+2x_1x_3+4x_2x_3$ 为标准形，并写出所作的变换.

6. 用正交变换法把下列二次型化为标准形，并写出所作的变换，

$$f(x_1,x_2,x_3)=17x_1^2+14x_2^2+14x_3^2-4x_1x_2-4x_1x_3-8x_2x_3.$$

7. 求 a 的值，使二次型为正定的.

(1) $f(x_1,x_2,x_3)=x_1^2+x_2^2+5x_3^2+2ax_1x_2-2x_1x_3+4x_2x_3$；

(2) $f(x_1,x_2,x_3)=5x_1^2+x_2^2+ax_3^2+4x_1x_2-2x_1x_3-2x_2x_3$.

8. 证明：若 $\boldsymbol{A}$ 为正定矩阵，则其伴随矩阵 $\boldsymbol{A}^*$ 也是正定矩阵.

9. 设 $\boldsymbol{A}$ 为 n 阶正定矩阵，$\boldsymbol{B}$ 为 n 阶半正定矩阵.试证：$\boldsymbol{A}+\boldsymbol{B}$ 为正定矩阵.

(B)

1. 二次型 $f(x_1,x_2,x_3)=x_1^2+x_2^2+x_3^2+2x_1x_2+4x_1x_3$ 的矩阵为(　　).

A. $\begin{pmatrix}1&2&4\\2&1&0\\4&0&1\end{pmatrix}$　　B. $\begin{pmatrix}1&2&4\\0&1&0\\0&0&1\end{pmatrix}$　　C. $\begin{pmatrix}1&1&2\\1&1&0\\2&0&1\end{pmatrix}$　　D. $\begin{pmatrix}1&1&0\\1&1&2\\0&2&1\end{pmatrix}$

2.二次型 $f=\boldsymbol{x}^{\mathrm{T}}\boldsymbol{A}\boldsymbol{x}$($\boldsymbol{A}$ 为实对称矩阵)正定的条件是(　　).

A. $\boldsymbol{A}$ 可逆　　B. $|\boldsymbol{A}|>0$

C. $\boldsymbol{A}$ 的特征值之和大于 0　　D. $\boldsymbol{A}$ 的特征值全部大于 0

3. 设实对称矩阵 $\boldsymbol{A}=\begin{pmatrix}2&0&0\\0&-4&2\\0&2&-1\end{pmatrix}$，则 3 元二次型 $f(x_1,x_2,x_3)=\boldsymbol{x}^{\mathrm{T}}\boldsymbol{A}\boldsymbol{x}$ 的标准形可为(　　).

A. $z_1^2+z_2^2+z_3^2$　　B. $z_1^2+z_2^2-z_3^2$　　C. $z_1^2+z_2^2$　　D. $z_1^2-z_2^2$

4. 设 $\boldsymbol{A},\boldsymbol{B}$ 均为 n 阶矩阵，且 $\boldsymbol{A}$ 与 $\boldsymbol{B}$ 合同，则(　　).

A. $\boldsymbol{A}$ 与 $\boldsymbol{B}$ 相似　　B. $|\boldsymbol{A}|=|\boldsymbol{B}|$

C. $\boldsymbol{A}$ 与 $\boldsymbol{B}$ 有相同的特征值　　D. $r(\boldsymbol{A})=r(\boldsymbol{B})$

5. 矩阵 $\boldsymbol{A}=\begin{pmatrix}1&2&1\\2&-1&0\\1&0&3\end{pmatrix}$ 所对应的二次型是____________.

6. 二次型 $f(x_1,x_2,x_3)=(x_1\ x_2\ x_3)\begin{pmatrix}2&2&0\\2&2&0\\2&-2&1\end{pmatrix}\begin{pmatrix}x_1\\x_2\\x_3\end{pmatrix}$ 的秩为____________.

7. 若二次型 $f(x_1,x_2,x_3)=(2-t)x_1^2+x_2^2+(t+3)x_3^2+2x_1x_2$ 为正定的，则 t 的取值范围是________________.

8. 若二次型 $f(x_1,x_2,x_3)=x_1^2+x_2^2+ax_3^2+4x_1x_2+6x_2x_3$ 的秩为 2，则 $a=$________.

9. 若 $\boldsymbol{A}$ 为 3 阶实对称矩阵，且满足 $\boldsymbol{A}^3+\boldsymbol{A}^2-\boldsymbol{A}=\boldsymbol{E}$，二次型 $f=\boldsymbol{x}^{\mathrm{T}}\boldsymbol{A}\boldsymbol{x}$ 经正交变换可化为标准形，则该标准形可表示为________.

第六章　应用问题——线性规划初步

第一节　线性规划问题及其图解法

一、线性规划问题的数学模型

线性规划是目前应用最广泛的一种系统优化方法，它的理论和方法已十分成熟，可以应用于生产计划，物资调运，资源优化配置，地区经济规划等问题.

例 1　生产计划问题　某工厂计划用三种原材料 A_1，A_2 和 A_3 生产Ⅰ，Ⅱ两种产品.已知生产Ⅰ，Ⅱ每吨所需原材料及现有原材料(单位:吨)如表 6-1 所示.

表 6-1

	Ⅰ	Ⅱ	现有原材料
A_1	2	1	8
A_2	1	0	3
A_3	0	1	4

且Ⅰ，Ⅱ的利润分别为 5，2 万元/吨.问如何安排计划，可使利润最大?

解　设生产Ⅰ，Ⅱ两种产品分别为 x_1，x_2 吨.使利润最大就是使

$$f=5x_1+2x_2$$

最大;受原材料的限制得到如下不等式:

$$2x_1+x_2\leqslant 8,$$

$$x_1\leqslant 3,$$

$$x_2\leqslant 4,$$

生产量非负:$x_1\geqslant 0$，$x_2\geqslant 0$.于是得到生产方案的数学模型:

$$\max f=5x_1+2x_2,$$

$$\text{s. t.}\begin{cases}2x_1+x_2\leqslant 8\\ x_1\leqslant 3\\ x_2\leqslant 4\\ x_1,x_2\geqslant 0\end{cases},$$

例 2　运输问题　有两个粮库 A_1 和 A_2 向三个粮站 B_1，B_2 和 B_3 调运大米.两个粮库现存大米分别为 4 吨，8 吨，三个粮站至少需要大米分别为 2 吨，4 吨，5 吨.两个粮库到三

个粮站的距离(单位:公里)如表 6-2 所示.

表 6-2

	B_1	B_2	B_3
A_1	12	24	8
A_2	30	12	24

问如何调运,才能使运费最低?

解 设 A_1 调运到三个粮站的大米分别为 x_1,x_2,x_3 吨,A_2 调运到三个粮站的大米分别为 x_4,x_5,x_6 吨.使运费最低就是使总吨公里

$$f=12x_1+24x_2+8x_3+30x_4+12x_5+24x_6$$

最小;调运量不能超过粮库现存量:

$$\begin{aligned}x_1+x_2+x_3\leqslant 4\\ x_4+x_5+x_6\leqslant 8\end{aligned}.$$

调运量要满足粮站的需要量:

$$\begin{aligned}x_1+x_4\geqslant 2\\ x_2+x_5\geqslant 4.\\ x_3+x_6\geqslant 5\end{aligned}$$

调运量非负:$x_1\geqslant 0,x_2\geqslant 0,\cdots,x_6\geqslant 0$.于是得到调运方案的数学模型:

$$\min f=12x_1+24x_2+8x_3+30x_4+12x_5+24x_6$$

$$\text{s. t}\begin{cases}x_1+x_2+x_3\leqslant 4\\ x_4+x_5+x_6\leqslant 8\\ x_1+x_4\geqslant 2\\ x_2+x_5\geqslant 4\\ x_3+x_6\geqslant 5\\ x_1,x_2,\cdots,x_6\geqslant 0\end{cases}.$$

所谓线性规划问题的数学模型是将实际问题转化为在一组线性不等式或等式约束下求线性目标函数的最大(小)值问题:

$$\max(\min) f=c_1x_1+c_2x_2+\cdots+c_nx_n$$

$$\text{s.t}\begin{cases}a_{11}x_1+a_{12}x_2+\cdots+a_{1n}x_n\square b_1\\ a_{21}x_1+a_{22}x_2+\cdots+a_{2n}x_n\square b_2\\ \cdots\cdots\cdots\cdots\\ a_{m1}x_1+a_{m2}x_2+\cdots+a_{mn}x_n\square b_m\\ x_1,x_2,\cdots,x_n\geqslant 0\end{cases} \qquad ①$$

称为线性规划问题的**一般形式**.

这里□表示=或≥或≤;$c_i,a_{ij},b_i(i=1,2,\cdots,m,j=1,2,\cdots,n)$是已知常数;$x_1,x_2,\cdots,x_n$ 是决策变量.

其中线性函数 $f=c_1x_2+c_2x_2+\cdots+c_nx_n$ 称为目标函数;①称为约束条件;满足约

束条件①的一组变量 $x_1,x_2,\cdots,x_n$ 的值称为可行解，可行解的集合称为可行解集或可行解域；使目标函数 $f=c_1x_1+c_2x_2+\cdots+c_nx_n$ 达到最大(小)值的可行解称为最优解，相应的目标函数值称为最优值.

二、图解法求解最优化问题

图解法是求解线性规划问题的几何方法.尽管它仅适用于变量较少的线性规划问题，但其解法简单直观，且包含了线性规划问题求解的基本原理.以下举例说明两个变量的图解法.

例 3　用图解法求解线性规划问题

$$\max f=5x_1+2x_2,$$

$$\text{s.t}\begin{cases}2x_1+x_2\leqslant 8\\ x_1\leqslant 3\\ x_2\leqslant 4\\ x_1,x_2\geqslant 0\end{cases}.\qquad ②$$

解　满足 $2x_1+x_2\leqslant 8$，$x_1\leqslant 3$，$x_2\leqslant 4$ 且在第一象限中的区域分别如图 6-1(a)，(b)，(c)中的阴影部分.将图 6-1(a)，(b)，(c)三个图叠加在一起，公共的阴影部分即是可行解域，如图 6-2 中的阴影部分.目标函数 $5x_1+2x_2=\gamma$ 在平面 x_1Ox_2 上是一直线，此直线按图 6-3 中⇨所指方向平行移动时，γ 值增大.不难直观得出目标函数在可行解域的顶点(3,2)处取得最大值 $\max f=5\times 3+2\times 2=19$.

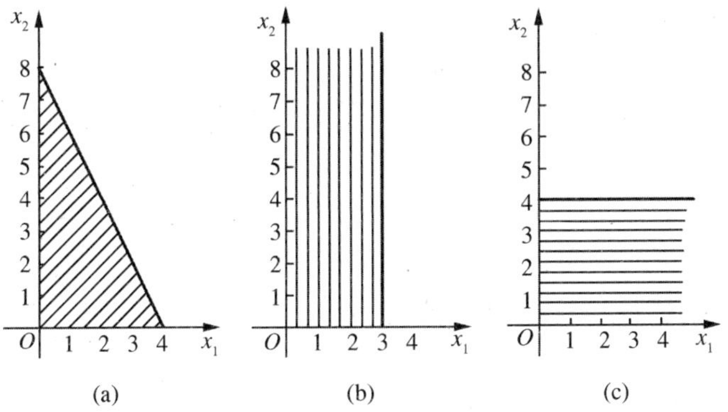

图 6-1

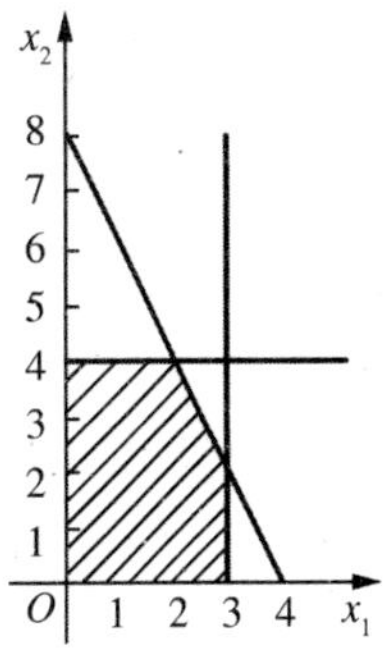

图 6-2

例 4　用图解法分别求解线性规划问题：约束条件同例 1，目标函数分别为(i) $\min f=x_1-2x_2$；(ii) $\max f=2x_1+x_2$.

解　可行解域如图 6-2 中的阴影部分.

(i)将直线 $x_1-2x_2=\gamma$ 按图 6-4 中⇨所指方向平行移动时，γ 值减小，所以目标函数 $f=x_1-2x_2$ 在可行解域的顶点(0,4)处取得最小值 $\min f=1\times 0-2\times 4=-8$.

(ii)将直线 $2x_1+x_2=\gamma$ 按图 6-5 中⇨所指方向平行移动时，γ 值增大，即目标函数 $f=2x_1+x_2$ 在可行解域的顶点(3,2)与(2,4)的联线上都取得最大值 $\max f=8$，此时最优解有无穷多个.

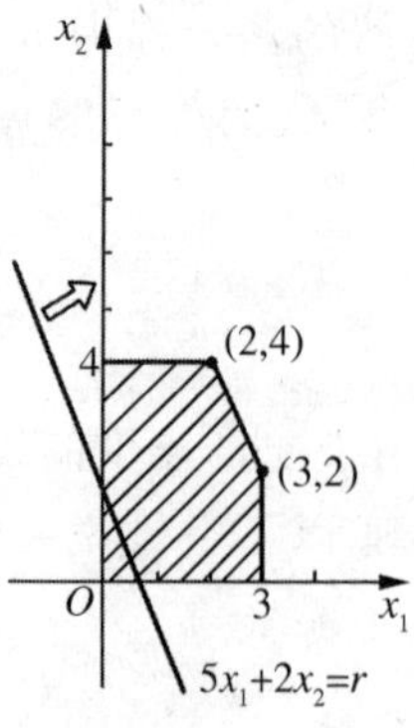

图 6-3

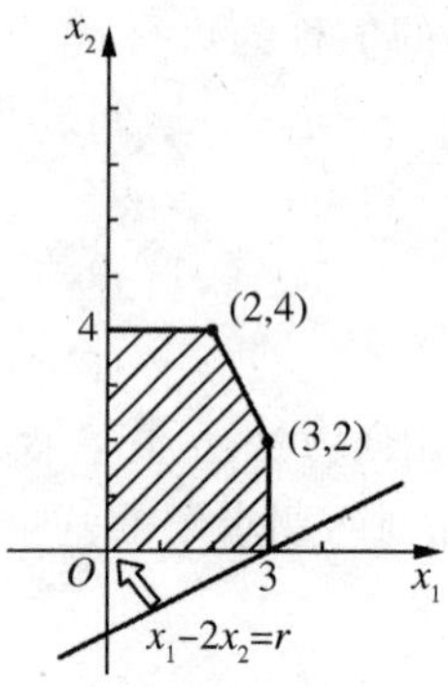

图 6-4

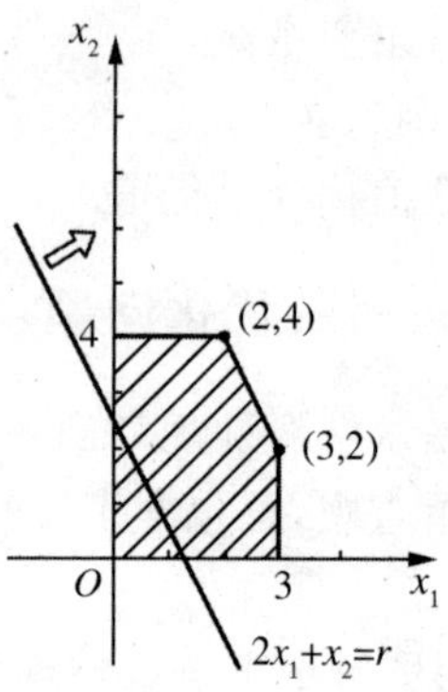

图 6-5

例 5 用图解法求解线性规划问题

$$\min f = x_1 + x_2$$

$$\text{s.t}\begin{cases} -3x_1 + x_2 \leqslant 3 \\ x_1 - 2x_2 \leqslant 2 \\ x_1, x_2 \geqslant 0 \end{cases}. \qquad ③$$

解 可行解域如图 6-6 中的阴影部分.从图中可以看出,其中可行解域是无界的,但目标函数在顶点(0,0)处取得最小值 min $f=0$.

若将直线 $x_1+x_2=\gamma$ 按图 6-6 中⇒所指反方向平行移动时,γ 值可以无限增大.所以目标函数 max $f=x_1+x_2$ 在约束条件③下无最优解.

例 6 用图解法求解线性规划问题

$$\min f = x_1 + x_2$$

$$\text{s.t}\begin{cases} -3x_1 + x_2 \geqslant 3 \\ x_1 - 2x_2 \geqslant 2 \\ x_1, x_2 \geqslant 0 \end{cases}. \qquad ④$$

解 满足 $-3x_1+x_2 \geqslant 3$, $x_1-2x_2 \geqslant 2$ 且在第一象限中的区域分别如图 6-7(a),(b)中的阴影部分,它们无公共的阴影部分,即约束条件④是矛盾的,所以此线性规划问题无可行解.

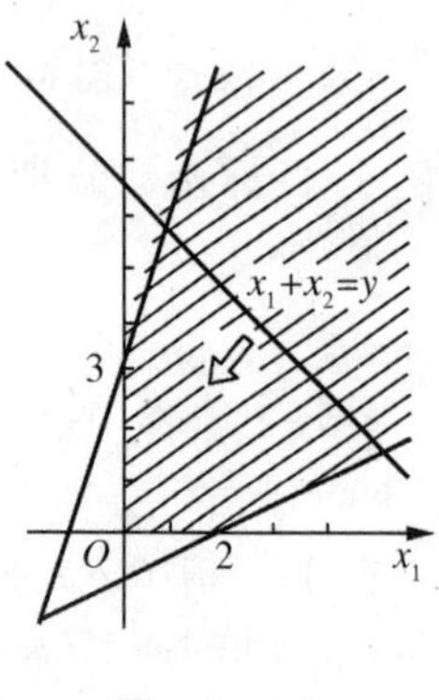

图 6-6

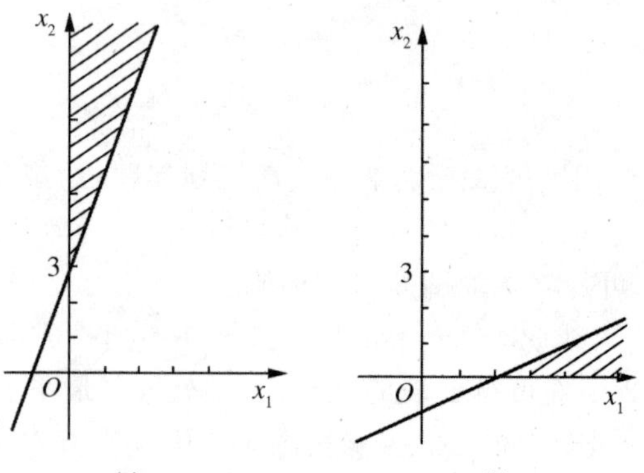

(a) (b)

图 6-7

从以上诸例可得出下面三个结论：

(1)线性规划问题的任意两个可行解联线上的点都是可行解.

(2)线性规划问题的任意两个最优解联线上的点都是最优解.

(3)线性规划问题的最优值若存在,则一定可在某个顶点上达到.

图解法虽然只能用于求解具有两个变量的线性规划问题,但它的解题思路以及由几何直观得到的一些判断,对后面要介绍的求解一般线性规划问题的单纯形法有很大的启示.

第二节　线性规划问题单纯形法解的基本概念

一、线性规划问题的标准形式

现在我们将线性规划问题的一般形式化为**标准形式**,以便作统一处理.方法如下：

(1)如果问题是求目标函数的最大值,则化为求 $-f$ 的最小值.

(2)如果某个□表示≤,则在其左边加上一个非负变量(称为**松弛变量**),迫使它变为=;如果某个□表示≥,则在其左边减去一个非负变量(称为**剩余变量**),迫使它变为=.请注意:新引入的变量在目标函数和其他约束条件中的系数均为 0.

(3)如果某个变量无非负限制,则换成两个非负变量之差.即一般的线性规划问题都可化为标准形式：

$$\min f = c_1x_1 + c_2x_2 + \cdots + c_nx_n$$

$$\text{s.t}\begin{cases} a_{11}x_1 + a_{12}x_2 + \cdots + a_{1n}x_n = b_1 \\ a_{21}x_1 + a_{22}x_2 + \cdots + a_{2n}x_n = b_2 \\ \cdots\cdots\cdots\cdots \\ a_{m1}x_1 + a_{m2}x_2 + \cdots + a_{mn}x_n = b_m \\ x_1, x_2, \cdots, x_n \geqslant 0 \end{cases}.$$

例 1　将第一节例 2 中的线性规划问题化为标准形式.

解　标准形式如下：

$$\min f = 12x_1 + 24x_2 + 8x_3 + 30x_4 + 12x_5 + 24x_6$$

$$\text{s.t}\begin{cases} x_1 + x_2 + x_3 + x_7 = 4 \\ x_4 + x_5 + x_6 + x_8 = 8 \\ x_1 + x_4 - x_9 = 2 \\ x_2 + x_5 - x_{10} = 4 \\ x_3 + x_6 - x_{11} = 5 \\ x_1, x_2, \cdots, x_{11} \geqslant 0 \end{cases},$$

其中 x_7, x_8 为松弛变量, x_9, x_{10}, x_{11} 为剩余变量.

例 2　将下述线性规划问题化为标准形式.

$$\max f = x_1 - 2x_2 + 3x_3$$

$$\text{s.t}\begin{cases}x_1+x_2+x_3\leqslant 7\\ x_1-x_2+x_3\geqslant 2\\ -3x_1+x_2+2x_3=5\\ x_1,x_2\geqslant 0,x_3\text{ 无非负限制}\end{cases}.$$

解 用 x_4-x_5 替换 x_3，引入松弛变量 x_6 和剩余变量 x_7 得到该问题的标准形式如下：

$$\min f'=-f=-x_1+2x_2-3x_4+3x_5$$

$$\text{s.t}\begin{cases}x_1+x_2+x_4-x_5+x_6=7\\ x_1-x_2+x_4-x_5-x_7=2\\ -3x_1+x_2+2x_4-2x_5=5\\ x_1,x_2,x_4,x_5,x_6,x_7\geqslant 0\end{cases}.$$

二、线性规划问题单纯形法解的基本概念

给定一个线性规划问题的标准形式

$$(L)\begin{cases}\min s=CX & ①\\ \text{s.t}\begin{cases}\boldsymbol{Ax}=\boldsymbol{b} & ②\\ \boldsymbol{x}\geqslant 0 & ③\end{cases}\end{cases},$$

其中约束矩阵为

$$\boldsymbol{A}=\begin{bmatrix}a_{11} & a_{12} & \cdots & a_{1n}\\ a_{21} & a_{22} & \cdots & a_{2n}\\ \vdots & \vdots & & \vdots\\ a_{n1} & a_{n2} & \cdots & a_{nn}\end{bmatrix}=(p_1,p_2,\cdots,p_n)$$

一般总是假设 $r(\boldsymbol{A})=m<n$.

不失一般性，设约束方程系数矩阵 $\boldsymbol{A}$ 的前 m 个列向量线性无关(因为总可以对 $\boldsymbol{A}$ 作可能的列初等变换)，则有

$$\boldsymbol{A}=(p_1,p_2,\cdots,p_m \mid p_{m+1},\cdots,p_n)=(B \mid N)$$

其中 $P_j=(a_{1j},a_{2j},\cdots,a_{mj})^{\mathrm{T}}.j=1,2,\cdots,n$.显然$|\boldsymbol{B}|\neq 0$，称 $\boldsymbol{B}$ 为(L)的一个基，构成基的列向量 $P_j(j=1,2,\cdots,m)$为基向量，其余的列向量 $P_{m+1},P_{m+2},\cdots,P_n$ 为非基向量，与基向量对应的 x_j 称为关于基$\boldsymbol{B}$ 的基变量，其余称为非基变量.

我们对变量 $\boldsymbol{X}$ 也作相应的分块，即

$$\boldsymbol{X}=(x_1,x_2,\cdots,x_m \mid x_{m+1},\cdots,x_n)^{\mathrm{T}}=(X_B \mid X_N)^{\mathrm{T}}$$

其中，X_B 为关于基$\boldsymbol{B}$ 的基变量，X_N 为关于基$\boldsymbol{B}$ 的非基变量.

利用上述矩阵的分块式，约束方程组 $\boldsymbol{AX}=\boldsymbol{b}$ 可改写为

$$(B \mid N)\left(\frac{X_B}{X_N}\right)=b$$

即 $BX_B+NX_N=b$.

用 B^{-1}左乘上式得 $X_B=B^{-1}b-B^{-1}NX_N$，每给非基变量 X_N 一组值，就能得到基变量 X_B 的一组对应的值.从而得到(L)的一个解 $X=(X_B,X_N)^{\mathrm{T}}$.特别当 $X_N=0$ 时，有 X_B

$=B^{-1}b$，此时称 $X=(B^{-1}b,0)^T$ 为(L)的一个基解.若 $B^{-1}b\geqslant 0$，此基解为基可行解，相应 B 称为可行基.当某个基可行解为最优解时，基可行解为基最优解，基 B 为最优基.

例 3　写出线性规划问题

$$\min f=x_1+3x_2+2x_3$$
$$\text{s.t}\begin{cases}x_1+2x_2+3x_3=5\\x_1+3x_2+4x_3=7\\x_1,x_2,x_3\geqslant 0\end{cases}$$

的所有基及相应的基解，并指出是否为基可行解和基最优解.

解　$A=\begin{pmatrix}1&2&3\\1&3&4\end{pmatrix},\alpha_1=\begin{pmatrix}1\\1\end{pmatrix},\alpha_2=\begin{pmatrix}2\\3\end{pmatrix},\alpha_3=\begin{pmatrix}3\\4\end{pmatrix},b=\begin{pmatrix}5\\7\end{pmatrix},c=\begin{bmatrix}1\\3\\2\end{bmatrix}^T$.

有三个基：(α_1,α_2)，(α_1,α_3)，(α_2,α_3).

当 $\boldsymbol{B}=(\alpha_1,\alpha_2)$时，$B^{-1}=\begin{pmatrix}3&-2\\-1&1\end{pmatrix}$.$B^{-1}b=\begin{pmatrix}1\\2\end{pmatrix}$.由 $X_B=B^{-1}b-B^{-1}NX_N$，(其中 $N=\begin{pmatrix}3\\4\end{pmatrix}$，$X_N=x_3$)，及 $\min f=(1\quad 3|2)(X_B|X_N)^T$

原线性规划问题可化为：

$$\min f=7-2x_3$$
$$\text{s.t}\begin{cases}x_1=1-x_3\\x_2=2-x_3\end{cases}$$

基解 $x=(1,2,0)^T$ 为基可行解但不是最优解.

当 $B=(\alpha_1,\alpha_3)$时，$B^{-1}=\begin{pmatrix}4&-3\\-1&1\end{pmatrix}$，$B^{-1}b=\begin{pmatrix}-1\\2\end{pmatrix}$.由 $X_B=B^{-1}b-B^{-1}NX_N$，(其中 $N=\begin{pmatrix}2\\3\end{pmatrix}$.$x_N=x_2$.)

此时原线性规划问题可化为：

$$\min f=3+2x_2$$
$$\text{s.t}\begin{cases}x_1=-1+x_2\\x_3=2-x_2\end{cases}.$$

基解 $x=(-1,0,2)^T$ 不为基可行解.

当 $B=(\alpha_2,\alpha_3)$时，对应的基解 $x=(0,1,1)^T$ 为基可行解也为最优解.

例 4　将线性规划问题

$$\max f=x_1+x_2$$
$$\text{s.t}\begin{cases}-3x_1+x_2\leqslant 3\\x_1-2x_2\leqslant 2\\x_1,x_2\geqslant 0\end{cases},$$

化为标准形式，并以引进的松弛变量为基变量，写出相应的线性规划问题的表达式.

解　引入松弛变量 x_3，x_4，化为标准形式如下：

$$\min f'=-f=-x_1-x_2$$

$$\text{s.t}\begin{cases}-3x_1+x_2+x_3=3\\ x_1-2x_2+x_4=2\\ x_1,x_2\geqslant 0\end{cases}.$$

当 $\boldsymbol{B}=(\boldsymbol{a}_3,\boldsymbol{a}_4)$ 时，$\boldsymbol{B}^{-1}\boldsymbol{b}=\boldsymbol{b}=\begin{pmatrix}3\\2\end{pmatrix}$ 此时有

$$f'=-x_1-x_2$$

$$\text{s.t}\begin{cases}x_3=3+3x_1-x_2\\ x_4=2-x_1+2x_2\end{cases},$$

基解 $\boldsymbol{x}=(0,0,3,2)^{\mathrm{T}}$ 是基可行解.

一般地，我们称线性规划问题

$$\max f=\boldsymbol{cx}$$

$$\text{s.t}\begin{cases}\boldsymbol{Ax}\leqslant\boldsymbol{b}\quad(\boldsymbol{b}\geqslant 0)\\ \boldsymbol{x}\geqslant 0\end{cases}$$

为典型线性规划问题.从上例可知，典型线性规划有一个现成的可行基.

关于线性规划问题(L)的解，不难证明具有以下性质

定理 1　若 x_1,x_2 为(L)的可行解，则 $x=\lambda x_1+(1-\lambda)x_2(0\leqslant\lambda\leqslant 1)$ 也为(L)的可行解.

定理 2　若 x_1,x_2 为(L)的最优解，则 $x=\lambda x_1+(1-\lambda)x_2(0\leqslant\lambda\leqslant 1)$ 也为(L)的最优解.

定理 3　线性规划(L)若有最优解，则必有基最优解.

定理 3 表明线性规划问题的最优解可以在基可行解（其个数是有限的）中去寻找.根据这个原理我们可以从一个基可行解迭代到另一个基可行解来求得(L)的最优解，或判定(L)无最优解，这就是换基迭代法，也称为单纯形法.

第三节　单纯形法

给定一个线性规划问题的标准形式，假设 B 为该问题的初始可行基，则可建立一个关于基 B 的表格，形式如下：

表 6-3

P	决策变量（包括松弛变量）	b
基变量	约束方程系数	约束常数
f	非基化目标（函数）方程系数	

把线性规划问题(L)按表 6-3 所示填入各栏得初始单纯形表.

例 1　某厂用 A、B 两种原料生产甲、乙两种产品.已知制造一吨产品分别需要各种原料的数量，可得利润及工厂现存原料的数量如表 6-4 所示.

表 6-4

原料 \ 单位耗量 \ 产品	甲	乙	现有原料
A	1	2	28
B	4	1	42
利润(千元/吨)	7	5	

试问甲、乙产品各生产多少，可获得最大利润？

解　设甲、乙两种产品分别生产 x_1,x_2 吨，依题设列得数学模型

$$\max S=7x_1+5x_2$$

$$\text{s.t}\begin{cases}x_1+2x_2\leqslant 28\\4x_1+x_2\leqslant 42.\\x_1,x_2\geqslant 0\end{cases}$$

引入松弛变量 x_3,x_4，得标准型

$$\min S'=-7x_1-5x_2$$

$$\text{s.t}\begin{cases}x_1+2x_2+x_3=28\\4x_1+x_2+x_4=42\\x_j\geqslant 0(j=1,2,\cdots,4)\end{cases}. \qquad ①$$

按表 6-3 所示填入各栏，得到初始单纯形表 6-5.

表 6-5

P	x_1	x_2	x_3	x_4	b
x_3	1	2	1	0	28
x_4	[4]	1	0	1	42→
S'	7↑	5	0	0	0

显然 $B_0=(P_3,P_4)$ 为一个现成初始可行基，此时基变量为 x_3,x_4，非基变量为 x_1，x_2，若非基变量 $x_1=x_2=0$，则 $S'=-7x_1-5x_2=0$，也就是 $X^{(0)}=(0,0,28,42)^{\mathrm{T}}$ 不为最优解.

在表上继续求解.

首先在检验行（目标函数所在的行为检验行，各系数为检验数）中找到最大的正检验数 7.按照“最大正系数原则”确定 x_1“进基”.在数 7 旁边标上“↑”，见表 6-5，x_1 就是新换入的新基变量.若两个最大正检验数相等，就取下标小的，即按“最小下标原则”选取.

接下来按“最小比值原则”确定“出基”.确定换出的基变量的方法，就是在表中用约束常数列 b 分别除以换入的新基变量“↑”所在列的正系数，选出最小比值 $\min\left\{\frac{28}{1},\frac{42}{4}\right\}=\frac{42}{4}$.在“42”所在行标上“→”，表示该行对应的基变量 x_4 就为出基变量.见表 6-5.

其次，确定轴心元素.取"↑"和"→"所在列和行交叉位置标上"[　]"符号，见表 6-5.然后将基变量由原来的 x_3,x_4 换成 x_3,x_1，并利用矩阵的行初等变换把

(1)轴心元素化为 1.

(2)轴心元素所在列的其余元素化为 0，得到表 6-6.

表 6-6

P	x_1	x_2	x_3	x_4	b
x_3	0	$\frac{7}{4}$	1	$\frac{-1}{4}$	$\frac{35}{2}$
x_1	1	$\frac{1}{4}$	0	$\frac{1}{4}$	$\frac{21}{2}$
S'	0	$\frac{13}{4}$	0	$-\frac{7}{4}$	$-\frac{147}{2}$

表 6-6 是对应于新基 $B_1=(P_3,P_1)$ 的一张新的单纯形表.从此表可以读出：(1)取非基变量 $x_2=x_4=0$ 时，得到一个基本可行解 $X^{(1)}=\left(\frac{21}{2},0,\frac{35}{2},0\right)^{\mathrm{T}}$.此时目标函数的值 $S'=-\frac{147}{2}$.由于检验行中依旧有正数，所以 $X^{(1)}$ 不是最优解.(因为 $S'=-\frac{147}{2}-\frac{13}{4}x_2+\frac{7}{4}x_4$.$S'=-\frac{147}{2}$不为最小值).

继续重复刚才的步骤，直至检验行中没有正数(或能确定无最优解)为止.这样的整个换基迭代的计算过程，常常是综合在一张表上进行的，如表 6-7 所示.

表 6-7

P	x_1	x_2	x_3	x_4	b
x_3	1	2	1	0	28
x_4	[4]	1	0	1	42→
S'	7↑	5			
x_3	0	$\left[\frac{7}{4}\right]$	1	$-\frac{1}{4}$	$\frac{35}{2}$→
x_1	1	$\frac{1}{4}$	0	$\frac{1}{4}$	$\frac{21}{2}$
S'	0	$\frac{13}{4}$↑	0	$-\frac{7}{4}$	$-\frac{147}{2}$
x_2	0	1	$\frac{4}{7}$	$-\frac{1}{7}$	10
x_1	1	0	$-\frac{1}{7}$	$\frac{2}{7}$	8
S'	0	0	$-\frac{13}{7}$	$-\frac{9}{7}$	−106

至此，全部检验数 $\lambda i\leqslant 0$，$(i=1,2,3,4)$，所以从表中可读出最优解 $X=(8,10,0,$

$0)^T$，最优值 $\min S'=-106$.因而原问题的最优解为 $X=(8,10)^T$，最优值 $\max S=106$.

下面不加证明的给出单纯形方法解的情况判定法则.

(1)若约束常数项 $b_i\geqslant 0(i=1,2,\cdots,m)$，且检验行 $\lambda_i\leqslant 0(j=1,2,\cdots,n)$，则该可行解为最优解.

(2)若存在一检验数 $\lambda_k>0$，而 $a_{ik}\leqslant 0(i=1,2,\cdots,m)$，则该线性规划问题无最优解.

(3)若有某非基变量 x_k 对应检验数 λ_k 为零时，则该线性规划问题有无穷多最优解.

例 2　某厂生产甲、乙、丙三种产品，其利润每件分别为 2 元，4 元，3 元；每种产品的生产过程要经过 3 台不同机器的加工.已知各种产品经过每一加工过程所需的时间以及每台机器计划期的可用时间如下表，见表 6-8.

表 6-8

耗量 产品 / 机器	甲	乙	丙	可用时间
A	3	4	2	60
B	2	1	2	40
C	1	3	2	80

问应如何安排生产可使经济效益最大？

解　设计划期产品甲、乙、丙的产量分别为 x_1、x_2、x_3 件，根据题意，得

$$\max S=2x_1+4x_2+3x_3$$

$$\text{s.t}\begin{cases}3x_1+4x_2+2x_3\leqslant 60\\2x_1+x_2+2x_3\leqslant 40\\x_1+x_2+2x_3\leqslant 80\\x_1,x_2,x_3\geqslant 0\end{cases},$$

引入松弛变量 x_4,x_5,x_6，得标准型

$$\min S'=-2x_1-4x_2-3x_3$$

$$\text{s.t}\begin{cases}3x_1+4x_2+2x_3+x_4=60\\2x_1+x_2+2x_3+x_5=40\\x_1+3x_2+2x_3+x_6=80\\x_j\geqslant 0\quad(j=1,2,\cdots,6)\end{cases},$$

取 $B=(P_4,P_5,P_6)$ 为初始可行基.

列单纯形表，见表 6-9.

表 6-9

P	x_1	x_2	x_3	x_4	x_5	x_6	b
x_4	3	[4]	2	1			60→
x_5	2	1	2		1		40
x_6	1	3	2			1	80
S'	2	4↑	3				

续表

P	x_1	x_2	x_3	x_4	x_5	x_6	b
x_2	$\frac{3}{4}$	1	$\frac{1}{2}$	$\frac{1}{4}$			15
x_5	$\frac{5}{4}$		$\left[\frac{3}{2}\right]$	$-\frac{1}{4}$	1		25→
x_6	$-\frac{5}{4}$		$\frac{1}{2}$	$-\frac{3}{4}$		1	35
S'	1		1↑	−1			−60
x_2	$\frac{1}{3}$	1		$\frac{1}{3}$	$-\frac{2}{3}$		$\frac{20}{3}$
x_3	$\frac{5}{6}$		1	$-\frac{1}{6}$	$\frac{2}{3}$		$\frac{50}{3}$
x_6	$-\frac{3}{5}$			$-\frac{2}{3}$	$-\frac{1}{3}$	1	$\frac{80}{3}$
S'	$-\frac{11}{6}$			$-\frac{5}{6}$	$-\frac{2}{3}$		$-\frac{230}{3}$

$\because \lambda_j \leqslant 0 \quad j=1,2,\cdots,6$

$\therefore$有最优解 $X=\left(0,\frac{20}{3},\frac{50}{3},0,0,\frac{80}{3}\right)^{\mathrm{T}}$

即原问题最优解 $X=\left(0,\frac{20}{3},\frac{50}{3}\right)^{\mathrm{T}}$

最优值 $S_{\max}=\frac{230}{3}$

但产品件数不能为分数.

所以,甲、乙、丙产品应分别安排生产 0 件,6 件,16 件,此时消耗各种机器的工时为

A:$4\times6+2\times16=56$ 余 4

B:$1\times6+2\times16=38$ 余 2

C:$3\times6+2\times16=50$ 余 30

所余台时可用来生产甲产品,或乙产品,或丙产品 1 件,而乙产品的利润最大.

综上,最优的生产方案应是:不安排生产甲产品,而安排生产乙、丙产品分别为 7 件、16 件,此时可获最大利润为 76 元.

例 3 求解线性规划问题。

求

$$\min S=-3x_1+x_2+x_3$$

$$\text{s.t}\begin{cases}x_1-2x_2+x_3\leqslant 11\\-4x_1+x_2+2x_3\geqslant 3\\-2x_1+x_3=1\\x_1,x_2,x_3\geqslant 0\end{cases}.$$

引入松弛变量 x_4,剩余变量 x_5,将模型化为标准型,则

$$\min S=-3x_1+x_2+x_3$$

$$\text{s.t}\begin{cases}x_1-2x_2+x_3+x_4=11\\-4x_1+x_2+2x_3-x_5=3\\-2x_1+x_3=1\\x_j\geqslant 0\quad(j=1,2,\cdots,5)\end{cases}.$$

这里没有现成初始可行基，要使它出现一个可行基，其方法之一就是人为地加上一个可行基，这样的可行基称为人工可行基.使得约束条件变为如下形式

$$\begin{cases}x_1-2x_2+x_3+x_4=11\\-4x_1+x_2+2x_3-x_5+x_6=3\\-2x_1+x_3+x_7=1\\x_j\geqslant 0\quad(j=1,2,\cdots,7)\end{cases},$$

其中构成人工可行基的变量 x_6，x_7 叫做人工变量.这样做的目的是以此基作为初始可行基进行换基迭代.

(1)引入松弛变量 x_4，剩余变量 x_5 和人工变量 x_6，x_7，建立一个辅助线性规划数学模型

$$\min Z=x_6+x_7\text{(称为人工目标函数)}$$

$$\text{s.t}\begin{cases}S+3x_1-x_2-x_3=0\\x_1-2x_2+x_3+x_4=11\\-4x_1+x_2+2x_3-x_5+x_6=3\\-2x_1+x_3+x_7=1\end{cases}.$$

目的要找一个人工可行基 $B(P_4,P_6,P_7)$.

将人工目标函数 Z 非基化，得

$$\begin{aligned}Z&=x_6+x_7\\&=(3+4x_1-x_2-2x_3+x_5)+(1+2x_1-x_3)\\&=4+6x_1-x_2-3x_3+x_5.\end{aligned}$$

构成的辅助线性规划数学模型如下：

$$\min Z=4+6x_1-x_2-3x_3+x_5$$

$$\text{s.t}\begin{cases}S+3x_1-x_2-x_3=0\\x_1-2x_2+x_3+x_4=11\\-4x_1+x_2+2x_3-x_5+x_6=3.\\-2x_1+x_3+x_7=1\\x_j\geqslant 0\quad(j=1,2,\cdots,7)\end{cases}$$

(2)用单纯形法求解辅助线性规划问题.取人工可行基 $B=(P_4,P_6,P_7)$ 得对应于基 B 的单纯形表，见表 6-10，并在表上检验，换基迭代，直至求出第一阶段辅助线性规划问题的最优解，见表 6-10.

表 6-10

P	x_1	x_2	x_3	x_4	x_5	x_6	x_7	b
x_4	1	−2	1	1				11
x_6	−4	1	2		−1	1		3
x_7	−2		[1]				1	1→
Z	−6	1	3↑		−1			4
S	3	−1	−1					
x_4	3	−2		1			−1	10
x_6	0	[1]			−1	1	−2	1→
x_3	−2		1				1	1
Z		1↑			−1		−3	1
S	1	−1					1	1
x_4	[3]			1	−2	2	−5	12→
x_2	0	1			−1	1	−2	1
x_3	−2		1				1	1
Z						−1	−1	0
S	1↑				−1	1	−1	2

因为所有人工变量 x_6, x_7 都变成了非基变量，在上面的最优解中取值 $x_6=x_7=0$，所以 $x=(0,1,1,12,0)^{\mathrm{T}}$ 是原问题的基本可行解.

继续进行换基迭代，直到求得原问题的最优解或判定无最优解.如本题见表 6-11.

$\because \lambda_j \leqslant 0 \quad j=1,2,\cdots,5.$

$\therefore$ 得最优解 $X=(4,1,9,0,0)^{\mathrm{T}}$.

即原问题最优解 $X=(4,1,9)^{\mathrm{T}}$.

最优值 $S_{\min}=-2$.

表 6-11

P	x_1	x_2	x_3	x_4	x_5	b
x_4	[3]			1	−2	12→
x_2		1			−1	1
x_3	−2		1			1
S	1↑				−1	2
x_1	1			$\frac{1}{3}$	$-\frac{2}{3}$	4
x_2		1			−1	1
x_3			1	$\frac{2}{3}$	$-\frac{4}{3}$	9
S				$-\frac{1}{3}$	$-\frac{1}{3}$	−2

例 4　用单纯形法证明下面线性规划问题无最优解.

$$\max S=2x_1+x_2$$

$$\text{s.t}\begin{cases}-2x_1+x_2\leqslant 4\\x_1-x_2\leqslant 2\\x_1,x_2\geqslant 0\end{cases}.$$

解　将问题化为标准形

$$\min S'=-S=-2x_1-x_2$$

$$\text{s.t}\begin{cases}-2x_1+x_2+x_3=4\\x_1-x_2+x_4=2\\x_j\geqslant 0\quad(j=1,2,\cdots,4)\end{cases}.$$

已有现成可行基 $B=(P_3,P_4)$，目标函数已是非基化.

列单纯形表，见表 6-12.

表 6-12

P	x_1	x_2	x_3	x_4	b
x_3	-2	1	1		4
x_4	[1]	-1		1	2→
S'	2↑	1			
x_3		-1	1	2	8
x_1	1	-1		1	2
S'		3		-2	-4

∵$a_2>0$，又 $a_{i2}<0$　$(i=1,2)$.

∴本题无最优解.

习题六

试建立 1—3 实际问题的数学模型(不求解)

1. 某车间生产甲、乙两种产品，已知制造一件甲产品需 A 种元件 5 个，B 种元件 3 个；制造一件乙种产品需 A 种元件 2 个，B 种元件 3 个.现因某种条件限制，只有 A 种元件 180 个，B 种元件 135 个；每件甲种产品可获得利润 20 元，每件乙种产品可获得利润 15 元，试问在这种条件下，应该生产甲、乙产品各多少件才能得到最大利润？

2. 某产品重 150 公斤，要用 A、B 两种原料制成.已知每单位 A 成本为 2 元，B 原料成本为 8 元.该产品至少需要含 14 单位 B 种原料，最多含 20 单位 A 种原料.每单位 A 种原料重 5 千克，B 种原料重 10 千克.问两种原料各取多少单位才能使成本最小.

3. 若市场上可以买到不同的食品 $B_1,B_2,\cdots,B_n$，第 j 种食品 B_j 的单价为 $c_j(j=1,2,\cdots,n)$.营养师认为，对于 m 种营养成份 $A_1,A_2,\cdots,A_m$，每个成年人每天必须保证有 b_i 个单位的第 i 种营养成份 A_i.如果每单位的第 j 种食品 B_j 含有 a_{ij} 个单位的第 i 种营养成份 $A_i(i=1,2,\cdots,m;j=1,2,\cdots,n)$.问营养师如何购买食品，以满足一个成年人每天需要营养,并使总成本最低?

4. 用图解法求解下列线性规划问题

(1) $\min S=-x_1+x_2$

$$\text{s.t}\begin{cases}-2x_1+x_2\leqslant 2\\ x_1-2x_2\leqslant 2\\ x_1+x_2\leqslant 5\\ x_1,x_2\geqslant 0\end{cases};$$

(2) $\max S=-x_1+x_2$

$$\text{s.t}\begin{cases}-2x_1+x_2\leqslant 2\\ x_2\geqslant 5.5\\ x_1+x_2\leqslant 5\\ x_1,x_2\geqslant 0\end{cases}.$$

5. 将下列线性规划问题的数学模型化为标准型.

(1) $\max S=3x_1+x_2+2x_3$

$$\text{s.t}\begin{cases}6x_1-x_2+4x_3\leqslant 21\\ 2x_1+3x_2-5x_3\geqslant 35;\\ x_1,x_2,x_3\geqslant 0\end{cases}$$

(2) $\min S=2x_1+3x_2+5x_3$

$$\text{s.t}\begin{cases}x_1+x_2-x_3\geqslant -3\\ -3x_1+2x_2-6x_3=22\\ 19x_1-8x_2+7x_3\leqslant 16\\ x_1,x_2\geqslant 0,x_3\ \text{无非负限制}\end{cases}.$$

6. 设线性规划问题.

$\min S=-x_1-x_2-2x_3$

$$\text{s.t}\begin{cases}x_1+x_3=5\\ 2x_1+2x_2=7.\\ x_1,x_2,x_3\geqslant 0\end{cases}$$

(1)试写出它的矩阵式;

(2)指出它的现成可行基及该基对应的基变量;

(3)求出该基对应的基本解,并说明它是否为基本可行解?

7. 用单纯形法求解下列线性规划问题.

(1) $\max S=-x_1+2x_2+x_3$

$$\text{s.t}\begin{cases}2x_1-x_2-x_3\geqslant -4\\ x_1+2x_2\leqslant 6\\ x_1,x_2,x_3\geqslant 0\end{cases};$$

(2) $\min S=-3x_1-2x_2$

$$\text{s.t}\begin{cases}2x_1+4x_2-x_3\leqslant 5\\ -x_1+x_2-x_3\geqslant -1\\ -x_2+x_3\leqslant 1\\ x_1,x_2,x_3\geqslant 0\end{cases};$$

(3) $\max S=x_1-2x_2-x_3$

$$\text{s.t}\begin{cases}2x_1-x_2+x_3\geqslant -4\\x_1+2x_2=6\\x_1,x_2,x_3\geqslant 0\end{cases}.$$

8. 用单纯形法证明下面线性规划问题有无穷多最优解.

$\max S=2x_1+4x_2$

$$\text{s.t}\begin{cases}x_1\leqslant 4\\x_2\leqslant 3\\x_1+x_2\leqslant 8\\x_1,x_2\geqslant 0\end{cases}.$$

9. 某厂用 A_1、A_2 两种原料生产 B_1、B_2、B_3 三种产品.工厂现有原料数量,生产每吨产品消耗的原料,以及每吨产品可获利润如下表,见表 6-13.

表 6-13

单位耗量 产品 / 原料	B_1	B_2	B_3	现有原料
A_1(吨)	2	1	0	30
A_2(吨)	0	2	4	50
单位利润(万元)	3	2	0.5	

问该厂应如何组织生产,才能使利润最大?

附录　数学实验

实验一　行列式与矩阵

一、实验目的

掌握矩阵的输入方法. 掌握利用 Mathematica (4.0 以上版本) 对矩阵进行转置、加、减、数乘、相乘、乘方等运算，并能求矩阵的逆矩阵和计算方阵的行列式.

二、基本命令

在 Mathematica 中，向量和矩阵是以表的形式给出的.

1. 表在形式上是用花括号括起来的若干表达式，表达式之间用逗号隔开

2. 表的生成函数

(1)最简单的数值表生成函数 Range，其命令格式如下：

Range[正整数 n]—生成表{1,2,3,4,…,n}；

Range[m, n]—生成表{m,…,n}；

Range[m, n,dx]—生成表{m,…,n}，步长为 dx.

(2)通用表的生成函数 Table. 例如，输入命令

```
Table[n^3,{n,1,20,2}]
```

则输出　{1,27,125,343,729,1331,2197,3375,4913,6859}

输入

```
Table[x*y,{x,3},{y,3}]
```

则输出　{{1,2,3},{2,4,6},{3,6,9}}

3. 表作为向量和矩阵

一层表在线性代数中表示向量，二层表表示矩阵. 例如，矩阵

$$\begin{pmatrix} 2 & 3 \\ 4 & 5 \end{pmatrix}$$

可以用数表{{2,3},{4,5}}表示.

输入

```
A={{2,3},{4,5}}
```

则输出　{{2,3},{4,5}}

命令 MatrixForm[A]把矩阵 $\boldsymbol{A}$ 显示成通常的矩阵形式. 例如，输入命令：

MatrixForm[A]

则输出
$$\begin{pmatrix} 2 & 3 \\ 4 & 5 \end{pmatrix}$$

但要注意，一般地，MatrixForm[A]代表的矩阵 **A** 不能参与运算.

输入

B={1,3,5,7}

输出为

{1,3,5,7}

输入

MatrixForm[B]

输出为

$$\begin{pmatrix} 1 \\ 3 \\ 5 \\ 7 \end{pmatrix}$$

虽然从这个形式看向量的矩阵形式是列向量，但实质上 Mathematica 不区分行向量与列向量. 或者说在运算时按照需要，Mathematica 自动地把向量当作行向量或列向量.

下面是一个生成抽象矩阵的例子.

输入

Table[a[i,j],{i,4},{j,3}]
MatrixForm[%]

则输出

$$\begin{pmatrix} a[1,1] & a[1,2] & a[1,3] \\ a[2,1] & a[2,2] & a[2,3] \\ a[3,1] & a[3,2] & a[3,3] \\ a[4,1] & a[4,2] & a[4,3] \end{pmatrix}$$

注　这个矩阵也可以用命令 Array 生成，如输入

Array[a,{4,3}]//MatrixForm

则输出与上一命令相同.

4. 命令 IdentityMatrix[*n*]生成 *n* 阶单位矩阵

例如，输入

IdentityMatrix[5]

则输出一个 5 阶单位矩阵(输出略).

5. 命令 DiagonalMatrix[…]生成 *n* 阶对角矩阵

例如，输入

DiagonalMatrix[{b[1],b[2],b[3]}]

则输出　　{{b[1],0,0},{0,b[2],0},{0,0,b[3]}}

它是一个以 b[1]，b[2]，b[3]为主对角线元素的 3 阶对角矩阵.

6. 矩阵的线性运算：$A+B$ 表示矩阵 A 与 B 的加法；$k*A$ 表示数 k 与矩阵 A 的乘法；$A\cdot B$ 或 Dot[A,B]**表示矩阵 A 与矩阵 B 的乘法**

7. 求矩阵 A 的转置的命令：Transpose[A]

8. 求方阵 A 的 n 次幂的命令：MatrixPower[A,n]

9. 求方阵 A 的逆的命令：Inverse[A]

10. 求向量 a 与 b 的内积的命令：Dot[a,b]

三、实验举例

1. 矩阵 A 的转置函数 Transpose[A]

例 1 求矩阵的转置.

输入

```
ma={{1,3,5,1},{7,4,6,1},{2,2,3,4}};
Transpose[ma]//MatrixForm
```

输出为

$$\begin{pmatrix}1&7&2\\3&4&2\\5&6&3\\1&1&4\end{pmatrix}$$

如果输入

```
Transpose[{1,2,3}]
```

输出中提示命令有错误.由此可见，向量不区分行向量或列向量.

2. 矩阵线性运算

例 2 设 $\boldsymbol{A}=\begin{pmatrix}3&4&5\\4&2&6\end{pmatrix}$，$\boldsymbol{B}=\begin{pmatrix}4&2&7\\1&9&2\end{pmatrix}$，求 $\boldsymbol{A}+\boldsymbol{B}$，$4\boldsymbol{B}-2\boldsymbol{A}$.

输入

```
A={{3,4,5},{4,2,6}};
B={{4,2,7},{1,9,2}};
A+B//MatrixForm
4B-2A//MatrixForm
```

输出为

$$\begin{pmatrix}7&6&12\\5&11&8\end{pmatrix}$$

$$\begin{pmatrix}10&0&18\\-4&32&-4\end{pmatrix}$$

如果矩阵 $\boldsymbol{A}$ 的行数等于矩阵 $\boldsymbol{B}$ 的列数，则可进行求 $\boldsymbol{AB}$ 的运算.系统中乘法运算符为“·”，即用 $\boldsymbol{A}\cdot\boldsymbol{B}$ 求 $\boldsymbol{A}$ 与 $\boldsymbol{B}$ 的乘积，也可以用命令 Dot[A,B]实现.对方阵 $\boldsymbol{A}$，可用 MatrixPower[A,n]求其 n 次幂.

例 3　设 $\boldsymbol{ma}=\begin{pmatrix}3&4&5&2\\4&2&6&3\end{pmatrix}$，$\boldsymbol{mb}=\begin{pmatrix}4&2&7\\1&9&2\\0&3&5\\8&4&1\end{pmatrix}$，求矩阵 $\boldsymbol{ma}$ 与 $\boldsymbol{mb}$ 的乘积.

输入

```
Clear[ma,mb];
ma={{3,4,5,2},{4,2,6,3}};
mb={{4,2,7},{1,9,2},{0,3,5},{8,4,1}};
ma.mb//MatrixForm
```

输出为

$$\begin{pmatrix}32&65&56\\42&56&65\end{pmatrix}$$

3. 矩阵的乘法运算

例 4　设 $\boldsymbol{A}=\begin{pmatrix}4&2&7\\1&9&2\\0&3&5\end{pmatrix}$，$\boldsymbol{B}=\begin{pmatrix}1\\0\\1\end{pmatrix}$，求 $\boldsymbol{AB}$ 与 $\boldsymbol{B}^{\mathrm{T}}\boldsymbol{A}$，并求 $\boldsymbol{A}^3$.

输入

```
Clear[A,B];
A={{4,2,7},{1,9,2},{0,3,5}};
B={1,0,1};
A.B
```

输出为

{11,3,5}

这是列向量 $\boldsymbol{B}$ 右乘矩阵 $\boldsymbol{A}$ 的结果. 如果输入

```
B.A
```

输出为

{4,5,12}

这是行向量 $\boldsymbol{B}$ 左乘矩阵 $\boldsymbol{A}$ 的结果 $\boldsymbol{B}^{\mathrm{T}}\boldsymbol{A}$，这里不需要先求 $\boldsymbol{B}$ 的转置. 求方阵 $\boldsymbol{A}$ 的三次方，输入

```
MatrixPower[A,3]//MatrixForm
```

输出为

$$\begin{pmatrix}119&660&555\\141&932&444\\54&477&260\end{pmatrix}$$

例 5　设 $\boldsymbol{A}=\begin{pmatrix}-1&1&1\\1&-1&1\\1&2&3\end{pmatrix}$，$\boldsymbol{B}=\begin{pmatrix}3&2&1\\0&4&1\\-1&2&-4\end{pmatrix}$，求 $3\boldsymbol{AB}-2\boldsymbol{A}$ 及 $\boldsymbol{A}^{\mathrm{T}}\boldsymbol{B}$.

输入

```
A={{-1,1,1},{1,-1,1},{1,2,3}}
MatrixForm[A]
B={{3,2,1},{0,4,1},{-1,2,-4}}
MatrixForm[B]
3A.B-2A//MatrixForm
Transpose[A].B//MatrixForm
```

则输出 $3\boldsymbol{AB}-2\boldsymbol{A}$ 及 $\boldsymbol{A}^T\boldsymbol{B}$ 的运算结果分别为

$$\begin{pmatrix} -10 & 10 & -14 \\ 4 & 2 & -14 \\ -2 & 44 & -33 \end{pmatrix}$$

$$\begin{pmatrix} -4 & 4 & -4 \\ 1 & 2 & -8 \\ 0 & 12 & -10 \end{pmatrix}$$

4. 求方阵的逆

例 6 设 $\boldsymbol{A}=\begin{pmatrix} 2 & 1 & 3 & 2 \\ 5 & 2 & 3 & 3 \\ 0 & 1 & 4 & 6 \\ 3 & 2 & 1 & 5 \end{pmatrix}$,求 $\boldsymbol{A}^{-1}$.

输入

```
Clear[ma]
ma={{2,1,3,2},{5,2,3,3},{0,1,4,6},{3,2,1,5}};
Inverse[ma]//MatrixForm
```

则输出

$$\begin{pmatrix} -\frac{7}{4} & \frac{21}{16} & \frac{1}{2} & -\frac{11}{16} \\ \frac{11}{2} & -\frac{29}{8} & -2 & \frac{19}{8} \\ \frac{1}{2} & -\frac{1}{8} & 0 & -\frac{1}{8} \\ -\frac{5}{4} & \frac{11}{16} & \frac{1}{2} & -\frac{5}{16} \end{pmatrix}$$

注 如果输入

```
Inverse[ma//MatrixForm]
```

则得不到所要的结果，即求矩阵的逆时必须输入矩阵的数表形式

例 7 求矩阵 $\begin{pmatrix} 7 & 12 & 8 & 24 \\ 5 & 34 & 6 & -8 \\ 32 & 4 & 30 & 24 \\ -26 & 9 & 27 & 0 \end{pmatrix}$ 的逆矩阵.

解

```
A={{7,12,8,24},{5,34,6,-8},{32,4,30,24},{-26,9,27,0}}
```

```
MatrixForm[A]
Inverse[A]//MatrixForm
```

例 8 设 $\boldsymbol{A}=\begin{pmatrix}3&0&4&4\\2&1&3&3\\1&5&3&4\\1&2&1&5\end{pmatrix}$，$\boldsymbol{B}=\begin{pmatrix}0&3&2\\7&1&3\\1&3&3\\1&2&2\end{pmatrix}$，求 $\boldsymbol{A}^{-1}\boldsymbol{B}$.

输入

```
Clear[A,B];
A={{3,0,4,4},{2,1,3,3},{1,5,3,4},{1,2,1,5}};
B={{0,3,2},{7,1,3},{1,3,3},{1,2,2}};
Inverse[ma].B//MatrixForm
```

输出为

$$\begin{pmatrix}9&-\frac{61}{16}&\frac{9}{16}\\-25&\frac{93}{8}&-\frac{9}{8}\\-1&\frac{9}{8}&\frac{3}{8}\\5&-\frac{35}{16}&\frac{7}{16}\end{pmatrix}$$

对于线性方程组 $\boldsymbol{Ax}=\boldsymbol{b}$，如果 $\boldsymbol{A}$ 是可逆矩阵，$\boldsymbol{x}$，$\boldsymbol{b}$ 是列向量，则其解向量为 $\boldsymbol{A}^{-1}\boldsymbol{b}$.

例 9 解方程组 $\begin{cases}3x+2y+z=7\\x-y+3z=6\\2x+4y-4z=-2\end{cases}$.

输入

```
Clear[A,b];
A={{3,2,1},{1,-1,3},{2,4,-4}};
b={7,6,-2};
Inverse[A].b
```

输出为

{1,1,2}

5. 求方阵的行列式

例 10 求行列式 $D=\begin{vmatrix}3&1&-1&2\\-5&1&3&-4\\2&0&1&-1\\1&-5&3&-3\end{vmatrix}$.

输入

```
Clear[A];
A={{3,1,-1,2},{-5,1,3,-4},{2,0,1,-1},{1,-5,3,-3}};
Det[A]
```

输出为

$$40$$

例 11 求 $D=\begin{vmatrix} a^2+\frac{1}{a^2} & a & \frac{1}{a} & 1 \\ b^2+\frac{1}{b^2} & b & \frac{1}{b} & 1 \\ c^2+\frac{1}{c^2} & c & \frac{1}{c} & 1 \\ d^2+\frac{1}{d^2} & d & \frac{1}{d} & 1 \end{vmatrix}$.

输入

```
Clear[A,a,b,c,d];
A={{a^2+1/a^2,a,1/a,1},{b^2+1/b^2,b,1/b,1},
{c^2+1/c^2,c,1/c,1},{d^2+1/d^2,d,1/d,1}};
Det[A]//Simplify
```

则输出

$$-\frac{(a-b)(a-c)(b-c)(a-d)(b-d)(c-d)(-1+abcd)}{a^2b^2c^2d^2}$$

例 12 计算范德蒙行列式 $\begin{vmatrix} 1 & 1 & 1 & 1 & 1 \\ x_1 & x_2 & x_3 & x_4 & x_5 \\ x_1^2 & x_2^2 & x_3^2 & x_4^2 & x_5^2 \\ x_1^3 & x_2^3 & x_3^3 & x_4^3 & x_5^3 \\ x_1^4 & x_2^4 & x_3^4 & x_4^4 & x_5^4 \end{vmatrix}$.

输入

```
Clear[x];
Van=Table[x[j]^k,{k,0,4},{j,1,5}]//MatrixForm
```

输出为

$$\begin{pmatrix} 1 & 1 & 1 & 1 & 1 \\ x[1] & x[2] & x[3] & x[4] & x[5] \\ x[1]^2 & x[2]^2 & x[3]^2 & x[4]^2 & x[5]^2 \\ x[1]^3 & x[2]^3 & x[3]^3 & x[4]^3 & x[5]^3 \\ x[1]^4 & x[2]^4 & x[3]^4 & x[4]^4 & x[5]^4 \end{pmatrix}$$

再输入

```
Det[van]
```

则输出结果比较复杂(项很多)若改为输入

Det[van]//Simplify

或

Factor[Det[van]]

则有输出

(x[1]－x[2])(x[1]－x[3])(x[2]－x[3])(x[1]－x[4])
(x[2]－x[4])(x[3]－x[4])(x[1]－x[5])(x[2]－x[5])
(x[3]－x[5])(x[4]－x[5])

6. 向量的内积

向量内积的运算仍用"."表示，也可以用命令 Dot 实现.

例 13　求向量 $\boldsymbol{u}=(1,2,3)$ 与 $\boldsymbol{v}=(1,-1,0)$ 的内积.

输入

```
u=(1,2,3);
v=(1,-1,0);
u.v
```

输出为

−1

或者输入

Dot[u,v]

所得结果相同.

实验习题一

1. 设 $\boldsymbol{A}=\begin{pmatrix}1&1&1\\1&1&-1\\1&-1&1\end{pmatrix}$，$\boldsymbol{B}=\begin{pmatrix}1&2&3\\-1&-2&4\\0&5&1\end{pmatrix}$，求 $3\boldsymbol{AB}-2\boldsymbol{A}$ 及 $\boldsymbol{A}^{\mathrm{T}}\boldsymbol{B}$.

2. 设 $\boldsymbol{A}=\begin{pmatrix}\lambda&1&0\\0&\lambda&1\\0&0&\lambda\end{pmatrix}$，求 $\boldsymbol{A}^{10}$，$\boldsymbol{A}^{k}$（k 是正整数）.

3. 求 $\begin{pmatrix}1+a&1&1&1&1\\1&1+a&1&1&1\\1&1&1+a&1&1\\1&1&1&1+a&1\\1&1&1&1&1+a\end{pmatrix}$ 的逆.

4. 设 $\boldsymbol{A}=\begin{pmatrix}4&2&3\\1&1&0\\-1&2&3\end{pmatrix}$，且 $\boldsymbol{AB}=\boldsymbol{A}+2\boldsymbol{B}$，求 $\boldsymbol{B}$.

5. 利用逆矩阵解线性方程组$\begin{cases}x_1+2x_2+3x_3=1\\2x_1+2x_2+5x_3=2\\3x_1+5x_2+x_3=3\end{cases}$.

实验二　线性方程组

实验目的熟悉求解线性方程组的常用命令，能利用 Mathematica 命令各类求线性方程组的解. 理解计算机求解的实用意义.

一、基本命令

(1)命令 NullSpace[A]，给出齐次方程组 $\boldsymbol{Ax}=\boldsymbol{0}$ 的解空间的一个基.

(2)命令 LinearSolve[A,b]，给出非齐次线性方程组 $\boldsymbol{Ax}=\boldsymbol{b}$ 的一个特解.

(3)解一般方程或方程组的命令 Solve 见 Mathematica 入门.

二、实验举例

求齐次线性方程组的解空间.

设 $\boldsymbol{A}$ 为 $m\times n$ 矩阵，$\boldsymbol{x}$ 为 n 维列向量，则齐次线性方程组 $\boldsymbol{Ax}=\boldsymbol{0}$ 必定有解. 若矩阵 $\boldsymbol{A}$ 的秩等于 n，则只有零解；若矩阵 $\boldsymbol{A}$ 的秩小于 n，则有非零解，且所有解构成一向量空间. 命令 NullSpace 给出齐次线性方程组 $\boldsymbol{Ax}=\boldsymbol{0}$ 的解空间的一个基.

例 1　求解线性方程组$\begin{cases}x_1+x_2-2x_3-x_4=0\\3x_1-x_2-x_3+2x_4=0\\5x_2+7x_3+3x_4=0\\2x_1-3x_2-5x_3-x_4=0\end{cases}$.

输入

```
Clear[A];
A={{1,1,-2,-1},{3,-2,-1,2},{0,5,7,3},{2,-3,-5,-1}};
NullSpace[A]
```

则输出

$$\{-2,1,-2,3\}$$

说明该齐次线性方程组的解空间是一维向量空间，且向量(−2,1,−2,3)是解空间的基.

注　如果输出为空集{　}，则表明解空间的基是一个空集，该方程组只有零解.

例 2　求解线性方程组$\begin{cases}x_1+x_2+2x_3-x_4=0\\3x_1-2x_2-3x_3+2x_4=0\\5x_2+7x_3+3x_4=0\\2x_1-3x_2-5x_3-x_4=0\end{cases}$.

输入

```
Clear[A];
A={{1,1,2,-1},{3,-2,-3,2},{0,5,7,3},{2,-3,-5,-1}};
Nullspace[A]
```

输出为

```
{ }
```

因此解空间的基是一个空集，说明该线性方程组只有零解.

例 3　向量组 $\boldsymbol{\alpha}_1=(1,1,2,3)$，$\boldsymbol{\alpha}_2=(1,-1,1,1)$，$\boldsymbol{\alpha}_3=(1,3,4,5)$，$\boldsymbol{\alpha}_4=(3,1,5,7)$是否线性相关？

根据定义，如果向量组线性相关，则齐次线性方程组

$$x_1\boldsymbol{\alpha}'_1+x_2\boldsymbol{\alpha}'_2+x_3\boldsymbol{\alpha}'_3+x_4\boldsymbol{\alpha}'_4=\mathbf{0}$$

有非零解.

输入

```
Clear[A,B];
A={{1,1,2,3},{1,-1,1,1},{1,3,4,5},{3,1,5,7}};
B=Transpose[A];
NullSpace[B]
```

输出为

```
{{-2,-1,0,1}}
```

说明向量组线性相关，且$-2\boldsymbol{\alpha}_1-\boldsymbol{\alpha}_2+\boldsymbol{\alpha}_4=\mathbf{0}$.

三、非齐次线性方程组的特解

例 4　求线性方程组$\begin{cases}x_1+x_2-2x_3-x_4=4\\3x_1-2x_2-x_3+2x_4=2\\5x_2+7x_3+3x_4=-2\\2x_1-3x_2-5x_3-x_4=4\end{cases}$的特解.

输入

```
Clear[A,b];
A={{1,1,-2,-1},{3,-2,-1,2},{0,5,7,3},{2,-3,-5,-1}};
b={4,2,-2,4}
LinearSolve[A,b]
```

输出为

```
{1,1,-1,0}
```

注　命令 LinearSolve 只给出线性方程组的一个特解.

例 5　求线性方程组$\begin{cases}x_1+x_2-2x_3-x_4=4\\3x_1-2x_2-x_3+2x_4=2\\5x_2+7x_3+3x_4=2\\2x_1-3x_2-5x_3-x_4=4\end{cases}$的特解.

输入

```
Clear[A,b];
A={{1,1,2,-1},{3,-2,-1,2},{0,5,7,3},{2,-3,-5,-1}};
b={4,2,2,4}
Linearsolve[A,b]
```

输出为

Linearsolve::nosol:Linear equation encountered which has no solution.

说明该方程组无解.

例 6 向量 $\boldsymbol{\beta}=(2,-1,3,4)$ 是否可以由向量

$$\boldsymbol{\alpha}_1=(1,2,-3,1),\boldsymbol{\alpha}_2=(5,-5,12,11),\boldsymbol{\alpha}_3=(1,-3,6,3)$$

线性表示?

根据定义，如果向量 $\boldsymbol{\beta}$ 可以由向量组 $\boldsymbol{\alpha}_1, \boldsymbol{\alpha}_2, \boldsymbol{\alpha}_3$ 线性相关，则非齐次线性方程组

$$x_1\boldsymbol{\alpha}'_1+x_2\boldsymbol{\alpha}'_2+x_3\boldsymbol{\alpha}'_3=\boldsymbol{\beta}'$$

有解.

输入

```
Clear[A,B,b];
A={{1,2,-3,1},{5,-5,12,11},{0,5,7,3},{1,-3,6,3}};
B=Transpose[A];
b={2,-1,3,4};
Linearsolve[B,b]
```

输出为

$$\{\frac{1}{3},\frac{1}{3},0\}$$

说明 $\boldsymbol{\beta}$ 可以由 $\boldsymbol{\alpha}_1, \boldsymbol{\alpha}_2, \boldsymbol{\alpha}_3$ 线性表示，且 $\boldsymbol{\beta}=\frac{1}{3}\boldsymbol{\alpha}_1+\frac{1}{3}\boldsymbol{\alpha}_2$

例 7 求出通过平面上三点(0,7),(1,6)和(2,9)的二次多项式 ax^2+bx+c，并画出其图形.

根据题设条件有 $\begin{cases}0\cdot a+0\cdot b+c=7\\1\cdot a+1\cdot b+c=6\\4\cdot a+2\cdot b+c=9\end{cases}$，输入

```
Clear[x];
A={{0,0,1},{1,1,1},{4,2,1}}
y={7,6,9}
p=LinearSolve[A,y]
Clear[a,b,c,r,s,t];{a,b,c}.{r,s,t}
f[x_]=p.{x^2,x,1};
Plot[f[x],{x,0,2},GridLines->Automatic,PlotRange->All];
```

则输出 a,b,c 的值为

$$\{2,-3,7\}$$

并画出二次多项式 $2x^2-3x+7$ 的图形(略).

非齐次线性方程组的通解.

用命令 Solve 求非齐次线性方程组的通解.

例 8 求出通过平面上三点(0,0),(1,1),(−1,3)以及满足 $f'(-1)=20, f'(1)=9$ 的 4 次多项式 $f(x)$.

解 设 $f(x)=ax^4+bx^3+cx^2+dx+e$,则有

$$\begin{cases} e=0 \\ a+b+c+d+e=1 \\ a-b+c-d+e=3 \\ -4a+3b-2c+d=20 \\ 4a+3b+2c+d=9 \end{cases}.$$

输入

```
Clear[a,b,c,d,e];q[x_]=a*x^4+b*x^3+c*x^2+d*x+e;
eqs=[q[0]= =0,q[1]= =1,q[-1]= =3,q'[-1]= =20,q'[1]= =9];
{A,y}=LinearEquationsToMatrices[eqs,{a,b,c,d}];
p=LinearSolve[A,y];f[x_]=p.{x^4,x^3,x^2,x,1};
Plot[f[x],{x,-1,1},GridLines->Automatic,PlotRange->All];
```

则输出所求多项式

$$\mathrm{f(x)}=-\frac{19}{4}\mathrm{x}^4+\frac{31}{4}\mathrm{x}^3+\frac{27}{4}\mathrm{x}^2-\frac{35}{4}\mathrm{x}.$$

四、非齐次线性方程组的通解

用命令 solve 求非齐次线性方程组的通解.

例 9 解方程组 $\begin{cases} x_1-x_2+2x_3+x_4=1 \\ 2x_1-x_2+x_3+2x_4=3 \\ x_1-x_3+x_4=2 \\ 3x_1-x_2+3x_4=5 \end{cases}.$

输入

```
solve[{x-y+2z+w= =1,2x-y+z+2w= =3,
x-z+w= =2,3x-y+3w= =5},{x,y,z,w}]
```

输出为

```
{{x→2-w+z,y→1+3z}}
```

即 $x_1=2-x_4+x_3, x_2=1+3x_3$.于是,非齐次线性方程组的特解为(2,1,0,0).对应的齐次线性方程组的基础解系为(1,3,1,0)与(−1,0,0,1).

例 10 解方程组 $\begin{cases} x_1-2x_2+3x_3-4x_4=4 \\ x_2-x_3+x_4=-3 \\ x_1+3x_2+x_4=1 \\ -7x_2+3x_3+x_4=-3 \end{cases}.$

解 方法一 用命令 solve

输入

```
solve[{x-2y+3z-4w==4, y-z+w==-3,
x+3y+w==1,-7y+3z+3w==-3},{x,y,z,w}]
```

输出为

```
{{x→-8,y→3, z→6, w→0}}
```

即有唯一解 $x_1=-8, x_2=3, x_3=6, x_4=0$.

方法二 这个线性方程组中方程的个数等于未知数的个数,而且有唯一解 ,此解可以表示为 $\boldsymbol{X}=\boldsymbol{A}^{-1}\boldsymbol{b}$.其中 $\boldsymbol{A}$ 是线性方程组的系数矩阵,而 $\boldsymbol{b}$ 是右边常数向量. 于是,可以用逆阵计算唯一解.

输入

```
Clear[A,b,x];
A={{1,-2,3,-4},{0,1,-1,1},{1,3,0,1},{0,-7,3,1}};
b={4,-3,1,-3};
x=Inverse[A].b
```

输出为

```
{-8,3,6,0}
```

例 11 当 a 为何值时,方程组 $\begin{cases} ax_1+x_2+x_3=1 \\ x_1+ax_2+x_3=1 \\ x_1+x_2+ax_3=1 \end{cases}$ 无解、有唯一解、有无穷多解? 当方程组有解时,求通解.

解 先计算系数行列式,并求 a,使行列式等于 0.

输入

```
Clear[a];
Det[{{a,1,1},{1,a,1},{1,1,a}}];
Solve[%==0,a]
```

则输出

```
{{a→-2},{a→1},{a→1}}
```

当 $a\neq-2, a\neq1$ 时,方程组有唯一解.输入

```
Solve[{a*x+y+z==1,x+a*y+z==1,x+y+a*z==1},{x,y,z}]
```

则输出 $\{\{x\to\frac{1}{2+a},\ y\to\frac{1}{2+a},\ z\to\frac{1}{2+a}\}\}$

当 $a=-2$ 时,输入

```
Solve[{-2x+y+z==1,x-2y+z==1,x+y-2z==1},{x,y,z}]
```

则输出

```
{ }
```

说明方程组无解.

当 $a=1$ 时,输入

```
Solve[{x+y+z==1,x+y+z==1,x+y+z==1},{x,y,z}]
```

则输出

```
{{x→1-y-z}}
```

说明有无穷多个解.非齐次线性方程组的特解为(1,0,0),对应的齐次线性方程组的基础解系为为(−1,1,0)与(−1,0,1).

例 12　求非齐次线性方程组 $\begin{cases}2x_1+x_2-x_3+x_4=1\\3x_1-2x_2+x_3-2x_4=4\\x_1+4x_2-3x_3+5x_4=-2\end{cases}$ 的通解.

解　方法一　输入

```
A={{2,1,-1,1},{3,-2,1,-3},{1,4,-3,5}};b={1,4,-2};
particular=LinearSolve[A,b]
nullspacebasis=NullSpace[A]
generalsolution=t*nullspacebasis[[1]]+k*nullspacebasis[[2]]+Flatten[particular]
generalsolution//MatrixForm
```

方法二　输入

```
B={{2,1,-1,1,1},{3,-2,1,-3,4},{1,4,-3,5,-2}}
RowReduce[B]//MatrixForm
```

根据增广矩阵的行最简形，易知方程组有无穷多解. 其通解为

$$\begin{pmatrix}x_1\\x_2\\x_3\\x_4\end{pmatrix}+k\begin{pmatrix}1/7\\5/7\\1\\0\end{pmatrix}+t\begin{pmatrix}1/7\\-9/7\\0\\1\end{pmatrix}+\begin{pmatrix}6/7\\-5/7\\0\\0\end{pmatrix},k,t \text{ 为任意常数}.$$

实验习题二

1. 解方程组 $\begin{cases}2x_1-x_2+3x_3=0\\2x_1+x_2+x_3=0\\4x_1+x_2+2x_3=0\end{cases}$.

2. 解方程组 $\begin{cases}2x_1-4x_2+5x_3+3x_4=0\\3x_1-6x_2+4x_3+2x_4=0\\4x_1-8x_2+17x_3+11x_4=0\end{cases}$.

3. 解方程组 $\begin{cases}x_1-2x_2+3x_3-4x_4=4\\x_2-x_3+x_4=-3\\x_1+x_3-2x_4=-2\end{cases}$.

4. 解方程组 $\begin{cases}x_1+2x_2+x_3-x_4=2\\x_1+x_2+2x_3+x_4=3\\x_1-x_2+4x_3+5x_4=2\end{cases}$.

5. 用三种方法求方程组$\begin{cases}2x_1+5x_2-8x_3=8\\4x_1+3x_2-9x_3=9\\2x_1+3x_2-5x_3=7\\x_1+8x_2-7x_3=12\end{cases}$的唯一解.

6. 当 a，b 为何值时，方程组$\begin{cases}x_1+x_2+x_3+x_4=0\\x_2+2x_3+2x_4=1\\-x_2+(a-3)x_3-2x_4=b\\3x_1+2x_2+x_3+ax_4=-1\end{cases}$.有唯一解、无解、有无穷多解？对后者求通解.

实验三　投入产出模型

一、实验目的

利用线性代数中向量和矩阵的运算，线性方程组的求解等知识，建立在经济分析中有重要应用的投入产出数学模型. 掌握线性代数在经济分析方面的应用.

二、应用举例

假设某经济系统只分为五个物质生产部门：农业、轻工业、重工业、运输业和建筑业，五个部门间某年生产分配关系的统计数据可列成表 1. 在该表的第一象限中，每一个部门都以生产者和消费者的双重身份出现. 从每一行看，该部门作为生产部门以自己的产品分配给各部门；从每一列看，该部门又作为消耗部门在生产过程中消耗各部门的产品. 行与列的交叉点是部门之间的流量，这个量也是以双重身份出现，它是行部门分配给列部门的产品量，也是列部门消耗行部门的产品量.

表 1　投入产出平衡表　　（单位：亿元）

投入＼产出			物质生产部门						最终产品			产品(X)
			农业 1	轻工业 2	重工业 3	运输业 4	建筑业 5	合计	积累	消费	合计(Y)	
物质生产部门	农业	1	600	800	250	30	60	1 740	120	1 650	1 770	3 510
	轻工业	2	81	450	136	50	125	842	135	2 152	2 287	3 129
	重工业	3	324	454	2 710	250	625	4 363	945	98	1 043	5 406
	运输业	4	45	75	225	30	75	450	285	465	750	1 200
	建筑业	5	117	71	201	51	110	550	1 155	120	1 275	1 825
	合　计		1 167	1 850	3 522	411	995	7 945	2 640	4 485	7 125	15 070

折旧(D)		70	158	300	154	51	733
物质消耗合计(C)		1 237	2 008	3 822	565	1 046	8 678
净产品	劳动报酬(V)	1 847	400	928	270	677	4 122
	社会纯收(M)	426	721	656	365	102	2 270
总产品(X)		3 510	3 129	5 406	1 200	1 825	15 070

注：最终产品舍去了净出口.

在第二象限中，反映了各部门用于最终产品的部分. 从每一行来看，反映了该部门最终产品的分配情况；从每一列看，反映了用于消费、积累等方面的最终产品分别由各部门提供的数量情况.

在第三象限中，反映了总产品中新创造的价值情况，从每一行来看，反映了各部门新创造价值的构成情况；从每一列看，反映了该部门新创造的价值情况.

采用与第三章第七节完全相同的记号，可得到关于表 1 的产品平衡方程组

$$(\boldsymbol{E}-\boldsymbol{A})\boldsymbol{x}=\boldsymbol{y}, \qquad ①$$

其中，$\boldsymbol{A}$ 为直接消耗系数矩阵，根据直接消耗系数的定义 $a_{ij}=\dfrac{x_{ij}}{x_j}(i,j=1,2,\cdots,n)$，易求出表 1 所对应的直接消耗系数矩阵：

$$\boldsymbol{A}=(a_{ij})=\begin{pmatrix} \frac{600}{3\,510} & \frac{800}{3\,129} & \frac{250}{5\,406} & \frac{30}{1\,200} & \frac{60}{1\,825} \\ \frac{81}{3\,510} & \frac{450}{3\,129} & \frac{136}{5\,406} & \frac{50}{1\,200} & \frac{125}{1\,825} \\ \frac{324}{3\,510} & \frac{454}{3\,129} & \frac{2\,710}{5\,406} & \frac{250}{1\,200} & \frac{625}{1\,825} \\ \frac{45}{3\,510} & \frac{75}{3\,129} & \frac{225}{5\,406} & \frac{30}{1\,200} & \frac{75}{1\,825} \\ \frac{117}{3\,510} & \frac{71}{3\,129} & \frac{201}{5\,406} & \frac{51}{1\,200} & \frac{110}{1\,825} \end{pmatrix}$$

$$=\begin{pmatrix} 0.170\,9 & 0.255\,7 & 0.046\,2 & 0.025\,0 & 0.032\,9 \\ 0.023\,1 & 0.143\,8 & 0.025\,2 & 0.041\,7 & 0.068\,5 \\ 0.092\,3 & 0.145\,1 & 0.501\,3 & 0.208\,3 & 0.342\,5 \\ 0.014\,3 & 0.024\,0 & 0.041\,6 & 0.025\,0 & 0.041\,1 \\ 0.037\,1 & 0.022\,7 & 0.037\,2 & 0.042\,5 & 0.060\,3 \end{pmatrix}.$$

利用 Mathematica 软件(以下计算过程均用此软件实现，不再重述)，可计算出

$$(\boldsymbol{E}-\boldsymbol{A})^{-1}=\begin{pmatrix} 1.241\,75 & 0.402\,651 & 0.152\,54 & 0.087\,414\,4 & 0.132\,248 \\ 0.049\,215\,6 & 1.201\,66 & 0.000\,655\,2 & 0.075\,205\,5 & 0.122\,005 \\ 0.325\,73 & 0.495\,145 & 2.166\,53 & 0.529\,259 & 0.859\,487 \\ 0.035\,022 & 0.059\,444\,5 & 0.100\,805 & 1.054\,47 & 0.088\,420\,3 \\ 0.063\,776\,1 & 0.067\,214\,9 & 0.098\,296\,4 & 0.073\,910\,5 & 1.110\,36 \end{pmatrix}.$$

为方便分析，将上述逆矩阵列成表 2.

表 2　物质生产部门投入表

部门	农业 1	轻工业 2	重工业 3	运输业 4	建筑业 5
农业 1	1.241 75	0.402 651	0.152 54	0.087 414 4	0.132 248
轻工业 2	0.049 215 6	1.201 66	0.000 655 2	0.075 205 5	0.122 005
重工业 3	0.302 573	0.495 145	2.166 53	0.529 259	0.859 487
运输业 4	0.035 022	0.059 444 5	0.100 805	1.054 47	0.088 420 3
建筑业 5	0.063 776 1	0.067 214 9	0.095 296 4	0.073 910 5	1.110 36

下面我们来分析上表中各列诸元素的经济意义. 以第 2 列为例,假设轻工业部门提供的最终产品为一个单位,其余部门提供的最终产品均为零,即最终产品的列向量为 $\boldsymbol{y}=(0,1,0,0,0)^{\mathrm{T}}$,于是,轻工业部门的单位最终产品对 5 个部门的直接消耗列向量为

$$\boldsymbol{x}^{(0)}=\boldsymbol{A}\boldsymbol{y}=\begin{pmatrix}0.170\,9 & 0.255\,7 & 0.046\,2 & 0.025\,0 & 0.032\,9\\ 0.023\,1 & 0.143\,8 & 0.025\,2 & 0.041\,7 & 0.068\,5\\ 0.092\,3 & 0.145\,1 & 0.501\,3 & 0.208\,3 & 0.342\,5\\ 0.014\,3 & 0.024\,0 & 0.041\,6 & 0.025\,0 & 0.041\,1\\ 0.037\,1 & 0.022\,7 & 0.037\,2 & 0.042\,5 & 0.060\,3\end{pmatrix}\begin{pmatrix}0\\1\\0\\0\\0\end{pmatrix}=\begin{pmatrix}0.255\,7\\0.143\,8\\0.145\,1\\0.024\,0\\0.022\,7\end{pmatrix}.$$

通过中间产品向量 $\boldsymbol{x}^{(0)}$ 产生的间接消耗为

$$\boldsymbol{x}^{(1)}=\boldsymbol{A}\boldsymbol{x}^{(0)}=\begin{pmatrix}0.088\,519\,2\\0.032\,797\,4\\0.129\,979\\0.014\,676\,8\\0.020\,537\,3\end{pmatrix},\quad \boldsymbol{x}^{(2)}=\boldsymbol{A}^2\boldsymbol{x}^{(0)}=\begin{pmatrix}0.030\,561\,9\\0.012\,055\,4\\0.088\,178\,9\\0.008\,671\,09\\0.010\,725\,9\end{pmatrix},$$

$$\boldsymbol{x}^{(3)}=\boldsymbol{A}^3\boldsymbol{x}^{(0)}=\begin{pmatrix}0.012\,949\,1\\0.005\,757\,96\\0.054\,254\\0.005\,052\,22\\0.005\,703\,05\end{pmatrix},\quad \boldsymbol{x}^{(4)}=\boldsymbol{A}^4\boldsymbol{x}^{(0)}=\begin{pmatrix}0.006\,505\,78\\0.003\,095\,66\\0.032\,233\,9\\0.002\,941\,03\\0.003\,187\,98\end{pmatrix}.$$

于是,轻工业部门的单位最终产品对五个部门总产品的需求量为

$$\begin{aligned}\boldsymbol{x}&=\boldsymbol{y}+\boldsymbol{x}^{(0)}+\boldsymbol{x}^{(1)}+\boldsymbol{x}^{(2)}+\boldsymbol{x}^{(3)}+\boldsymbol{x}^{(4)}+\cdots\\ &=\begin{pmatrix}0\\1\\0\\0\\0\end{pmatrix}+\begin{pmatrix}0.088\,519\,2\\0.032\,797\,4\\0.129\,979\\0.014\,676\,8\\0.020\,573\,3\end{pmatrix}+\begin{pmatrix}0.030\,561\,9\\0.012\,055\,4\\0.088\,178\,9\\0.008\,671\,09\\0.010\,725\,9\end{pmatrix}+\begin{pmatrix}0.012\,949\,1\\0.005\,757\,96\\0.054\,254\\0.005\,052\,22\\0.005\,703\,05\end{pmatrix}+\begin{pmatrix}0.006\,505\,78\\0.003\,095\,66\\0.032\,233\,9\\0.002\,941\,03\\0.003\,187\,98\end{pmatrix}\\ &\quad+\cdots\approx\begin{pmatrix}0.394\,2\\1.197\,5\\0.449\,7\\0.055\,3\\0.062\,9\end{pmatrix}.\end{aligned}$$

其中向量 $\boldsymbol{x}$ 为列昂惕夫逆矩阵 $(\boldsymbol{E}-\boldsymbol{A})^{-1}$ 的第 2 列，该列 5 个元素分别是部门 2 生产一个单位最终产品对部门 1,2,3,4,5 总产品的需求量，即总产品定额. 同理，可以解释列昂节夫逆矩阵中第 1,3,4,5 列分别是部门 1,3,4,5 生产一个单位最终产品对部门 1,2,3,4,5 的总产品定额.

对应于表 1 的完全消耗系数矩阵

$$\boldsymbol{B}=(\boldsymbol{E}-\boldsymbol{A})^{-1}-\boldsymbol{E}$$

$$=\begin{pmatrix} 0.241\,75 & 0.402\,651 & 0.152\,54 & 0.087\,414\,4 & 0.132\,248 \\ 0.049\,215\,6 & 0.201\,66 & 0.000\,655\,2 & 0.075\,205\,5 & 0.122\,005 \\ 0.325\,73 & 0.495\,145 & 1.166\,53 & 0.529\,259 & 0.859\,487 \\ 0.035\,022 & 0.059\,444\,5 & 0.100\,805 & 0.054\,47 & 0.088\,420\,3 \\ 0.063\,776\,1 & 0.067\,214\,9 & 0.098\,296\,4 & 0.073\,910\,5 & 0.110\,36 \end{pmatrix}.$$

最终产品是外生变量，即最终产品是由经济系统以外的因素决定的，而内生变量是由经济系统内的因素决定的. 现在假定政府部门根据社会发展和人民生活的需要对表 1 的最终产品做了修改，最终产品的增加量分别为农业 2%，轻工业 7%，重工业 5%，运输业 5%，建筑业 4%，写成最终产品增量的列向量为

$$\Delta\boldsymbol{y}=(35.4,160.09,52.15,37.5,51)^{\mathrm{T}},$$

则产品的增加量 $\Delta\boldsymbol{x}$ 可由式(8)近似计算到第 5 项，得

$$\Delta\boldsymbol{x}=\Delta\boldsymbol{y}+\Delta\boldsymbol{x}^{(0)}+\Delta\boldsymbol{x}^{(1)}+\Delta\boldsymbol{x}^{(2)}+\Delta\boldsymbol{x}^{(3)}+\cdots$$

$$=\begin{bmatrix}35.4\\160.09\\52.5\\37.5\\51\end{bmatrix}+\boldsymbol{A}\begin{bmatrix}35.4\\160.09\\52.15\\37.5\\51\end{bmatrix}+\boldsymbol{A}^2\begin{bmatrix}35.4\\160.09\\52.15\\37.5\\51\end{bmatrix}+\boldsymbol{A}^3\begin{bmatrix}35.4\\160.09\\52.15\\37.5\\51\end{bmatrix}+\boldsymbol{A}^4\begin{bmatrix}35.4\\160.09\\52.15\\37.5\\51\end{bmatrix}+\cdots$$

$$\approx(121.083\quad 204.749\quad 238.169\quad 57.489\,9\quad 74.803\,3)^{\mathrm{T}}.$$

其中，$\Delta\boldsymbol{x}^{(0)}=\boldsymbol{A}\Delta\boldsymbol{y}$ 为各部门生产 $\Delta\boldsymbol{y}$ 直接消耗各部门产品数量；而后面各项的和为各部门生产 $\Delta\boldsymbol{y}$ 的全部间接消耗的和.

实验习题三

下表给出的是某城市某年度的各部门之间产品消耗量和外部需求量(均以产品价值计算，单位：万元)，表中每一行的数字是某一个部门提供给各部门和外部的产品价值.

（单位：万元）

	农业	轻工业	重工业	建筑业	运输业	商业	外部需求
农业	45.0	162.0	5.2	9.0	0.8	10.1	151.9
轻工业	27.0	162.0	6.4	6.0	0.6	60.0	338.0
重工业	30.8	30.0	52.0	25.0	15.0	14.0	43.2
建筑业	0.0	0.6	0.2	0.2	4.8	20.0	54.2
运输业	1.6	5.7	3.9	2.4	1.2	2.1	33.1
商业	16.0	32.3	5.5	4.2	12.6	6.1	243.3

(1)试列出投入—产出简表，并求出直接消耗矩阵；

(2)根据预测，从这一年度开始的五年内，农业的外部需求每年会下降1%，轻工业和商业的外部需求每年会递增6%，而其他部门的外部需求每年会递增3%，试由此预测这五年内该城市和各部门的总产值的平均年增长率；

(3)编制第五年度的计划投入产出表.

实验四　求矩阵的特征值与特征向量

一、实验目的

学习利用 Mathematica(4.0 以上版本)命令求方阵的特征值和特征向量；能利用软件计算方阵的特征值和特征向量及求二次型的标准形.

二、基本命令

(1)求方阵 $\boldsymbol{M}$ 的特征值的命令 Eigenvalues[M].

(2)求方阵 $\boldsymbol{M}$ 的特征向量的命令 Eigenvectors[M] .

(3)求方阵 $\boldsymbol{M}$ 的特征值和特征向量的命令 Eigensystem[M].

注　在使用后面两个命令时，如果输出中含有零向量，则输出中的非零向量才是真正的特征向量.

(4)对向量组施行正交单位化的命令 GramSchmidt.

使用这个命令，先要调用“线性代数.向量组正交化”软件包，输入

<<LinearAlgebra\Orthogonalization.m

执行后，才能对向量组施行正交单位化的命令.

命令 GramSchmidt[A]给出与矩阵 $\boldsymbol{A}$ 的行向量组等价的且已正交化的单位向量组.

(5)求方阵 $\boldsymbol{A}$ 的相似变换矩阵 $\boldsymbol{S}$ 和相似变换的约当标准型 $\boldsymbol{J}$ 的命令

JordanDecomposition[A].

注　因为实对称阵的相似变换的标准型必是对角阵. 所以如果 $\boldsymbol{A}$ 为实对称阵，则 JordanDecomposition[A]同时给出 $\boldsymbol{A}$ 的相似变换矩阵 $\boldsymbol{S}$ 和 $\boldsymbol{A}$ 的相似对角矩阵 $\boldsymbol{\Lambda}$.

三、实验举例

1. 求方阵的特征值与特征向量

例 1　求矩阵 $\boldsymbol{A}=\begin{pmatrix}-1 & 0 & 2\\ 1 & 2 & -1\\ 1 & 3 & 0\end{pmatrix}$ 的特征值与特值向量.

(1)求矩阵 $\boldsymbol{A}$ 的特征值. 输入

```
A={{-1,0,2},{1,2,-1},{1,3,0}}
MatrixForm[A]
Eigenvalues[A]
```

则输出 **A** 的特征值

{−1,1,1}

(2)求矩阵 **A** 的特征向量. 输入

```
A={{-1,0,2},{1,2,-1},{1,3,0}}
MatrixForm[A]
Eigenvectors[A]
```

则输出　{{−3,1,0},{1,0,1},{0,0,0}}

即 **A** 的特征向量为 $\begin{pmatrix}-3\\1\\0\end{pmatrix},\begin{pmatrix}1\\0\\1\end{pmatrix}$.

(3)利用命令 Eigensystem 同时矩阵 **A** 的所有特征值与特征向量. 输入

```
A={{-1,0,2},{1,2,-1},{1,3,0}}
MatrixForm[A]
Eigensystem[A]
```

则输出矩阵 **A** 的特征值及其对应的特征向量.

例 2　求方阵 $\boldsymbol{M}=\begin{pmatrix}1&2&3\\2&1&3\\3&3&6\end{pmatrix}$ 的特征值和特征向量.

输入

```
Clear[M];
M={{1,2,3,},{2,1,3}{3,3,6}};
Eigenvalues[M]
Eigenvectors[M]
Eigensystem[M]
```

则分别输出

{−1,0,9}

{{−1,1,0},{−1,−1,1}{1,1,2}}

{{−1,0,9},{{−1,1,0},{−1,−1,1}{1,1,2}}}

例 3　求矩阵 $\boldsymbol{A}=\begin{pmatrix}1/3&1/3&-1/2\\1/5&1&-1/3\\6&1&-2\end{pmatrix}$ 的特征值和特征向量的近似值.

输入

```
A={{1/3,1/3,-1/2},{1/5,1,-1/3},{6,1,-2}};
Eigensystem[A]
```

则屏幕输出的结果很复杂,原因是矩阵 **A** 的特征值中有复数且其精确解太复杂.此时,可采用近似形式输入矩阵 **A**,则输出结果也采用近似形式来表达.

输入

```
A={{1/3,1/3,-1/2},{1/5,1,-1/3},{6.0,1,-2}};
Eigensystem[A]
```

则输出

```
{{-0.748 989+1.271 86i,-0.748 989-1.271 86i,0.831 311},
{{0.179 905+0.192 168i,0.116 133+0.062 477I,0.955 675+0.i},
{0.179 905-0.192 168i,0.116 133-0.062 477i,0.955 675+0.i},
{-0.087 224 8,-0.866 789,-0.490 987}}}
```

从中可以看到 $\boldsymbol{A}$ 有两个复特征值与一个实特征值.属于复特征值的特征向量也是复的;属于实特征值的特征向量是实的.

例 4 已知 2 是方阵 $\boldsymbol{A}=\begin{pmatrix}3 & 0 & 0\\1 & t & 3\\1 & 2 & 3\end{pmatrix}$ 的特征值,求 t.

输入

```
Clear[A,q];
A={{2-3,0,0},{-1,2-t,-3},{-1,-2,2-3}};
q=Det[A]
Solve[q==0,t]
```

则输出

```
{{t→8}}
```

即当 $t=8$ 时,2 是方阵 $\boldsymbol{A}$ 的特征值.

例 5 已知 $\boldsymbol{x}=(1,1,-1)$ 是方阵 $\boldsymbol{A}=\begin{pmatrix}2 & -1 & 2\\5 & a & 3\\-1 & b & -2\end{pmatrix}$ 的一个特征向量,求参数 a,b 及特征向量 $\boldsymbol{x}$ 所属的特征值.

设所求特征值为 t,输入

```
Clear[A,B,v,a,b,t];
A={{t-2,1,-2},{-5,t-a,-3},{1,-b,t+2}};
v={1,1,-1};
B=A.v;
Solve[{B[[1]]==0,B[[2]]==0,B[[3]]==0},{a,b,t}]
```

则输出

$$\{\{a\to -3,\ b\to 0,\ t\to -1\}\}$$

即 $a=-3,b=0$ 时,向量 $\boldsymbol{x}=(1,1,-1)$ 是方阵 $\boldsymbol{A}$ 的属于特征值 -1 和特征向量.

2. 矩阵的相似变换

例 6 设矩阵 $\boldsymbol{A}=\begin{pmatrix}4 & 1 & 1\\2 & 2 & 2\\2 & 2 & 2\end{pmatrix}$,求一可逆矩阵 $\boldsymbol{P}$,使 $\boldsymbol{P}^{-1}\boldsymbol{AP}$ 为对角矩阵.

输入

```
Clear[A,P];
A={{4,1,1},{2,2,2},{2,2,2}};
Eigenvalues[A]
P=Eigenvectors[A]//Transpose
```

则输出

```
{0,2,6}
{{0,-1,1},{-1,1,1},{1,1,1}}
```

即矩阵 $\boldsymbol{A}$ 的特征值为 0,2,6.特征向量为 $\begin{pmatrix}0\\-1\\1\end{pmatrix}$，$\begin{pmatrix}-1\\1\\1\end{pmatrix}$ 与 $\begin{pmatrix}1\\1\\1\end{pmatrix}$，矩阵 $\boldsymbol{P}=\begin{pmatrix}0&-1&1\\-1&1&1\\1&1&1\end{pmatrix}$.

可验证 $\boldsymbol{P}^{-1}\boldsymbol{AP}$ 为对角阵，事实上，输入

```
Inverse[P].A.P
```

则输出

```
{{0,0,0},{0,2,0},{0,0,6}}
```

因此，矩阵 $\boldsymbol{A}$ 在相似变换矩阵 $\boldsymbol{P}$ 的作用下，可化作对角阵.

例 7 方阵 $\boldsymbol{A}=\begin{pmatrix}1&0\\2&1\end{pmatrix}$ 是否与对角阵相似？

输入

```
Clear[A];
A={{1,0},{2,1}};
Eigensystem[A]
```

输出为

```
{{1,1},{{0,1}{0,0}}}
```

于是，1 是二重特征值，但是只有向量{0,1}是特征向量，因此，矩阵 $\boldsymbol{A}$ 不与对角阵相似.

例 8 已知方阵 $\boldsymbol{A}=\begin{pmatrix}-2&0&0\\2&x&2\\3&1&1\end{pmatrix}$ 与 $\boldsymbol{B}=\begin{pmatrix}-1&0&0\\0&2&0\\0&0&y\end{pmatrix}$ 相似，求 x,y.

注意矩阵 $\boldsymbol{B}$ 是对角矩阵，特征值是 $-1,2,y$.又矩阵 $\boldsymbol{A}$ 是分块下三角矩阵，-2 是矩阵 $\boldsymbol{A}$ 的特征值.矩阵 $\boldsymbol{A}$ 与 $\boldsymbol{B}$ 相似，则 $y=-2$，且 $-1,2$ 也是矩阵 $\boldsymbol{A}$ 的特征值.

输入

```
Clear[c,v];
v={{4,0,0},{-2,2-x,-2},{-3,-1,1}};
Solve[Det[v]==0,x]
```

则输出

```
{{x->0}}
```

所以，在题设条件，$x=0$，$y=-2$.

例 9 对实对称矩阵 $\boldsymbol{A}=\begin{pmatrix}0&1&1&0\\1&0&1&0\\1&1&0&0\\0&0&0&2\end{pmatrix}$,求一个正交阵 $\boldsymbol{P}$,使 $\boldsymbol{P}^{-1}\boldsymbol{AP}$ 为对角阵.

输入

```
<<LinearAlgebra\Orthogonalization
Clear[A,P]
A={{0,1,1,0 },{1,0,1,0},{1,1,0,0},{0,0,0,2}};
Eigenvalues[A]
Eigenvectors[A]
```

输出的特征值与特征向量为

```
{-1,-1,2,2}
{{-1,0,1,0},{-1,1,0,0},{0,0,0,1},{1,1,1,0}}
```

再输入

```
P=GramSchmidt[Eigenvectors[A]]//Transpose
```

输出为已经正交化和单位化的特征向量并且经转置后的矩阵 $\boldsymbol{P}$

$$\left\{\left\{-\frac{1}{\sqrt{2}},-\frac{1}{\sqrt{6}},0,\frac{1}{\sqrt{3}}\right\},\left\{0,\sqrt{\frac{2}{3}},0,\frac{1}{\sqrt{3}}\right\},\left\{\frac{1}{\sqrt{2}},-\frac{1}{\sqrt{6}},0,\frac{1}{\sqrt{3}}\right\},\{0,0,1,0\}\right\}$$

为了验证 $\boldsymbol{P}$ 是正交阵,以及 $\boldsymbol{P}^{-1}\boldsymbol{AP}=\boldsymbol{P}^{\mathrm{T}}\boldsymbol{AP}$ 是对角阵,输入

```
Transpose[P].P
Inverse[P].A.P//Simplify
Transpose[P].A.P//simplify
```

则输出

```
{{1,0,0,0},{0,1,0,0},{0,0,1,0},{0,0,0,1}}
{{-1,0,0,0},{0,-1,0,0},{0,0,2,0},{0,0,0,2}}
{{-1,0,0,0},{0,-1,0,0},{0,0,2,0},{0,0,0,2}}
```

第一个结果说明 $\boldsymbol{P}^{\mathrm{T}}\boldsymbol{P}=\boldsymbol{E}$,因此 $\boldsymbol{P}$ 是正交阵;第二个与第三个结果说明

$$\boldsymbol{P}^{-1}\boldsymbol{AP}=\boldsymbol{P}^{\mathrm{T}}\boldsymbol{AP}=\begin{pmatrix}-1&&&\\&-1&&\\&&2&\\&&&2\end{pmatrix}.$$

实验习题四

1. 矩阵 $\boldsymbol{A}=\begin{pmatrix}2&3&4\\3&4&5\\4&5&6\end{pmatrix}$ 的特征值与特征向量.

2. 求方阵 $\boldsymbol{A}=\begin{pmatrix}1&1&1&1\\1&1&-1&-1\\1&-1&1&-1\\1&-1&-1&1\end{pmatrix}$ 的特征值与特征向量.

3. 已知 0 是方阵 $\begin{pmatrix}1&0&1\\0&2&0\\1&0&t\end{pmatrix}$ 的特征值，求 t.

4. 设向量 $\boldsymbol{x}=(1,k,1)^{\mathrm{T}}$ 是方阵 $\boldsymbol{A}=\begin{pmatrix}2&1&1\\1&2&1\\1&1&2\end{pmatrix}$ 的特征向量，求 k.

5. 方阵 $\boldsymbol{A}=\begin{pmatrix}0&-1&2\\0&1&0\\1&-1&1\end{pmatrix}$ 是否与对角阵相似?

6. 已知:方阵 $\boldsymbol{A}=\begin{pmatrix}2&0&0\\0&0&1\\0&1&x\end{pmatrix}$ 与 $\boldsymbol{B}=\begin{pmatrix}2&0&0\\0&y&0\\0&0&-1\end{pmatrix}$ 相似，

(1)求 x 与 y;

(2)求一个满足关系 $\boldsymbol{P}^{-1}\boldsymbol{AP}=\boldsymbol{B}$ 的方阵 $\boldsymbol{P}$.

7. 设方阵 $\boldsymbol{A}=\begin{pmatrix}1&2&4\\2&-2&2\\4&2&1\end{pmatrix}$，求正交阵 $\boldsymbol{C}$，使得 $\boldsymbol{B}=\boldsymbol{C}^{\mathrm{T}}\boldsymbol{AC}$ 是对角阵.

习题参考答案

习题一答案

(A)

1. (1)$a+2$;　　(2)1.

2. (1)-4;(2) $3abc-a^3-b^3-c^3$;(3)$(b-a)(c-b)(c-a)$;(4)$-2(x^3+y^3)$.

3. 0.

4. (1) 12;(2) -270;(3) $(1+ab)(1+cd)+ad$;(4)160;(5)0;(6) 0.

5.(1)$-2(n-2)!$;(2)$(-1)^{\frac{n(n-1)}{2}}\dfrac{n+1}{2}n^{n-1}$;(3)$(x-1)^{n-1}(x+n-1)$;

(4)$\prod\limits_{i=1}^{n} b_i$;(5)$\left(\prod\limits_{i=1}^{n} a_i\right)\left(a_0-\sum\limits_{i=1}^{n}\dfrac{1}{a_i}\right)$;(6)$x^n+(-1)^{n+1}y^n$;

(7)$(x-a_1)(x-a_2)\cdots(x-a_n)$;(8)$(-1)^n(n+1)\left(\prod\limits_{i=1}^{n} a_i\right)$.

6.$A_{41}+A_{42}=12,2A_{32}+A_{34}=-9$.

7.(1)$x_1=1,x_2=2,x_3=1$;　　(2)$x_1=1,x_2=2,x_3=2,x_4=-1$;

(3)$x_1=3,x_2=-4,x_3=-1,x_4=1$;　(4)$x_1=1,x_2=-1,x_3=1,x_4=-1,x_5=1$.

8.$\lambda\neq1$ 且 $u\neq0$.

9.$(a+1)^2-4b\neq0$.

10.$a_0=7,a_1=0,a_2=-5,a_3=2$.

(B)

1.AD.　2.BD.　3.D.　4.BD.　5.BD.

6.-12.　7.0.　8.16.　9.-4.　10.$k=-1$ 或 $k=-3$.

习题二答案

(A)

1.(1)$\begin{pmatrix}3&2&-1&0\\-3&-2&1&0\\6&4&-2&0\\9&6&-3&0\end{pmatrix}$;　(2)$\begin{pmatrix}5\\-3\\-1\end{pmatrix}$;　(3)10;　(4)$\left(\sum\limits_{i=1}^{3}\sum\limits_{j=1}^{3}a_{ij}x_ix_j\right)$;

(5) $\begin{pmatrix} a_{11} & a_{12} & a_{12}+a_{13} \\ a_{21} & a_{22} & a_{22}+a_{23} \\ a_{31} & a_{32} & a_{32}+a_{33} \end{pmatrix}$；　(6) $\begin{pmatrix} 1 & 2 & 5 & 2 \\ 0 & 1 & 2 & -4 \\ 0 & 0 & -4 & 3 \\ 0 & 0 & 0 & -9 \end{pmatrix}$.

2.(1) $\begin{pmatrix} 2 & 4 & 2 \\ 4 & 0 & 0 \\ 0 & 2 & 4 \end{pmatrix}$；(2) $\begin{pmatrix} 4 & 4 & 0 \\ 5 & -3 & -1 \\ -3 & 1 & -1 \end{pmatrix}$；(3)不相等.

3.(1)可取 $\boldsymbol{A}=\begin{pmatrix} 1 & 1 \\ -1 & -1 \end{pmatrix}$，$\boldsymbol{A}^2=\boldsymbol{O}$，但 $\boldsymbol{A}\neq\boldsymbol{O}$；

(2)取 $\boldsymbol{A}=\begin{pmatrix} 0 & 1 \\ 0 & 1 \end{pmatrix}$，有 $\boldsymbol{A}^2=\boldsymbol{A}$，但 $\boldsymbol{A}\neq\boldsymbol{O}$ 且 $\boldsymbol{A}\neq\boldsymbol{E}$；

(3)取 $\boldsymbol{A}=\begin{pmatrix} 0 & 1 \\ 0 & 0 \end{pmatrix}$，$\boldsymbol{X}=\begin{pmatrix} 0 & 1 \\ 0 & 0 \end{pmatrix}$，$\boldsymbol{Y}=\begin{pmatrix} 1 & 0 \\ 0 & 0 \end{pmatrix}$，有 $\boldsymbol{AX}=\boldsymbol{O}=\boldsymbol{AY}$，$\boldsymbol{A}\neq\boldsymbol{O}$ 但 $\boldsymbol{X}\neq\boldsymbol{Y}$.

4.$\boldsymbol{A}^n=\begin{pmatrix} 1 & n\lambda \\ 0 & 1 \end{pmatrix}$，$n=2,3,\cdots,k$.

5.$\boldsymbol{A}=\begin{pmatrix} 1 & 0 & 0 \\ 2 & 0 & 0 \\ 6 & -1 & -1 \end{pmatrix}$，$\boldsymbol{A}^5=\boldsymbol{A}$.

6.$-(a^2+b^2+c^2+d^2)^2$；$-16\,(a^2+b^2+c^2+d^2)^2$.

7.$(\boldsymbol{B}^{\mathrm{T}}\boldsymbol{AB})^{\mathrm{T}}=\boldsymbol{B}^{\mathrm{T}}\boldsymbol{A}^{\mathrm{T}}\boldsymbol{B}=\boldsymbol{B}^{\mathrm{T}}\boldsymbol{AB}$.

8.当 $\boldsymbol{AB}=\boldsymbol{BA}$ 时，$\boldsymbol{AB}=\boldsymbol{A}^{\mathrm{T}}\boldsymbol{B}^{\mathrm{T}}=(\boldsymbol{BA})^{\mathrm{T}}=(\boldsymbol{AB})^{\mathrm{T}}$.所以 $\boldsymbol{AB}$ 是对称矩阵.

当 $\boldsymbol{AB}=(\boldsymbol{AB})^{\mathrm{T}}$.时，$\boldsymbol{AB}=(\boldsymbol{AB})^{\mathrm{T}}.=\boldsymbol{B}^{\mathrm{T}}\boldsymbol{A}^{\mathrm{T}}=\boldsymbol{BA}$.

9.$\begin{pmatrix} a & b \\ 0 & a \end{pmatrix}$，$a$，$b$ 为任意常数.

10.(1) $\begin{pmatrix} 5 & -2 \\ -2 & 1 \end{pmatrix}$；　(2) $\begin{pmatrix} 1 & -2 & 1 \\ 0 & 1 & -2 \\ 0 & 0 & 1 \end{pmatrix}$；　(3) $\begin{pmatrix} -2 & 1 & 0 \\ -\frac{7}{6} & \frac{2}{3} & -\frac{1}{6} \\ -\frac{16}{3} & \frac{7}{3} & -\frac{1}{3} \end{pmatrix}$；

(4) $\begin{pmatrix} 1 & 0 & 0 & 0 \\ -\frac{1}{2} & \frac{1}{2} & 0 & 0 \\ -\frac{1}{2} & -\frac{1}{6} & \frac{1}{3} & 0 \\ \frac{1}{8} & -\frac{5}{24} & -\frac{1}{12} & \frac{1}{4} \end{pmatrix}$；　(5) $\begin{pmatrix} 1 & -2 & 0 & 0 \\ -2 & 5 & 0 & 0 \\ 0 & 0 & 2 & -3 \\ 0 & 0 & -5 & 8 \end{pmatrix}$；

(6) $\begin{pmatrix} \frac{1}{a_1} & & & \\ & \frac{1}{a_2} & & \\ & & \ddots & \\ & & & \frac{1}{a_n} \end{pmatrix}$.

11.(1) $\boldsymbol{X}=\begin{pmatrix} 8 & -20 \\ -2 & 7 \end{pmatrix}$;　　(2) $\boldsymbol{X}=\begin{pmatrix} 1 & 0 & 0 \\ 0 & 1 & 0 \\ 0 & 0 & 1 \end{pmatrix}$;

(3) $\boldsymbol{X}=\begin{pmatrix} 1 & 1 \\ \frac{1}{4} & 0 \end{pmatrix}$;　　(4) $\boldsymbol{X}=\begin{pmatrix} 2 & -1 & 0 \\ 0 & 3 & -4 \\ 1 & 0 & -2 \end{pmatrix}$.

12. $\boldsymbol{A}^{-1}=\frac{1}{2}(\boldsymbol{A}-\boldsymbol{E}),(\boldsymbol{A}+2\boldsymbol{E})^{-1}=\frac{1}{4}(3\boldsymbol{E}-\boldsymbol{A})$.

13. $\boldsymbol{B}=\begin{pmatrix} 3 & -8 & -6 \\ 2 & -9 & -6 \\ -2 & 12 & 9 \end{pmatrix}$.

14.(1) $\boldsymbol{AB}=\begin{pmatrix} 23 & 20 & 0 & 0 \\ 10 & 9 & 0 & 0 \\ 0 & 0 & 46 & 13 \\ 0 & 0 & 32 & 9 \end{pmatrix}$;　　(2) $\boldsymbol{BA}=\begin{pmatrix} 19 & 8 & 0 & 0 \\ 30 & 13 & 0 & 0 \\ 0 & 0 & 33 & 14 \\ 0 & 0 & 52 & 22 \end{pmatrix}$;

(3) $\boldsymbol{A}^{-1}=\begin{pmatrix} 1 & -2 & 0 & 0 \\ -2 & 5 & 0 & 0 \\ 0 & 0 & -2 & 3 \\ 0 & 0 & 5 & -7 \end{pmatrix}$;　(4) $|\boldsymbol{A}|^k=(-1)^k$（$k$ 为正整数）.

15.(1) $\begin{pmatrix} 5 & -2 & 0 & 0 & 0 \\ -2 & 1 & 0 & 0 & 0 \\ 0 & 0 & \frac{1}{3} & 0 & 0 \\ 0 & 0 & 0 & 1 & 0 \\ 0 & 0 & 0 & 0 & 1 \end{pmatrix}$;　　(2) $\begin{pmatrix} 0 & 0 & \frac{3}{8} & -\frac{1}{8} \\ 0 & 0 & \frac{1}{4} & \frac{1}{4} \\ \frac{1}{5} & \frac{1}{5} & 0 & 0 \\ -\frac{2}{5} & \frac{3}{5} & 0 & 0 \end{pmatrix}$;

(3) $\begin{pmatrix} \frac{1}{2} & 0 & -\frac{1}{2} & 0 & -1 \\ 0 & \frac{1}{2} & 0 & -\frac{1}{2} & -\frac{3}{2} \\ 0 & 0 & 1 & 0 & 0 \\ 0 & 0 & 0 & 1 & 0 \\ 0 & 0 & 0 & 0 & 1 \end{pmatrix}$.

16.(1) $\begin{pmatrix} \frac{7}{6} & \frac{2}{3} & -\frac{3}{2} \\ -1 & -1 & 2 \\ -\frac{1}{2} & 0 & \frac{1}{2} \end{pmatrix}$； (2) $\begin{pmatrix} 1 & 1 & -2 & 4 \\ 0 & 1 & 0 & -1 \\ -1 & -1 & 3 & 6 \\ 2 & 1 & -6 & 10 \end{pmatrix}$；

(3) $\begin{pmatrix} 1 & 0 & 2 \\ 2 & -1 & 3 \\ 4 & 1 & 8 \end{pmatrix}$； (4) $\begin{pmatrix} 0 & 0 & 0 & 1 \\ 0 & 0 & 1 & -1 \\ 0 & 1 & -1 & 0 \\ 1 & -1 & 0 & 0 \end{pmatrix}$.

17.(1)$r=4$;(2)$r=3$;(3)$r=2$;(4)$r=3$;(5)$r=5$;

(6)当 $a\neq 1$ 且 $a\neq -\frac{1}{3}$ 时,$r=4$;当 $a=1$ 时,$r=1$;当 $a=-\frac{1}{3}$ 时,$r=3$.

18.当 $x\neq 1$ 且 $x\neq -2$ 时,$r=3$;当 $x=1$ 时,$r=1$;当 $x=-2$ 时,$r=2$.

19.$k=1$.

(B)

1—5.CBDCA.

6—10.$\frac{1}{2}$； $\begin{pmatrix} -2 & -2 \\ 1 & -1 \end{pmatrix}$； $k\neq 0$； $\begin{pmatrix} 4 & -1 \\ -\frac{3}{2} & \frac{1}{2} \end{pmatrix}$； $-A$.

11. $\begin{pmatrix} 0 & 0 & 1 \\ 0 & \frac{1}{3} & 0 \\ \frac{1}{2} & 0 & 0 \end{pmatrix}$,36. 12. $-6,-\frac{1}{6}\begin{pmatrix} 3 & 2 & 1 \\ 3 & 1 & 5 \\ 3 & 2 & 3 \end{pmatrix},-\frac{1}{12}\begin{pmatrix} 3 & 2 & 1 \\ 3 & 1 & 5 \\ 3 & 2 & 3 \end{pmatrix}$. 13. 2.

习题三答案

(A)

1.(1) $\begin{cases} x_1=\frac{13}{7}-\frac{3}{7}c_1-\frac{13}{7}c_2 \\ x_2=-\frac{4}{7}+\frac{2}{7}c_1+\frac{4}{7}c_2, \\ x_3=c_1 \\ x_4=c_2 \end{cases}$ $x_3=c_1,x_4=c_2(c_1,c_2\in\mathbf{R})$.

(2) $\begin{pmatrix} x_1 \\ x_2 \\ x_3 \\ x_4 \end{pmatrix} = c_1 \begin{pmatrix} 2 \\ -2 \\ 1 \\ 0 \end{pmatrix} + c_2 \begin{pmatrix} 5/3 \\ -4/3 \\ 0 \\ 1 \end{pmatrix}$. $x_3 = c_1, x_4 = c_2 (c_1, c_2 \in \mathbf{R})$.

2. 当 $\lambda = -2$ 时,方程组无解.

当 $\lambda = 1$,方程组有无穷多解.一般解为:$x_1 = -x_2 - x_3 + 1$.

当 $\lambda \neq -2$ 且 $\lambda \neq 1$ 时,方程组有唯一解:$x_1 = x_2 = x_3 = \dfrac{1}{\lambda + 2}$.

3.(1)$(5,4,2,1)^T$; (2)$(-5/2,1,7/2,-8)^T$.

4.$\boldsymbol{\beta}_1 = 2\boldsymbol{\alpha}_1 + \boldsymbol{\alpha}_2$.,$\boldsymbol{\beta}_2$ 不能由 $\boldsymbol{\alpha}_1, \boldsymbol{\alpha}_2$ 线性表示.

5.(1)线性无关 (2)线性相关.

6.略.

7.$\boldsymbol{\alpha}_1, \boldsymbol{\alpha}_2, \boldsymbol{\alpha}_4$ 是一个极大无关组,且 $\boldsymbol{\alpha}_3 = 2\boldsymbol{\alpha}_1 + \boldsymbol{\alpha}_2$,$\boldsymbol{\alpha}_5 = \boldsymbol{\alpha}_1 + \boldsymbol{\alpha}_2 + \boldsymbol{\alpha}_4$.

8.(1)$\boldsymbol{\xi}_1 = \begin{pmatrix} 1 \\ -2 \\ 1 \\ 0 \\ 0 \end{pmatrix}, \boldsymbol{\xi}_2 = \begin{pmatrix} 1 \\ -2 \\ 0 \\ 1 \\ 0 \end{pmatrix}, \boldsymbol{\xi}_3 \begin{pmatrix} 5 \\ -6 \\ 0 \\ 0 \\ 1 \end{pmatrix}$.

(2)$\boldsymbol{\xi}_1 = \begin{pmatrix} -2 \\ 1 \\ 0 \\ 0 \end{pmatrix}, \boldsymbol{\xi}_2 = \begin{pmatrix} 1 \\ 0 \\ 0 \\ 1 \end{pmatrix}$.

9.(1)$\boldsymbol{x} = c_1 \begin{pmatrix} -4 \\ 0 \\ 1 \\ -3 \end{pmatrix} + c_2 \begin{pmatrix} 0 \\ 1 \\ 0 \\ 4 \end{pmatrix} (c_1, c_2 \in \mathbf{R})$;

(2)$\boldsymbol{x} = \begin{pmatrix} \frac{30}{7} \\ -\frac{3}{7} \\ 0 \\ 0 \\ 0 \end{pmatrix} + c_1 \begin{pmatrix} -\frac{23}{7} \\ \frac{10}{7} \\ 1 \\ 0 \\ 0 \end{pmatrix} + c_2 \begin{pmatrix} -\frac{23}{7} \\ \frac{3}{7} \\ 0 \\ 1 \\ 0 \end{pmatrix} + c_3 \begin{pmatrix} -\frac{10}{7} \\ -\frac{6}{7} \\ 0 \\ 0 \\ 1 \end{pmatrix} (c_1, c_2, c_3 \in \mathbf{R})$.

(3) $\begin{pmatrix}x\\y\\z\\w\end{pmatrix}=c_1\begin{pmatrix}-\frac{1}{2}\\1\\0\\0\end{pmatrix}+c_2\begin{pmatrix}\frac{1}{2}\\0\\1\\0\end{pmatrix}+\begin{pmatrix}\frac{1}{2}\\0\\0\\0\end{pmatrix}(c_1,c_2\in\mathbf{R})$.

10.$\boldsymbol{x}=\begin{pmatrix}\frac{1}{2}\\0\\0\end{pmatrix}+c_1\begin{pmatrix}0\\-1\\-1\end{pmatrix}+c_2\begin{pmatrix}0\\-2\\-1\end{pmatrix}$(其中 c_1,c_2 为任意常数).

11.$\begin{cases}u=500\\t=200\\x=700+z\\y=1\,300-z\end{cases}$,其中 $z\leqslant 1\,300$.

12.(1)$\boldsymbol{A}=\begin{pmatrix}0.10&0.44&0.33\\0.04&0.06&0.13\\0.02&0.06&0.27\end{pmatrix}$;(2)$\boldsymbol{C}=\begin{pmatrix}0.170&0.571&0.563\\0.054&0.104&0.223\\0.035&0.106&0.391\end{pmatrix}$.

(B)

1—5. BBCBB. 6—10. CABAB.

习题四答案

(A)

1.(1)$\boldsymbol{e}_1=\frac{1}{\sqrt{3}}\begin{pmatrix}1\\1\\1\end{pmatrix}$,$\boldsymbol{e}_2=\frac{1}{\sqrt{6}}\begin{pmatrix}-2\\1\\1\end{pmatrix}$,$\boldsymbol{e}_3=\frac{1}{\sqrt{2}}\begin{pmatrix}0\\-1\\1\end{pmatrix}$;

(2)$\boldsymbol{e}_1=\frac{1}{\sqrt{2}}\begin{pmatrix}1\\1\\0\\0\end{pmatrix}$,$\boldsymbol{e}_2=\frac{1}{\sqrt{6}}\begin{pmatrix}-1\\1\\2\\0\end{pmatrix}$,$\boldsymbol{e}_3=\frac{1}{\sqrt{7}}\begin{pmatrix}2\\-2\\2\\3\end{pmatrix}$.

2.(1)不是;(2)是.

4.特征值为 $\lambda_1=0,\lambda_2=-1,\lambda_3=9$.

$\lambda_1=0$ 的全体特征向量为 $k_1\boldsymbol{p}_1(k_1\neq0)$,$\boldsymbol{p}_1=\begin{pmatrix}-1\\-1\\1\end{pmatrix}$;

$\lambda_2=-1$ 的全体特征向量为 $k_2\boldsymbol{p}_2(k_2\neq0)$,$\boldsymbol{p}_2=\begin{pmatrix}-1\\1\\0\end{pmatrix}$;

$\lambda_3=9$ 的全体特征向量为 $k_3\boldsymbol{p}_3(k_3\neq0)$，$\boldsymbol{p}_3=\begin{pmatrix}\frac{1}{2}\\\frac{1}{2}\\1\end{pmatrix}$.

5.(1)2，−4，6；　　(2)1，$-\frac{1}{2}$，$\frac{1}{3}$.

7.特征值为 $\lambda_1=\lambda_2=2,\lambda_3=0$.

$\lambda_{1,2}=2$ 对应的特征向量为 $\boldsymbol{k}_1\begin{pmatrix}0\\1\\0\end{pmatrix}+\boldsymbol{k}_2\begin{pmatrix}1\\0\\1\end{pmatrix}$ $(k_1,k_2$ 不全为 $0)$；

$\lambda_3=0$ 对应的特征向量为 $\boldsymbol{k}_3\begin{pmatrix}1\\0\\-1\end{pmatrix}$ $(k_3\neq0)$.

8.18.

10.3.

11.(1)$\lambda=-1,a=-3,b=0$；　　(2)不能.

12.$\begin{pmatrix}-2&3&-3\\-4&5&-3\\-4&4&-2\end{pmatrix}$.

13.$\begin{pmatrix}-1&1&0\\-2&2&0\\4&-2&1\end{pmatrix}$.

14.特征值为 $\lambda_1=1,\lambda_2=0,\lambda_3=-1$；

$\lambda_1=1$ 对应的特征向量为 $\boldsymbol{\beta}_1=\begin{pmatrix}3\\1\\5\end{pmatrix}$；

$\lambda_2=0$ 对应的特征向量为 $\boldsymbol{\beta}_2=\begin{pmatrix}4\\-2\\1\end{pmatrix}$；

$\lambda_3=-1$ 对应的特征向量为 $\boldsymbol{\beta}_3=\begin{pmatrix}1\\-1\\4\end{pmatrix}$.

15.(1)$\begin{pmatrix}1&2&2\\2&-2&1\\2&1&-2\end{pmatrix}$；　　(2)$\begin{pmatrix}1/3&2/3&2/3\\2/3&-2/3&1/3\\2/3&1/3&-2/3\end{pmatrix}$.

16.$\begin{pmatrix}1/3&2/3&2/3\\2/3&1/3&-2/3\\2/3&-2/3&1/3\end{pmatrix}$.

17. $x=4, y=5$.

18. $\begin{pmatrix} 4 & 1 & 1 \\ 1 & 4 & 1 \\ 1 & 1 & 4 \end{pmatrix}$.

20. (1) $a=5, b=6$; (2) $\begin{pmatrix} 1 & 1 & 1 \\ -1 & 0 & -2 \\ 0 & 1 & 3 \end{pmatrix}$.

21. $\begin{pmatrix} 1-p & q \\ p & 1-q \end{pmatrix}$.

(B)

1—4. ABCA; 5. -1; 6. $\frac{1}{12}$; 7. -4; 8. 0, 1;

9. -6; 10. $(a,0,a)^{\mathrm{T}}$, $\frac{1}{6}\begin{pmatrix} 13 & -2 & 5 \\ -2 & 10 & 2 \\ 5 & 2 & 13 \end{pmatrix}$.

习题五答案

(A)

1. (1) $\begin{pmatrix} 1 & -1 & 3/2 \\ -1 & -2 & 4 \\ 3/2 & 4 & 3 \end{pmatrix}$; (2) $\begin{pmatrix} 0 & 1/2 & -1/2 & 0 \\ 1/2 & 0 & 1 & 0 \\ -1/2 & 1 & 0 & 0 \\ 0 & 0 & 0 & 1 \end{pmatrix}$.

2. (1) $f(x_1,x_2,x_3,x_4)=x_1^2-2x_1x_2-6x_1x_3+\frac{1}{3}x_3^2+2x_1x_4-4x_2x_3+x_2x_4-3x_3x_4$;

(2) $f(x_1,x_2,x_3)=2x_1x_2+x_1x_3-3x_1x_4-2x_2x_3-2x_2x_4+6x_3x_4$.

3. $r=3, r=4$.

4. (1) $f=y_1^2-3y_2^2$, $\boldsymbol{P}=\begin{pmatrix} 1 & -2 \\ 0 & 1 \end{pmatrix}$;

(2) $f=y_1^2+y_2^2-y_3^2$, $\boldsymbol{P}=\begin{pmatrix} 1 & -1/2 & 5/6 \\ 0 & 1/2 & -1/6 \\ 0 & 0 & 1/3 \end{pmatrix}$.

5. $f=y_1^2+y_2^2-y_3^2$, $\boldsymbol{C}=\begin{pmatrix} 1 & -1 & 0 \\ 0 & 1 & -1 \\ 0 & 0 & 1 \end{pmatrix}$.

6. $f=9y_1^2+18y_2^2+18y_3^2$, $\boldsymbol{P}=\begin{pmatrix} 1/3 & -2/\sqrt{5} & -2/\sqrt{45} \\ 2/3 & 1/\sqrt{5} & -4/\sqrt{45} \\ 2/3 & 0 & 5/\sqrt{45} \end{pmatrix}$.

7.(1)$-\frac{4}{5}<a<0$；　　(2)$a>2$.

(B)

1—4. CDDD.　5. $f(x_1,x_2,x_3)=x_1^2+4x_1x_2+2x_1x_3-x_2^2+3x_3^2$.　6. 3.

7. $-3<t<1$.　8. $a=-3$.　9. $f=y_1^2-y_2^2-y_3^2$.

习题六答案

1. $\max S=20x_1+15x_2$

$$\text{s.t}\begin{cases}5x_1+2x_2\leqslant 180\\3x_1+3x_2\leqslant 135\\x_1,x_2\geqslant 0\end{cases}.$$

2. $\min S=2x_1+8x_2$

$$\text{s.t}\begin{cases}5x_1+10x_2=150\\x_1\leqslant 20\\x_2\geqslant 14\\x_1,x_2\geqslant 0\end{cases}.$$

3. $\min S=c_1x_1+c_2x_2+\cdots+c_nx_n$

$$\text{s.t}\begin{cases}a_{11}x_1+a_{12}x_2+\cdots+a_{1n}x_n\geqslant b_1\\a_{21}x_1+a_{22}x_2+\cdots+a_{2n}x_n\geqslant b_2\\\cdots\quad\cdots\quad\cdots\quad\cdots\\a_{m1}x_1+a_{m2}x_2+\cdots+a_{mn}x_n\geqslant b_m\\x_j\geqslant 0\quad(j=1,2,\cdots,n)\end{cases}.$$

4. (1)$S_{\min}=-3$；　　(2)无可行解.

5. 略.

6. (1)略；　　(2)$B_0=(P_3,P_2)$，x_3,x_2；

(3)$X^{(0)}=(0,7,5)^{\mathrm{T}}\geqslant 0$，是.

7. (1)最优解 $X^*=(6,0,16)^{\mathrm{T}}$；最优值 $S_{\max}=10$；

(2)最优解 $X^*=\left(\frac{3}{2},\frac{1}{2},0\right)^{\mathrm{T}}$；最优值 $S_{\min}=-\frac{11}{2}$；

(3)最优解 $X^*=(6,0,0)^{\mathrm{T}}$；最优值 $S_{\max}=6$.

8. 略.

9. 最优解 $X^*=(2,5,25,0)^{\mathrm{T}}$，最优值 $S_{\max}=57.5$ 万元.

参考文献

[1]赵树嫄.线性代数(第四版)[M].北京:中国人民大学出版社,2008.
[2]吴建国.线性代数(第二版)[M].长沙:湖南人民出版社,2011.
[3]吴赣昌.线性代数(经管类·第四版)[M].北京:中国人民大学出版社,2011.
[4]刘吉佑,徐诚浩.线性代数[M].武汉:武汉大学出版社,2006.
[5]同济大学应用数学系.线性代数及其应用[M].北京:高等教育出版社,2004.
[6]郑昌明等.实用线性代数[M].北京:中国人民大学出版社,2004.
[7]胡运权,郭耀煌.运筹学教程[M].北京:清华大学出版社,1998.
[8]高鸿桢.管理运筹学[M].南昌:江西人民出版社,1997.
[9]胡富昌.线性规划(修订版)[M].北京:中国人民大学出版社,1990.